工业和信息化“十三五”人才培养规划教材

1+X 证书制度 Web 前端开发系列丛书

JavaScript +jQuery

交互式 Web 前端开发

黑马程序员 ◉ 编著

人 民 邮 电 出 版 社
北 京

图书在版编目（CIP）数据

JavaScript+jQuery交互式Web前端开发 / 黑马程序员编著. -- 北京 : 人民邮电出版社, 2020.4（2023.7重印）
工业和信息化“十三五”人才培养规划教材
ISBN 978-7-115-52680-9

Ⅰ. ①J… Ⅱ. ①黑… Ⅲ. ①JAVA语言－网页制作工具－高等学校－教材 Ⅳ. ①TP312.8②TP393.092.2

中国版本图书馆CIP数据核字(2020)第000989号

内 容 提 要

本书是一本入门教材，以通俗易懂的语言、丰富实用的案例，详细讲解了 JavaScript 的开发技术。

全书共 14 章：第 1 章讲解 JavaScript 的基本概念；第 2、3 章讲解 JavaScript 的基础语法；第 4 章讲解 JavaScript 函数的基本使用；第 5 章讲解 JavaScript 对象的相关内容；第 6~8 章讲解 DOM、BOM 的相关内容；第 9 章讲解如何用 JavaScript 开发网页特效；第 10、11 章讲解 jQuery 的使用，以及如何利用 jQuery 开发网页中常见的交互效果；第 12、13 章讲解 JavaScript 面向对象编程；第 14 章讲解正则表达式的使用。

本书既可作为高等教育本、专科院校计算机相关专业的 Web 前端开发课程的教材，也可作为广大 IT 技术人员和编程爱好者的读物。

◆ 编　　著　黑马程序员
责任编辑　范博涛
责任印制　马振武

◆ 人民邮电出版社出版发行　　北京市丰台区成寿寺路 11 号
邮编　100164　　电子邮件　315@ptpress.com.cn
网址　http://www.ptpress.com.cn
山东百润本色印刷有限公司印刷

◆ 开本：787×1092　1/16
印张：18.5　　　　2020 年 4 月第 1 版
字数：451 千字　　2023 年 7 月山东第 12 次印刷

定价：59.80 元

读者服务热线：(010)81055256　印装质量热线：(010)81055316
反盗版热线：(010)81055315
广告经营许可证：京东市监广登字 20170147 号

丛书编委会

（按姓氏笔画排序）

序言 FOREWORD

本书的创作公司—江苏传智播客教育科技股份有限公司（简称“传智教育”）作为第一个实现 A 股 IPO 上市的教育企业，是一家培养高精尖数字化专业人才的公司，公司主要培养人工智能、大数据、智能制造、软件开发、互联网、区块链、数据分析、网络营销、新媒体等领域的人才。公司成立以来贯彻国家科技发展战略，始终保持以前沿先进技术为讲授内容，已向我国高科技企业输送数十万名技术人员，为企业数字化转型、升级提供了强有力的人才支撑。

公司的教师团队由一批拥有 10 年以上开发经验，且来自互联网企业或研究机构的 IT 精英组成，他们负责研究、开发教学模式和课程内容。公司具有完善的课程研发体系，一直走在整个行业的前列，在行业内树立起了口碑。公司在教育领域有 2 个子品牌：黑马程序员和院校邦。

一、黑马程序员——高端 IT 教育品牌

“黑马程序员”的学员多为大学毕业后想从事 IT 行业，但各方面条件还不成熟的年轻人。“黑马程序员”的学员筛选制度非常严格，包括了严格的技术测试、自学能力测试，还包括性格测试、压力测试、品德测试等。百里挑一的筛选制度确保了学员质量，从而降低了企业的用人风险。

自“黑马程序员”成立以来，教学研发团队一直致力于打造精品课程资源，不断在产、学、研 3 个层面创新自己的执教理念与教学方针，并集中“黑马程序员”的优势力量，有针对性地出版了计算机系列教材百余种，制作教学视频数百套，发表各类技术文章数千篇。

二、院校邦——院校服务品牌

院校邦以“协万千名校育人、助天下英才圆梦”为核心理念，立足于中国职业教育改革，为高校提供健全的校企合作解决方案，其中包括原创教材、高校教辅平台、师资培训、院校公开课、实习实训、协同育人、专业共建、传智杯大赛等，形成了系统的高校合作模式。院校邦旨在帮助高校深化教学改革，实现高校人才培养与企业发展的合作共赢。

（一）为大学生提供的配套服务

1. 请同学们登录“高校学习平台”，免费获取海量学习资源。该平台可以帮助同学们解决各类学习问题。

高校学习平台

2. 针对学习过程中存在的压力等问题，院校邦面向学生量身打造了 IT 学习小助手—邦小苑，可提供教材配套学习资源。同学们快来关注“邦小苑”微信公众号。

“邦小苑”微信公众号

（二）为教师提供的配套服务

1. 院校邦为所有教材精心设计了“教案+授课资源+考试系统+题库+教学辅助案例”的系列教学资源。教师可登录“高校教辅平台”免费使用。

高校教辅平台

2. 针对教学过程中存在的授课压力等问题，教师可扫描下方二维码，添加“码大牛”老师微信，或添加码大牛老师 QQ：2770814393，获取最新的教学辅助资源。

码大牛老师微信号

三、意见与反馈

为了让教师和同学们有更好的教材使用体验，您如有任何关于教材的意见或建议请扫码下方二维码进行反馈，感谢对我们工作的支持。

调查问卷

前言
Preface

本书在编写的过程中，结合党的二十大精神进教材、进课堂、进头脑的要求，将知识教育与思想政治教育相结合，通过案例加深学生对知识的认识与理解，注重培养学生的创新精神、实践能力和社会责任感。案例设计从现实需求出发，激发学生的学习兴趣和动手思考的能力，充分发挥学生的主动性和积极性，增强学习信心和学习欲望。在知识和案例中融入了素质教育的相关内容，引导学生树立正确的世界观、人生观和价值观，进一步提升学生的职业素养，落实德才兼备的高素质卓越工程师和高技能人才的培养要求。此外。编者依据书中的内容提供了线上学习的视频资源，体现现代信息技术与教育教学的深度融合，进一步推动教育数字化发展。

JavaScript是一种脚本语言，从诞生至今被广泛应用于Web开发，可以实现网页的交互，为用户提供流畅美观的浏览效果。近几年，互联网用户对浏览网页时的用户体验的要求越来越高，因此前端开发技术越来越受到网站开发者的重视。JavaScript作为Web前端开发领域中举足轻重的一门语言，快速、全面、系统地了解并掌握它的应用，成为Web开发人员的迫切需求。

◆ 为什么要学习本书

本书面向具有网页设计(HTML5、CSS3)基础的人群，读者可以配合本书的同系列教材《HTML5+CSS3网页设计与制作》进行学习。

本书讲解了如何将JavaScript和jQuery与HTML、CSS技术相结合，开发交互性强的网页。本书采用“知识讲解 + 案例实践”的方式来安排全书的内容，及时有效地引导读者将学过的内容串联起来，培养读者分析问题和解决问题的综合运用能力。本书将抽象的概念具体化，学到的知识实践化，让读者不仅能理解和掌握基本知识，还能根据实际需求进行扩展与提高。

◆ 如何使用本书

本书共分为14章，各章内容如下。

- 第1章主要讲解JavaScript的基本概念、代码书写位置、注释、输入/输出语句、控制台的使用，最后对JavaScript变量进行了讲解，包括变量的使用方法、语法规范及命名规范等。通过本章的学习，读者应该对JavaScript有一个整体的认识与了解，掌握JavaScript基础知识以及变量的基本使用方法。
- 第2章主要讲解JavaScript的基础语法，包括数据类型、运算符的使用，以及如何使用流程控制语句实现条件判断，最后以案例的形式讲解多分支语句的应用，使程序变得更加的灵活。通过本章的学习，读者可以掌握各种数据类型的使用细节，能够对不同类型进行转换，能够利用常用的运算符和流程控制语句编写简单的程序。

- 第 3 章主要讲解 JavaScript 流程控制中的循环结构的相关内容，以及数组的创建、访问、遍历等基础操作，通过案例巩固以加强读者对数组的认识。最后讲解二维数组的创建，并通过案例的形式演示二维数组的求和与转置，深化读者对数组的理解和运用。通过本章的学习，读者应能够掌握循环语句的使用，能够对数组进行创建和基本的操作。
- 第 4 章主要讲解什么是函数、函数的使用、参数和返回值的设置，并针对函数的全局变量和局部变量的作用域进行讲解，最后讲解在 JavaScript 中 var 变量声明和 function 函数声明的预解析。
- 第 5 章首先讲解对象的基本概念，然后会对如何自定义对象、如何使用内置对象进行详细的讲解。通过本章的学习，读者应该熟练掌握对象的使用方法。
- 第 6 章主要讲解 Web API 的基本概念，如何利用 DOM 在 JavaScript 中获取元素，以及事件的基本概念，如何通过鼠标单击事件操作元素，如何对元素的内容、属性、样式进行操作。通过本章的学习，读者应该能熟练地运用 DOM 完成元素的获取及操作。
- 第 7 章主要讲解 DOM 的一些常用操作，以及事件的进阶内容。通过本章的学习，读者应掌握如何进行排他操作、属性操作、节点操作，学会如何创建节点、添加节点、删除节点、复制节点。在事件进阶部分，要掌握事件对象、鼠标事件对象、键盘事件对象及各事件的常用方法和属性，能够通过鼠标及键盘操作元素。
- 第 8 章主要讲解 BOM 的构成，及其各属性的作用；并通过案例的形式讲解定时器的应用，重点讲解 window 对象、location 对象、history 对象的定义及其常用的属性和方法。通过本章的学习，读者可以使用 BOM 对象中的属性和方法实现窗口和 URL 导航及定时器的相关操作。
- 第 9 章主要讲解网页特效开发常用的 offset 系列、client 系列和 scroll 系列，并应用到图片放大镜、页面侧边栏和模态框的案例开发中。在实现网页特效时，本章对案例实现的效果进行展示并画出详细设计图，讲解如何根据设计图对案例进行详细分析，如何理清代码逻辑。
- 第 10 章主要讲解 jQuery 的基本使用，包括选择器、样式操作以及动画效果。通过本章的学习，读者应熟练掌握如何使用选择器获取元素、如何对元素进行样式操作，以及如何为元素设置动画效果。
- 第 11 章主要讲解 jQuery 的属性操作、内容操作、元素操作、尺寸和样式操作，以及事件等内容，并通过购物车、电梯导航等案例，将 jQuery 应用到实际开发中。
- 第 12 章主要讲解 JavaScript 面向对象编程的基础知识。近年来出现了许多流行的 JavaScript 框架，学习这些框架的基础就是需要掌握面向对象的知识。为此，本章将讲解 JavaScript 在 ES6 中新增的面向对象语法，并通过标签页组件案例进行实践。
- 第 13 章主要讲解构造函数、原型对象、原型链、继承等内容，这些是 JavaScript 在 ES6 的 class 语法出现之前实现面向对象的方式。通过本章的学习，读者应该能够对 JavaScript 语言有更深入的理解。
- 第 14 章主要讲解正则表达式的基本概念、语法规则以及常见的正则表达式应用案例。通过本章的学习，读者应该能够熟练掌握正则表达式的书写，可以利用正则表达式完成 Web 开发中的各种字符串格式验证需求。

在这 14 章中，第 1~5 章是 JavaScript 的基础语法部分，主要帮助初学者打下扎实的基本功；第 6~9 章是 DOM 和 BOM 部分，学习完这部分内容可以利用 JavaScript 完成各种网页交互效果的开发，同时可以将 JavaScript 语言进行综合运用；第 10~11 章是 jQuery 部分，学习了这部分内容可以利用 jQuery 快速完成常见的开发需求；第 12~14 章是 JavaScript 的进阶部分，学习完这部分内容可以让读者对 JavaScript 有更深入的理解，完成一些复杂的开发需求，并为后续学习前端框架打下基础。

在学习过程中，读者一定要亲自动手实践本书中的案例，如果不能完全理解书中所讲知识，读者可以登录“高校学习平台”，通过平台中的教学视频进行深入学习；学习完一个知识点后，要及时在“高校学习平台”进行测试，以巩固学习内容。

另外，如果读者在理解知识点的过程中遇到困难，建议不要纠结于某个地方，可以先往后学习。通常来讲，通过逐渐的学习，前面不懂的知识也就能够理解了。在学习的过程中，一定要多动手实践，如果在实践的过程中遇到问题，建议多思考，理清思路，认真分析问题发生的原因，并在问题解决后总结经验。

◆ 致谢

本书的编写和整理工作由传智播客教育科技股份有限公司完成，主要参与人员有韩冬、豆翻、张瑞丹等，全体人员在这一年的编写过程中付出了大量辛勤的劳动，在此一并表示衷心的致谢。

◆ 意见反馈

尽管我们付出了最大的努力，但书中难免会有不妥之处，欢迎各界专家和读者朋友们提出宝贵意见，我们将不胜感激。你在阅读本书时，如发现任何问题或有不认同之处，可以通过电子邮件与我们取得联系。

电子邮箱：itcast_book@vip.sina.com。

黑马程序员
2023 年 5 月于北京

目录
Content

第1章

初识JavaScript

学习目标

★熟悉JavaScript的用途和发展状况
★了解JavaScript的特点及组成
★掌握JavaScript的基本使用方法
★掌握JavaScript中变量的基本使用

在Web前端开发中，HTML、CSS和JavaScript是开发一个网页所必备的技术。在掌握了HTML和CSS技术之后，我们已经能够编写出各式各样的网页了，但若想让网页具有良好的交互性，JavaScript是一个极佳的选择。本章将介绍JavaScript的基本概念，并通过案例来讲解JavaScript编程。

1.1 什么是JavaScript

1.1.1 JavaScript概述

JavaScript是Web开发领域中的一种功能强大的编程语言，主要用于开发交互式的Web页面。在计算机、手机等设备上浏览的网页上，大多数的交互逻辑几乎都是由JavaScript实现的。

对于制作一个网页而言，HTML、CSS和JavaScript分别代表了结构、样式和行为。结构是网页的骨架，样式是网页的外观，行为是网页的交互逻辑，如表1-1所示。

表1-1 比较HTML、CSS和JavaScript

语言	作用	说明
HTML	结构	决定网页的结构和内容，相当于人的身体
CSS	样式	决定网页呈现给用户的模样，相当于给人穿衣服、化妆
JavaScript	行为	实现业务逻辑和页面控制，相当于人的各种动作

JavaScript内嵌于HTML网页中，通过浏览器内置的JavaScript引擎进行解释执行，把一个原本只用来显示的页面转变成支持用户交互的页面程序。

浏览器是访问互联网中各种网站所必备的工具，JavaScript主要就是运行在浏览器中的。表1-2列举了几种常见的浏览器及其特点。

表 1-2 常见浏览器及特点

浏览器	特点
Internet Explorer	Windows 操作系统的内置浏览器，用户数量较多
Microsoft Edge	Windows 10 操作系统提供的浏览器，速度更快、功能更多
Google Chrome	目前市场占有率较高的浏览器，具有简洁、快速的特点
Mozilla Firefox	一款优秀的浏览器，市场占有率低于 Google Chrome
Safari	主要应用在苹果 iOS、macOS 操作系统中的浏览器

在表 1-2 列举的浏览器中，Internet Explorer 浏览器的常见版本有 6、7、8、9、10、11。其中 6、7、8 发布时间较早，已经跟不上 Web 技术发展，正在逐渐被淘汰。本书选择各方面比较优秀的 Google Chrome 浏览器进行讲解。

浏览器内核分为两部分：渲染引擎（也称为排版引擎）和 JavaScript 引擎。渲染引擎（如 Chrome 浏览器的 Blink）负责解析 HTML 与 CSS，JavaScript 引擎（如 Chrome 浏览器的 V8 引擎）是 JavaScript 语言的解释器，用于读取网页中的 JavaScript 代码，对其处理后执行。

1.1.2 JavaScript 的诞生与发展

在 1995 年时，Netscape（网景）公司（现在的 Mozilla 公司）的布兰登·艾奇（Brendan Eich）在网景导航者浏览器上首次设计出了 JavaScript。Netscape 最初将这个脚本语言命名为 LiveScript，后来 Netscape 公司与 Sun 公司（2009 年被 Oracle 公司收购）合作之后将其改名为 JavaScript，这是由于当时 Sun 公司推出的 Java 语言备受关注，Netscape 公司为了营销借用了 Java 这个名称，但实际上 JavaScript 与 Java 的关系就像"雷峰塔"与"雷锋"，它们本质上是两种不同的编程语言。

在设计之初，JavaScript 是一种可以嵌入到网页中的编程语言，用来控制浏览器的行为。例如，直接在浏览器中进行表单验证，用户只有填写格式正确的内容后才能够提交表单，如图 1-1 所示。这样避免用户因表单填写错误导致的反复提交，节省了时间和网络资源。

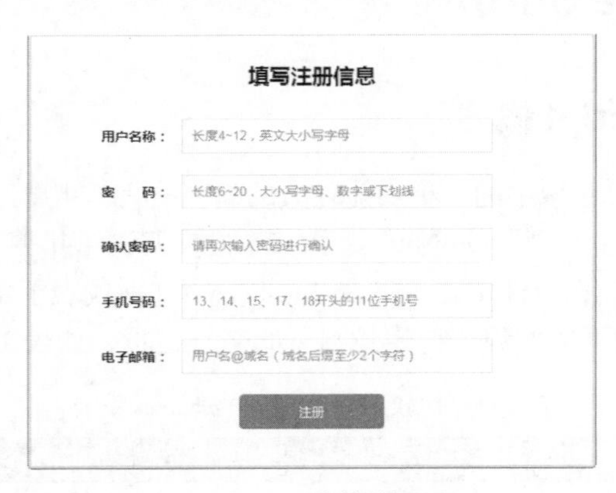

图 1-1 表单验证

现在，JavaScript 的用途已经不仅局限于浏览器了。Node.js 的出现使得开发人员能够在服务器端编写 JavaScript 代码，使得 JavaScript 的应用更加广泛；而本书主要针对浏览器端的 JavaScript 基础进行讲解。学习了 JavaScript 基础之后，读者可以深入学习三大主流框架 Vue.js、Angular、React，或者进行前端开发、小程序开发，或者混合 App 的开发。推荐读者在掌握 JavaScript 语言基础后再学习更高级的技术。

下面我们通过一些示例来展示基于 JavaScript 结合流行框架开发出来的页面效果，效果如图 1-2 ~ 图 1-5 所示。其中，图 1-2 是利用前后端分离模式进行开发，基于 React 技术栈开发的移动 Web 项目；图 1-3 是基于 Angular 构建的响应式移动 Web 项目；图 1-4 是使用 WePY 框架并结合 ES 6 语法开发的小程序电商项目；图 1-5 是基于 Vue.js 全套技术栈开发出来的网页端后台管理系统。

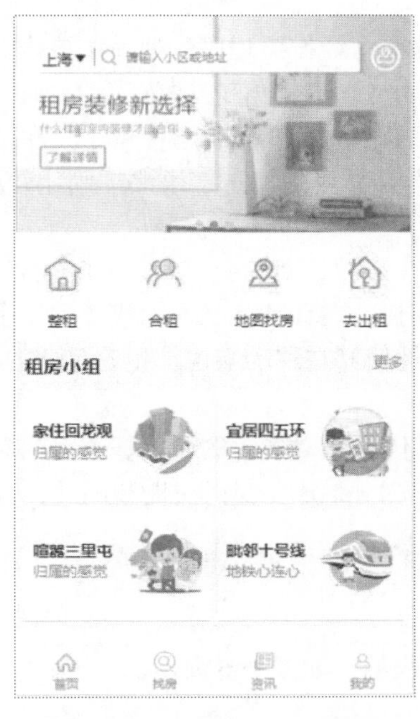

图 1-2　基于 React 开发的租房项目

图 1-3　基于 Angular 开发的移动 Web 预定酒店项目

图 1-4　小程序电商项目

图 1-5　Vue.js 开发的后台管理系统项目

在项目开发中，页面中的许多常见的交互效果都可以利用 JavaScript 来实现。JavaScript 可以使网页的互动性更强、用户体验更好。

1.1.3 JavaScript 的特点

1. JavaScript 是一种脚本语言

脚本（Script）简单地说就是一条条的文本命令，这些命令按照程序流程逐条被执行。常见的脚本语言有 JavaScript、TypeScript、PHP、Python 等。非脚本语言（如 C、C++）一般需要编译、链接，生成独立的可执行文件后才能运行，而脚本语言依赖于解释器，只在被调用时自动进行解释或编译。脚本语言通常都有简单、易学、易用的特点，语法规则比较松散，使开发人员能够快速完成程序的编写工作。

2. JavaScript 可以跨平台

JavaScript 语言不依赖操作系统，仅需要浏览器的支持。在移动互联网时代，利用手机等各类移动设备上网的用户越来越多，JavaScript 的跨平台性使其在移动端也承担着重要的职责。

3. JavaScript 支持面向对象

面向对象是软件开发中的一种重要的编程思想，其优点非常多。例如，基于面向对象思想诞生了许多优秀的库和框架（如 jQuery），可以使 JavaScript 开发变得快捷和高效，降低了开发成本。

1.1.4 JavaScript 的组成

JavaScript 是由 ECMAScript、DOM、BOM 三部分组成的，如图 1-6 所示。

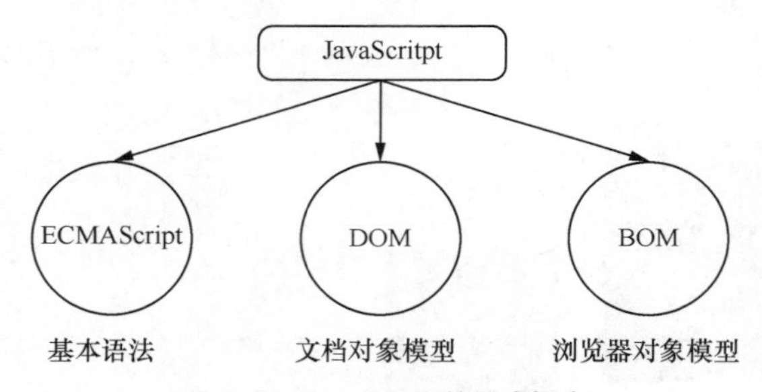

图 1-6 JavaScript 的组成部分

接下来我们对 JavaScript 的组成进行简单的介绍。

（1）ECMAScript：是 JavaScript 的核心。ECMAScript 规定了 JavaScript 的编程语法和基础核心内容，是所有浏览器厂商共同遵守的一套 JavaScript 语法工业标准。

（2）DOM：文档对象模型，是 W3C 组织推荐的处理可扩展标记语言的标准编程接口，通过 DOM 提供的接口，可以对页面上的各种元素进行操作（如大小、位置、颜色等）。

（3）BOM：浏览器对象模型，它提供了独立于内容的、可以与浏览器窗口进行互动的对象结构。通过 BOM，可以对浏览器窗口进行操作（如弹出框、控制浏览器导航跳转等）。

多学一招：JavaScript与ECMAScript的关系

1996 年，网景公司在 Navigator 2.0 浏览器中正式内置了 JavaScript 脚本语言后，微软公司开发了一种与 JavaScript 相近的语言 JScript，内置于 Internet Explorer 3.0 浏览器发布。网景公司面临丧失浏览器脚本语言的主导权的局面，决定将 JavaScript 提交给 ECMA 国际，希望

JavaScript能够成为国际标准。

ECMA国际（前身为欧洲计算机制造商协会）是一家国际性会员制度的信息和电信标准组织。该组织发布了262号标准文件（ECMA-262），规定了浏览器脚本语言的标准，并将这种语言称为ECMAScript。JavaScript和JScript可以理解为ECMAScript的实现和扩展。

2015年，ECMA国际发布了新版本ECMAScript 2015（人们习惯称为ECMAScript 6、ES 6），相比前一个版本做出了大量的改进。本书在后面的讲解中会为大家补充介绍一些关于ES 6的新技术。

1.2 常用开发工具

工欲善其事，必先利其器，一款优秀的开发工具能够极大提高程序开发效率与体验。在Web前端开发中，常用的开发工具有Visual Studio Code、Sublime Text、HBuilder等，下面我们就来介绍这些开发工具的特点。

1. Visual Studio Code

Visual Studio Code（简称VS Code）是一款由微软公司开发的，功能十分强大的轻量级编辑器。该编辑器提供了丰富的快捷键，集成了语法高亮、可定制热键绑定、括号匹配以及代码片段收集的特性，并且支持多种语法和文件格式的编写。

2. Sublime Text

Sublime Text是一个轻量级的代码编辑器，具有友好的用户界面，支持拼写检查、书签、自定义按键绑定等功能，还可以通过灵活的插件机制扩展编辑器的功能，其插件可以利用Python语言开发。Sublime Text是一个跨平台的编辑器，支持Windows、Linux、macOS等操作系统。

3. HBuilder

HBuilder是由DCloud（数字天堂）公司推出的一款支持HTML5的Web开发编辑器，在前端开发、移动开发方面提供了丰富的功能和贴心的用户体验，还为基于HTML5的移动端App开发提供了良好的支持。

4. Adobe Dreamweaver

Adobe Dreamweaver是一个集网页制作和网站管理于一身的所见即所得的网页编辑器，用于帮助网页设计师提高网页制作效率，简化网页开发的难度和学习HTML、CSS的门槛。但缺点是可视化编辑功能会产生大量冗余代码，而且不适合开发结构复杂、需要大量动态交互的网页。

5. WebStorm

WebStorm是JetBrains公司推出的一款Web前端开发工具，JavaScript、HTML5开发是其强项，支持许多流行的前端技术，如jQuery、Prototype、Less、Sass、AngularJS、ESLint、webpack等。

1.3 JavaScript入门

在介绍了JavaScript的一些基本概念后，相信读者已经迫不及待地想要在网页中编写一段简单的JavaScript代码了。为了帮助初学者快速上手，本节将会对代码的书写位置、注释，以及常用的输入、输出语句进行详细讲解。

1.3.1 代码书写位置

在网页中编写 JavaScript 代码时，有 3 种书写位置，分别是行内式、内嵌式（也称为嵌入式）和外部式（也称为外链式），下面分别进行讲解。

1. 行内式

行内式是指将单行或少量的 JavaScript 代码写在 HTML 标签的事件属性中（也就是以 on 开头的属性，如 onclick）。下面通过具体操作步骤进行演示。

（1）创建一个简单的 HTML 页面，将文件命名为 demo01.html。

（2）编写 demo01.html，具体代码如下。

```
1  <!DOCTYPE html>
2  <html>
3   <head>
4    <meta charset="UTF-8">
5    <title>Document</title>
6   </head>
7   <body>
8   </body>
9  </html>
```

在上述代码中，第 4 行声明了网页的编码为 UTF-8，帮助浏览器正确识别网页的编码。在声明编码后，还需要确保文件本身的编码也是 UTF-8。目前大多数代码编辑器新建的文件编码默认都是 UTF-8。另外，Windows 记事本默认的编码是 ANSI，在记事本中编写的网页容易出现乱码，因此读者应杜绝使用记事本编写代码文件。

（3）使用行内式编写 JavaScript 代码，实现单击一个按钮后，弹出一个警告框，显示一些提示信息，具体代码如下。

```
1  <body>
2    <input type="button" value=" 点我 " onclick="alert(' 行内式 ')">
3  </body>
```

在上述代码中，写在 onclick 属性里的代码就是 JavaScript 代码。

（4）通过浏览器访问 demo01.html，运行结果如图 1-7 所示。

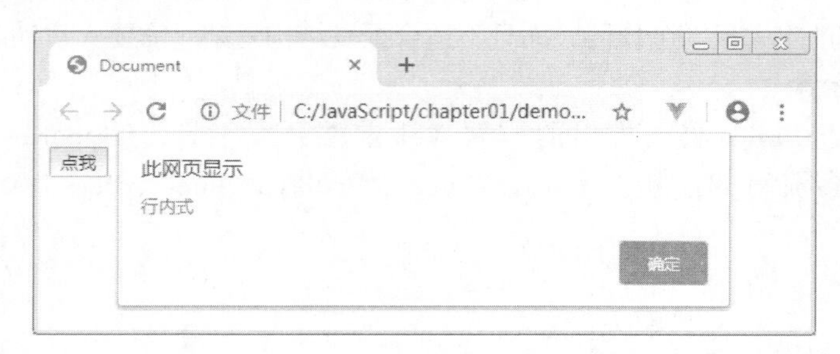

图 1-7 行内式

以上步骤演示了行内式的使用。在实际开发中，使用行内式还需要注意以下 4 点。

① 注意单引号和双引号的使用。在 HTML 中推荐使用双引号，而 JavaScript 推荐使用单引号。

② 行内式可读性较差，尤其是在 HTML 中编写大量 JavaScript 代码时，不方便阅读。

③ 在遇到多层引号嵌套的情况时，非常容易混淆，导致代码出错。

④ 只有临时测试，或者特殊情况下再使用行内式，一般情况下不推荐使用行内式。

2. 内嵌式（嵌入式）

内嵌式是指使用 <script> 标签包裹 JavaScript 代码，<script> 标签可以写在 <head> 或 <body> 标签中。通过内嵌式，可以将多行 JavaScript 代码写在 <script> 标签中。内嵌式是学习 JavaScript 时最常使用的方式。

下面我们通过具体操作步骤进行演示。

（1）创建 demo02.html，用来编写内嵌式 JavaScript 代码，示例代码如下。

```
1  <head>
2    ……
3    <script>
4      alert('内嵌式');
5    </script>
6  </head>
```

在上述代码中，第 4 行是一条 JavaScript 语句，其末尾的分号“;”表示该语句结束，后面可以编写下一条语句。<script> 标签还有一个 type 属性，在 HTML5 中该属性的默认值为“text/javascript”，因此在编写时可以省略 type 属性。

（2）通过浏览器访问 demo02.html，页面一打开后，就会自动弹出一个警告框，提示信息为“内嵌式”。

3. 外部式（外链式）

外部式是指将 JavaScript 代码写在一个单独的文件中，一般使用“js”作为文件的扩展名，在 HTML 页面中使用 <script> 标签进行引入，适合 JavaScript 代码量比较多的情况。

外部式有利于 HTML 页面代码结构化，把大段的 JavaScript 代码独立到 HTML 页面之外，既美观，也方便文件级别的代码复用。需要注意的是，外部式的 <script> 标签内不可以编写 JavaScript 代码。

下面我们通过具体操作步骤进行演示。

（1）创建 demo03.html，用来编写外部式 JavaScript 代码，示例代码如下。

```
1  <head>
2    ……
3    <script src="test.js"></script>
4  </head>
```

（2）创建 test.js 文件，在文件中编写 JavaScript 代码，如下所示。

```
alert('外部式');
```

（3）通过浏览器访问 demo03.html，页面一打开后，就会自动弹出一个警告框，提示信息为“外部式”。

小提示：

在 HTML 中还有一种嵌入 JavaScript 代码的方法，就是使用伪协议。示例代码如下。

```
<a href="javascript:alert('伪协议')">点我</a>
```

在代码中，href 属性中的“javascript:”就表示伪协议，后面是一段 JavaScript 代码。当单击这个超链接后，就会弹出 alert 警告框。在实际开发中，不推荐使用这种方式。

脚下留心

在编写 JavaScript 代码时，应注意基本的语法规则，避免程序出错，具体如下。

① JavaScript 严格区分大小写，在编写代码时一定注意大小写的正确性。例如，将案例代码中的 alert 改为 ALert，则警告框将无法弹出。

② JavaScript 代码对空格、换行、缩进不敏感，一条语句可以分成多行书写。例如，将 alert 后面的“(”换到下一行，程序依然正确执行。

③ 如果一条语句书写结束后，换行书写下一条语句，前一行语句后面的分号可以省略。

多学一招：JavaScript异步加载

在浏览器执行 JavaScript 代码时，无论使用内嵌式还是外部式，页面的下载和渲染都会暂停，等待脚本执行完成后才会继续。为了尽可能减少对整个页面下载的影响，推荐将不需要提前执行的 <script> 标签放在 <body> 标签的底部。

为了降低 JavaScript 阻塞问题对页面造成的影响，可以使用 HTML5 为 <script> 标签新增的两个可选属性：async 和 defer。下面我们分别介绍其作用。

（1）async

async 用于异步加载，即先下载文件，不阻塞其他代码执行，下载完成后再执行。

```
<script src="file.js" async></script>
```

（2）defer

defer 用于延后执行，即先下载文件，直到网页加载完成后再执行。

```
<script src="file.js" defer></script>
```

添加 async 或 defer 属性后，即使文件下载失败，也不会阻塞后面的 JavaScript 代码执行。

1.3.2 注释

在 JavaScript 开发过程中，使用注释更有利于增强代码的可读性。注释在程序解析时会被 JavaScript 解释器忽略。JavaScript 支持单行注释和多行注释，具体示例如下。

1. 单行注释“//”

单行注释以“//”开始，到该行结束或 <script> 标签结束之前的内容都是注释。下面我们通过代码演示单行注释的使用。

```
1  <script>
2    alert('Hello, JavaScript');     // 输出 Hello, JavaScript
3  </script>
```

上述示例中，“//”和后面的“输出 Hello, JavaScript”是一个单行注释。

2. 多行注释“/* */”

多行注释以“/*”开始，以“*/”结束。多行注释中可以嵌套单行注释，但不能再嵌套多行注释。示例代码如下。

```
1  <script>
2    /*
3      alert('Hello, JavaScript');
4    */
5  </script>
```

上述示例中，第 2 ~ 4 行的内容就是多行注释。

小提示：

在 VS Code 编辑器中，可以使用快捷键对当前选中的行添加注释或取消注释，单行注释使用快捷键【Ctrl+/】，多行注释使用快捷键【Shift+alt+a】。

1.3.3　输入和输出语句

JavaScript 是一门编程语言，可以在网页中实现用户交互效果。例如，在网页打开后，自动弹出一个输入框，让用户输入内容，输入后，由程序内部进行处理，处理完成后，再把结果返回给用户。这整个过程分为输入、处理和输出 3 个步骤。

为了方便信息的输入和输出，JavaScript 提供了输入和输出语句，如表 1-3 所示。

表 1-3　常用的输入和输出语句

语句	说明
alert('msg')	浏览器弹出警告框
console.log('msg')	浏览器控制台输出信息
prompt('msg')	浏览器弹出输入框，用户可以输入内容

下面我们通过代码演示这 3 个输入和输出语句的使用，如下所示。

```
1  <script>
2    alert('这是一个警告框');
3    console.log('在控制台输出信息');
4    prompt('这是一个输入框');
5  </script>
```

通过浏览器访问测试，alert() 的显示效果如图 1-8 所示。

图 1-8　alert() 效果

console.log() 的输出结果需要在浏览器的控制台中查看。在 Chrome 浏览器中按 F12 键（或在网页空白区域单击鼠标右键，在弹出的快捷菜单中选择“检查”）启动开发者工具，然后切换到“Console”（控制台）选项卡，如图 1-9 所示。

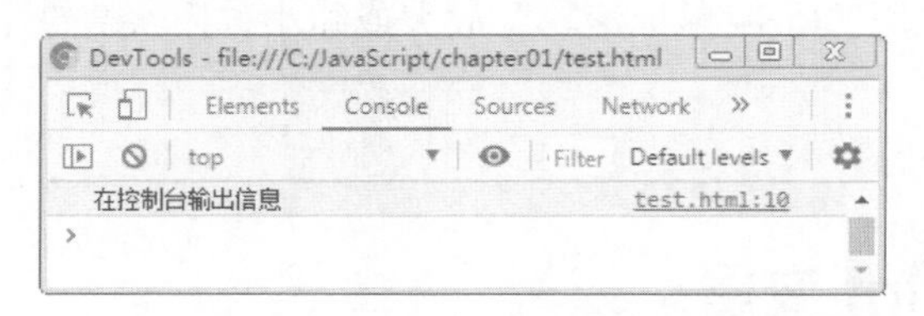

图 1-9　console.log() 效果

prompt() 的显示效果如图 1-10 所示。

图 1-10 prompt() 效果

脚下留心

若输出的内容中包含 JavaScript 结束标签，会导致代码提前结束，示例代码如下。

```
1  <script>
2    console.log('<script>alert(123);</script>');
3  </script>
```

通过浏览器测试上述代码，会发现警告框没有弹出，程序出错。这是因为第 2 行代码中的 </script> 被当成结束标签。若要解决这个问题，可在“/”前面加上“\”转义，即“<\/script>”。

1.3.4 控制台的使用

在浏览器的控制台中可以直接输入 JavaScript 代码来执行，这为 JavaScript 初学者提供了很大的便利。打开控制台后，会看到一个闪烁的光标，此时可以输入代码，按回车键执行。图 1-11 演示了直接在控制台中输入代码执行的效果。

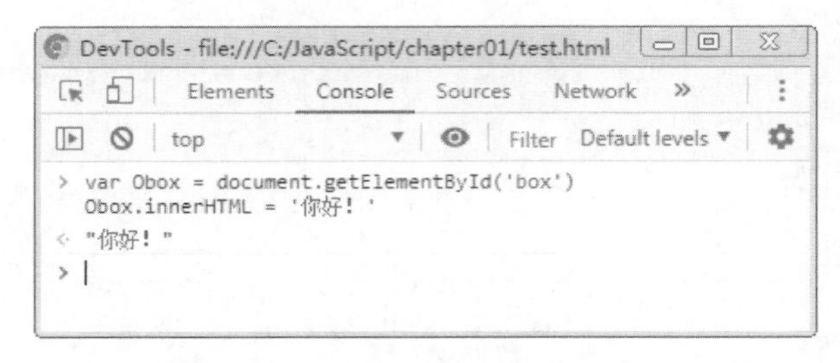

图 1-11 控制台输入

在图 1-11 中，代码前面的“>”图标表示该行代码是用户输入的，下一行的“<”图标表示控制台的输出结果，用于显示用户输入的表达式的值。

在控制台中还可以用“Ctrl+ 鼠标滚轮”放大或缩小，用快捷键【Shift+Enter】在输入的代码中进行换行。

1.4 JavaScript 变量

在学习了 prompt() 输入语句后，我们就可以在输入框中输入信息了。但是如何将我们输入的信息保存起来呢？这就需要利用 JavaScript 中的变量来进行保存。本节将会讲解 JavaScript 变量的基本概念和具体使用。

1.4.1　什么是变量

变量是程序在内存中申请的一块用来存放数据的空间。例如，程序在内存中保存字符串“小明”和“小张”，如图 1-12 所示。

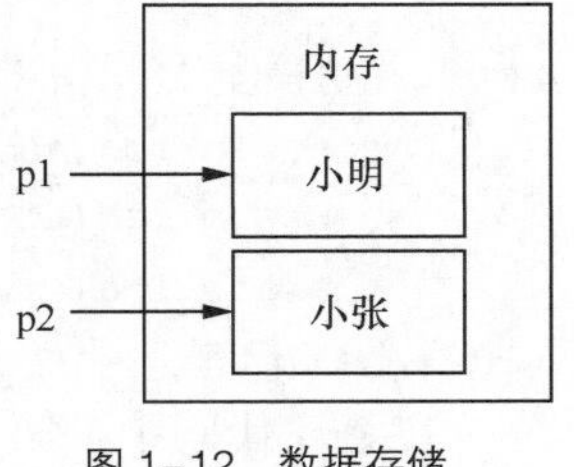

图 1-12　数据存储

在图 1-12 中，我们可以将内存想象成一个酒店，当需要入住酒店时，就需要在酒店里预订一个房间。由于酒店里有大量的房间，为了准确地找到某一个房间，需要给每个房间分配一个房间号。同样地，内存中的每个变量需要进行命名，才可以找到某一个变量，因此，图 1-12 中的两个变量分别被命名为 p1 和 p2。

1.4.2　变量的使用

变量在使用时分为两步，分别是“声明变量”和“赋值”。这两步可以分开进行，也可以同时进行。下面我们进行详细讲解。

1. 声明变量

JavaScript 中变量通常使用 var 关键字声明，示例代码如下。

```
var age;                          // 声明一个名称为 age 的变量
```

使用 var 关键字声明变量后，计算机会自动为变量分配内存空间。age 是自定义的变量名，通过变量名就可以访问变量在内存中分配的空间。

2. 变量赋值

变量声明出来后，是没有值的，所以接下来就要为它赋值，示例代码如下。

```
var age;                          // 声明变量
age = 10;                         // 为变量赋值
```

上述代码在变量声明后，将 10 这个值存入 age 变量中。其中，等号“=”并不是相等的意思，而是把等号右边的 10 赋值给左边的变量 age。

在为变量赋值以后，可以用输出语句输出变量的值，示例代码如下。

```
alert(age);                       // 使用 alert() 警告框输出 age 的值
console.log(age);                 // 将 age 的值输出到控制台中
```

上述代码执行后，即可看到变量 age 的值，结果为 10。

3. 变量的初始化

声明一个变量并为其赋值，这个过程就是变量的初始化，示例代码如下。

```
var age = 18;                     // 声明变量同时赋值为 18
```

在将变量初始化后，使用 console.log(age) 可以输出变量的值，结果为 18。

1.4.3　变量的应用案例

1. 使用变量保存个人信息

使用变量可以保存各种各样的数据，例如，保存一个人的个人信息，具体代码如下。

```
1  <script>
2    var myName = '小明';                        // 名称
```

```
3    var address = 'XX 市 XX 区 ';                      // 住址
4    var age = 18;                                      // 年龄
5    var email = 'xiaoming@localhost';                  // 电子邮箱
6    console.log(myName);                               // 输出 myName 的值
7    console.log(address);                              // 输出 address 的值
8    console.log(age);                                  // 输出 age 的值
9    console.log(email);                                // 输出 email 的值
10 </script>
```

在上述代码中，第 2、3、5 行的值为字符串类型的值，需要使用单引号包裹；第 4 行的值为数字型的值，也就是一个普通的数字。关于 JavaScript 中的数据类型具体会在后面的章节中讲解，此处读者只需要了解字符串型和数字型的简单使用即可。

小提示：

使用 myName 作为变量名，而不是使用 name，这是因为全局作用域下定义的变量会自动注册为 window 对象的属性。window 对象的属性还有 self、top、location、status 等，这些都不推荐作为全局变量名使用。关于全局作用域、window 对象的概念，具体会在后面的章节中进行讲解。

2. 使用变量保存用户输入的值

在前面的小节中我们讲过了使用 prompt() 弹出一个输入框，提示用户输入内容。当用户输入内容（值）以后，使用变量就可以将值保存下来，具体代码如下。

```
1  <script>
2    var myName = prompt(' 请输入您的名字 ');
3    alert(myName);
4  </script>
```

在上述代码中，第 2 行的 myName 变量用于接收用户在输入框中输入的值，然后在第 3 行将用户输入的值显示出来。

1.4.4 变量的语法细节

在使用变量时，还有一些值得注意的语法细节，下面进行详细讲解。

1. 更新变量的值

一个变量重新赋值后，它原有的值就会被覆盖，示例代码如下。

```
1  var myName = ' 小明 ';
2  console.log(myName);                          // 输出结果：小明
3  myName = ' 小红 ';                             // 更新变量的值
4  console.log(myName);                          // 输出结果：小红
```

2. 同时声明多个变量

在 var 关键字后面可以同时声明多个变量，多个变量名之间使用英文逗号隔开，示例代码如下。

```
1  // 同时声明多个变量，不赋值
2  var myName, age, email;
3  // 同时声明多个变量，并赋值
4  var myName = ' 小明 ',
5      age = 18,
6      email = 'xiaoming@localhost';
```

3. 声明变量的特殊情况

（1）只声明变量，但不赋值，则输出变量时，结果为 undefined，示例代码如下。

```
1  var age;
2  console.log(age); // 输出结果： undefined
```

（2）不声明变量，直接输出变量的值，则程序会出错，示例代码如下。

```
1  console.log(age);
```

上述代码执行后，在控制台中会看到图 1-13 所示的错误提示。

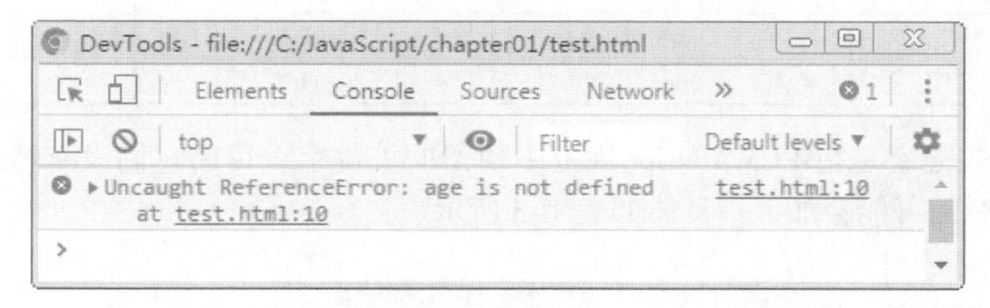

图 1-13 错误提示

小提示：

如果前一行代码出错，则后面的代码不会执行。因此，在开发中，如果代码没有按照期望的执行，可以打开控制台看一下是否有错误提示，找到具体是哪一行代码出错了。

（3）不声明变量，只进行赋值，示例代码如下。

```
1  age1 = 10;                // 变量 age1 没有使用 var 进行声明
2  console.log(age1);        // 输出结果： 10
```

从输出结果可以看出，直接赋值一个未声明的变量，也可以正确输出变量的值。这个情况是 JavaScript 语言的特性。此时读者可能还无法理解这种情况，在后面学到全局作用域、window 对象的时候就能理解了。

1.4.5 变量的命名规范

在对变量进行命名时，需要遵循变量的命名规范，从而避免代码出错，以及提高代码的可读性，具体如下。

① 通常由字母、数字、下划线和美元符号（$）组成，如 age、num。

② 严格区分大小写，如 app 和 App 是两个变量。

③ 不能以数字开头，如 18age 是错误的变量名。

④ 不能是关键字、保留字，如 var、for、while 等是错误的变量名。

⑤ 要尽量做到“见其名知其意”，如 age 表示年龄，num 表示数字。

⑥ 建议遵循驼峰命名法，首字母小写，后面的单词首字母大写，如 myFirstName。

在 JavaScript 中，关键字分为“保留关键字”和“未来保留关键字”。保留关键字是指在 JavaScript 语言中被事先定义好并赋予特殊含义的单词，不能作为变量名使用。下面我们列举一些常见的保留关键字，如表 1-4 所示。

表 1-4 列举的关键字中，每个关键字都有特殊的作用。例如，var 关键字用于定义变量，typeof 关键字用于判断给定数据的类型，function 关键字用于定义一个函数。在本书后面的章节中我们将陆续对这些关键字进行讲解，这里读者只需了解即可。

表 1-4 保留关键字

break	case	catch	class
const	continue	debugger	default
delete	do	else	export
extends	finally	for	function
if	import	in	instanceof
new	return	super	switch
this	throw	try	typeof
var	void	while	with
yield	enum	let	-

未来保留关键字是指 ECMAScript 规范中预留的关键字，目前它们没有特殊功能，但是在未来的某个时间可能会加上。具体如表 1-5 所示。

表 1-5 未来保留关键字

implements	package	public
interface	private	static
protected	-	-

表 1-5 列举的这些未来保留关键字建议不要当作变量名来使用，以避免未来它们转换成关键字时出错。

多学一招：标识符

在 JavaScript 中还有一个标识符的概念。标识符是指开发人员为变量、函数取的名字。例如，变量名 age 就是一个标识符。从语法上来说，不能使用关键字作为标识符，否则会出现语法错误。

1.4.6 【案例】交换两个变量的值

在学习了变量的使用后，下面我们通过一个案例来练习变量的使用。本案例将会实现交换两个变量的值。先定义两个变量 apple1 和 apple2，值分别为“青苹果”和“红苹果”，然后借助第 3 个变量 temp 来保存临时数据，实现青苹果和红苹果的交换，其思路如图 1-14 所示。

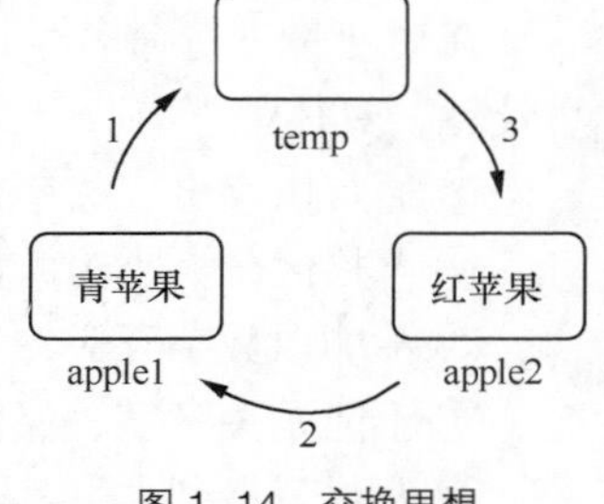

图 1-14 交换思想

在图 1-14 中，我们可以想象成左手（apple1）拿着青苹果，右手（apple2）拿着红苹果，眼前有一张桌子（temp）。为了将左手的青苹果和右手的红苹果交换，就先把左手的青苹果放在桌子上，然后右手把红苹果给左手，最后右手再从桌子上拿起青苹果，这样就完成了交换。

下面我们开始编写代码完成案例的要求，具体如下。

```
1  var temp;
2  var apple1 = '青苹果';
3  var apple2 = '红苹果';
4  temp = apple1;
5  apple1 = apple2;
```

```
6  apple2 = temp;
7  console.log(apple1);          // 输出结果：红苹果
8  console.log(apple2);          // 输出结果：青苹果
```

在上述代码中，第 4 ~ 6 行用于完成 apple1 和 apple2 两个变量的交换。

本章小结

本章首先介绍了 JavaScript 的用途、发展状况，以及 JavaScript 的 3 大组成部分及其与 ECMAScript 的关系，然后讲解了常用开发工具相关的内容，接着针对 JavaScript 的入门知识进行了介绍，包括代码书写位置、注释、输入输出语句及控制台的使用，最后针对 JavaScript 变量进行了介绍，包括变量的本质、使用方式、语法规范及命名规范，最后通过案例来体验了 JavaScript 变量的简单应用。

课后练习

一、填空题

1. 单行注释以________开始。
2. console.log(alert('Hello')) 在控制台的输出结果是________。
3. JavaScript 由________、________、________三部分组成。
4. console.log('<script>alert(123);<\/script>') 的输出结果是________。

二、判断题

1. JavaScript 不可以跨平台。（　　）
2. alert('test') 与 Alert('test') 都表示以警告框的形式弹出 test 提示信息。（　　）
3. 在 JavaScript 中，如果一条语句结束后，换行书写下一条语句，后面的分号可以省略。（　　）
4. 通过外链式引入 JavaScript 时，可以省略 </script> 标签。（　　）
5. async 用于异步加载，即先下载文件，不阻塞其他代码执行。（　　）
6. JavaScript 中，age 与 Age 代表不同的变量。（　　）

三、选择题

1. 下列选项中不属于 ECMAScript 6 保留关键字的是（　　）。

   A. delete　　B. this　　C. static　　D. new

2. JavaScript 为代码添加多行注释的语法为（　　）。

   A. <!-- -->　　B. //　　C. /* */　　D. #

3. 下列选项中，不能作为变量名开头的是（　　）。

   A. 字母　　B. 数字　　C. 下划线　　D. $

四、编程题

利用本章知识，编写一个将用户输入的信息输出到网页的 JavaScript 程序。

第2章

JavaScript 基础（上）

学习目标

★掌握数据类型及类型转换方法

★掌握运算符的使用

★掌握流程控制语句的使用

对于任何一种语言来说，掌握基本语法都是学好这门语言的第一步，只有完全掌握了基础知识，才能游刃有余地学习后续内容。本章为 JavaScript 基础（上）篇，主要针对数据类型、数据类型转换、运算符、流程控制、分支结构等基础语法进行详细讲解。

2.1 数据类型

通过前面的学习可知，变量是用来存储数据的容器，变量里面保存的是各种各样的数据。在计算机中，不同的数据所需占用的存储空间是不同的，为了充分利用存储空间，在编程语言中就定义了多种不同的数据类型。例如，姓名“张三”是字符串型，年龄“18”是数字型。本节将对数据类型进行详细讲解。

2.1.1 变量的数据类型

JavaScript 是一种弱类型语言，不用提前声明变量的数据类型。在程序运行过程中，变量的数据类型会被自动确定。与之相对的是强类型语言，如 C、Java。下面我们通过代码比较弱类型语言与强类型语言的区别，如下所示。

```
// 强类型语言（Java）
int num = 10;              // 这里的变量 num 是 int 型（整数类型）
// 弱类型语言（JavaScript）
var num = 10;              // 这里的变量 num 一开始是一个数字型
num = 'abc';               // 赋值一个字符串，现在 num 变成了字符串型
```

从上述代码可以看出，JavaScript 变量的数据类型，是在程序运行时根据等号右边的值来确定的。

2.1.2　数据类型分类

JavaScript 中的数据类型分为两大类，分别是基本数据类型和复杂数据类型（或称为引用数据类型），如图 2-1 所示。

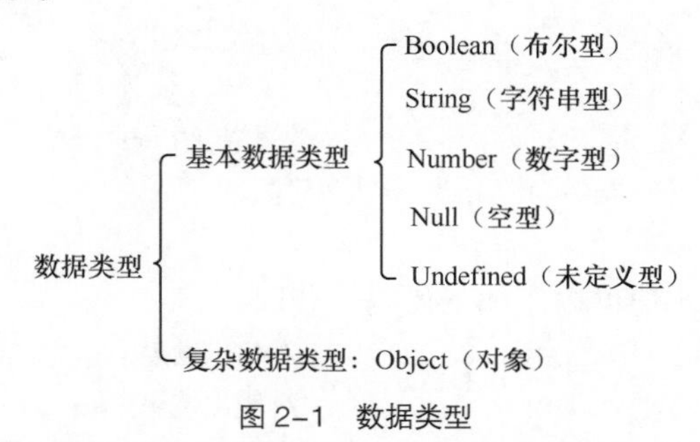

图 2-1　数据类型

在图 2-1 中，复杂数据类型的使用比较难，具体会在后面的章节中专门进行讲解，本节重点讲解基本数据类型。下面我们用代码演示基本数据类型的使用。

（1）数字型（Number），包含整型值和浮点型值：

```
var num1 = 21;                          // 整型值
var num2 = 0.21;                        // 浮点型值
```

（2）布尔型（Boolean），包含 true 和 false 两个布尔值：

```
var bool1 = true;                       // 表示真、 1、 成立
var bool2 = false;                      // 表示假、 0、 不成立
```

（3）字符串型（String），用单引号或双引号包裹：

```
var str1 = '';                          // 空字符串
var str2 = 'abc';                       // 单引号包裹的字符串 abc
var str3 = "abc";                       // 双引号包裹的字符串 abc
```

（4）未定义型（Undefined），只有一个值 undefined：

```
var a;                                  // 声明变量 a， 未赋值， 此时 a 就是 undefined
var b = undefined;                      // 变量 b 的值为 undefined
```

（5）空型（Null），只有一个值 null：

```
var a = null;                           // 变量 a 的值为 null
```

需要注意的是，代码中的值 true、false、undefined 和 null 全部都要写成小写字母。

2.1.3　数字型

JavaScript 中的数字型可以用来保存整数或浮点数（小数），示例代码如下。

```
var age = 18;                           // 整数
var pi = 3.14;                          // 浮点数 （小数）
```

下面我们针对数字型在使用时的一些细节问题进行讲解。

1. 进制

常见的进制有二进制、八进制、十进制和十六进制。在一般情况下，数字都是使用十进制来表示的。在 JavaScript 中还可以用八进制和十六进制，具体如下。

（1）在数字开头加上 0，表示八进制数。八进制数由 0 ~ 7 组成，逢 8 进位：

```
var num1 = 07;
console.log(num1);                      // 输出结果： 7
```

```
var num2 = 010;
console.log(num2);                      // 输出结果：8
```

（2）在数字开头加上 0x，表示十六进制数。十六进制数由 0 ~ 9，a ~ f 组成：

```
var num1 = 0x9;
console.log(num1);                      // 输出结果：9
var num2 = 0xa;
console.log(num2);                      // 输出结果：10
```

十六进制数中的“x”和“a ~ f”不区分大小写。

2. 范围

数字型的最大值和最小值可以用如下代码来获取。

```
console.log(Number.MAX_VALUE);          // 输出结果：1.7976931348623157e+308
console.log(Number.MIN_VALUE);          // 输出结果：5e-324
```

在输出结果中，使用了科学计数法来表示，在 JavaScript 中可以使用科学计数法来表示数字。

3. 特殊值

数字型有 3 个特殊值，分别是 Infinity（无穷大）、-Infinity（无穷小）和 NaN（Not a Number，非数值）。下面我们通过代码演示这 3 种值出现的情况。

```
console.log(Number.MAX_VALUE * 2);      // 输出结果：Infinity
console.log(-Number.MAX_VALUE * 2);     // 输出结果：-Infinity
console.log('abc' - 100);               // 输出结果：NaN
```

若要判断一个变量是否为非数字的类型，可以用 isNaN() 来进行判断，它会返回一个布尔值，返回 true 表示非数字，返回 false 表示是数字，示例代码如下。

```
console.log(isNaN(12));                 // 输出结果：false
console.log(isNaN('abc'));              // 输出结果：true
```

2.1.4 字符串型

字符串是指计算机中用于表示文本的一系列字符，在 JavaScript 中使用单引号或双引号来包裹字符串，示例代码如下。

```
var str1 = '单引号字符串';
var str2 = "双引号字符串";
```

下面我们针对字符串型在使用时的一些细节问题进行讲解。

1. 单、双引号嵌套

在单引号字符串中可以直接书写双引号，在双引号字符串中也可以直接书写单引号，示例代码如下。

```
// 正确的语法
var str1 = 'I am a "programmer"';       // I am a "programmer"
var str2 = "I'm a 'programmer'";        // I'm a 'programmer'
// 常见的错误语法
var str1 = 'I'm a programmer';          // 单引号错误用法
var str2 = "I'm a "programmer"";        // 双引号错误用法
var str3 = 'I am a programmer";         // 单双引号混用
```

2. 转义符

在字符串中使用换行、Tab 等特殊符号时，可以用转义符来进行转义。转义符都是以“\”

开始的，常用的转义符如表2-1所示。

表2-1 常用的转义符

转义符	解释说明	转义符	解释说明
\'	单引号	\"	双引号
\n	LF换行，n表示newline	\v	跳格（Tab、水平）
\t	Tab符号	\r	CR换行
\f	换页	\\	反斜线（\）
\b	退格，b表示blank	\0	Null字节
\xhh	由2位十六进制数字hh表示的ISO-8859-1字符。如“\x61”表示“a”	\uhhhh	由4位十六进制数字hhhh表示的Unicode字符。如“\u597d”表示“好”

下面我们通过代码演示转义符的使用。

```
var str1 = 'I\'m a programmer';          // I'm a programmer
var str2 = 'I am a\nprogrammer'          // I am a(换行)programmer
var str3 = 'C:\\JavaScript\\';           // C:\JavaScript\
var str4 = '\x61bc';                     // abc
var str5 = '\u597d学生';                  // 好学生
```

小提示：

\x61中的数字61是一个十六进制数，转换为十进制是97，查阅ASCII码表可知，97表示的是字符a。在实际开发中，当有一些特殊字符不方便输入时，可以利用\xhh或\uhhhh这种方式来表示ASCII字符或Unicode字符。

3. 字符串长度

字符串是由若干字符组成的，这些字符的数量就是字符串的长度。通过字符串的length属性可以获取整个字符串的长度，示例代码如下。

```
var str1 = 'I\'m a programmer';
console.log(str1.length);                // 输出结果：16
var str2 = '我是程序员';
console.log(str2.length);                // 输出结果：5
```

4. 访问字符串中的字符

字符串可以使用“[index]”语法按照index（索引）访问字符，index从0开始，一直到字符串的长度减1，如果超过了index最大值，会返回undefined。示例代码如下。

```
var str = 'I\'m a programmer';
console.log(str[0]);                     // 输出结果：I
console.log(str[1]);                     // 输出结果：'
console.log(str[15]);                    // 输出结果：r
console.log(str[16]);                    // 输出结果：undefined
```

5. 字符串拼接

多个字符串之间可以使用“+”进行拼接，如果数据类型不同，拼接前会把其他类型转成字符串，再拼接成一个新的字符串。示例代码如下。

```
console.log('a' + 'b');                  // ab
console.log('a' + 18);                   // a18
```

```
console.log('_' + true);                    // _true
console.log('12' + 14);                     // 1214
console.log(12 + 14);                       // 两个数字相加，结果为 26(非字符串拼接)
```

在实际开发中，经常会将字符串和变量进行拼接，这是因为使用变量可以很方便地修改里面的值。示例代码如下。

```
var age = 18;
console.log('小明' + age + '岁');          // 小明 18 岁
```

6. “显示年龄”案例

在学习了字符串的使用后，下面我们通过一个显示年龄的案例来练习。本案例需要弹出一个输入框，让用户输入年龄。输入后，单击“确定”按钮，程序就会弹出来一个警告框，显示内容为“您今年 x 岁了”，x 表示刚才输入的年龄。具体代码如下。

```
1  // 弹出一个输入框，让用户输入年龄
2  var age = prompt('请输入您的年龄');
3  // 将年龄与输出的字符串拼接
4  var msg = '您今年' + age + '岁了';
5  // 弹出警告框，输出程序的处理结果
6  alert(msg);
```

2.1.5 布尔型

布尔型有两个值：true 和 false，表示事物的“真”和“假”，通常用于逻辑判断。示例代码如下。

```
console.log(true);              // 输出结果：true
console.log(false);             // 输出结果：false
```

当布尔型和数字型相加的时候，true 会转换为 1，false 会转换为 0，如下所示。

```
console.log(true + 1);          // 输出结果：2
console.log(false + 1);         // 输出结果：1
```

2.1.6 undefined 和 null

如果一个变量声明后没有赋值，则变量的值就是 undefined。我们也可以给一个变量赋一个 null 值，null 一般用来表示空对象指针，具体会在后面的章节中讲解。

下面我们通过代码演示 undefined 和 null 的使用。

```
var a;
console.log(a);                 // 输出结果：undefined
console.log(a + '_');           // 输出结果：undefined_(字符串型)
console.log(a + 1);             // 输出结果：NaN
var b = null;
console.log(b + '_');           // 输出结果：null_(字符串型)
console.log(b + 1);             // 输出结果：1(b 转换为 0)
console.log(b + true);          // 输出结果：1(b 转换为 0，true 转换为 1)
```

2.1.7 数据类型检测

在开发中，当不确定一个变量或值是什么数据类型的时候，可以利用 typeof 运算符进行数据类型检测。示例代码如下。

```
console.log(typeof 12);                    // 输出结果：number
console.log(typeof '12');                  // 输出结果：string
console.log(typeof true);                  // 输出结果：boolean
console.log(typeof undefined);             // 输出结果：undefined
console.log(typeof null);                  // 输出结果：object
```

在上述示例中，typeof检测null值时返回的是object，而不是null，这是JavaScript最初实现时的历史遗留问题，后来被ECMAScript沿用下来。

使用typeof可以很方便地检测变量的数据类型，示例代码如下。

```
var age = prompt('请输入您的年龄');
console.log(age)
console.log(typeof age);
```

上述代码执行后，如果用户什么都不输入，单击“确定”按钮，则age的值为空字符串，类型为string；如果单击“取消”按钮，则age的值为null，类型为object；如果输入的是一个数字，则age的值是用字符串保存的数字，类型为string。

typeof运算符的返回结果是一个字符串，可以使用比较运算符“==”来判断typeof返回的检测结果是否符合预期，示例代码如下。

```
var a = '12';
console.log(typeof a == 'string');              // 输出结果：true
console.log(typeof a == 'number');              // 输出结果：false
```

在上述代码中，“typeof a”的返回结果是string，在与字符串string比较时，结果为true，表示a是string类型；与number比较时，结果为false，表示a不是number类型。

多学一招：字面量

在阅读JavaScript的一些教程、文档时，我们经常会遇到字面量的概念。字面量是指源代码中的固定值的表示法，简单来说，就是用字面量来表示如何在代码中表达这个值。通过字面量，我们可以很容易地看出来它是哪种类型的值。常见的字面量如下。

```
数字字面量：8、9、10
字符串字面量：'hello'、"world"
布尔字面量：true、false
数组字面量（在后面会学到）：[1, 2, 3]
对象字面量（在后面会学到）：{ name: '小明', age: 18 }
```

关于数组、对象的使用，具体会在后面的章节中详细讲解。

2.2 数据类型转换

数据类型转换，就是把某一种数据类型转换成另一种数据类型。例如，使用表单、prompt()等方式获取到的数据默认是字符串型的，此时就不能直接进行简单的加法计算，需要转换成数字型才可以计算。本节将会对数据类型转换进行详细讲解。

2.2.1 转换为字符串型

在开发中，将数据转换成字符串型时，有3种常见的方式，示例代码如下。

```
// 先准备一个变量
var num = 3.14;
// 方式 1：利用 "+" 拼接字符串（最常用的一种方式）
var str = num + '';
console.log(str, typeof str);                    // 输出结果：3.14 string
// 方式 2：利用 toString() 转换成字符串
var str = num.toString();
console.log(str, typeof str);                    // 输出结果：3.14 string
// 方式 3：利用 String() 转换成字符串
var str = String(num);
console.log(str, typeof str);                    // 输出结果：3.14 string
```

在上述代码中，console.log() 可以输出多个值，中间用“,”分隔。方式 1 是这 3 种方式中最常用的，这种方式属于隐式转换，而另外两种属于显式转换。其区别在于，隐式转换是自动发生的，当操作的两个数据类型不同时，JavaScript 会按照既定的规则来进行自动转换，针对不同的数据类型有不同的处理方式。显式转换是手动进行的，也称为强制类型转换，它的转换不是被动发生的，而是开发人员主动进行了转换。

小提示：

（1）null 和 undefined 无法使用 toSting() 方式进行转换。

（2）对于数字型的变量，可以在 toString() 的小括号中传入参数来进行进制转换。例如，变量 num 的值为 5，则 num.toString(2) 表示将 5 转为二进制，结果为 101。

2.2.2 转换为数字型

将数据转换为数字型，有 4 种常见的方式，示例代码如下。

```
// 方式 1：使用 parseInt() 将字符串转为整数
console.log(parseInt('78'));                     // 输出结果：78
// 方式 2：使用 parseFloat() 将字符串转为浮点数
console.log(parseFloat('3.94'));                 // 输出结果：3.94
// 方式 3：使用 Number() 将字符串转为数字型
console.log(Number('3.94'));                     // 输出结果：3.94
// 方式 4：利用算术运算符（-、*、/）隐式转换
console.log('12' - 1);                           // 输出结果：11
```

在将不同类型的数据转换为数字型时，转换结果不同，具体如表 2-2 所示。

表 2-2　转数值型

待转数据	Number() 和隐式转换	parseInt()	parseFloat()
纯数字字符串	转成对应的数字	转成对应的数字	转成对应的数字
空字符串	0	NaN	NaN
数字开头的字符串	NaN	转成开头的数字	转成开头的数字
非数字开头字符串	NaN	NaN	NaN
null	0	NaN	NaN
undefined	NaN	NaN	NaN
false	0	NaN	NaN
true	1	NaN	NaN

在转换纯数字时，会忽略前面的0，如字符串“0123”会被转换为123。如果数字的开头有“+”，会被当成正数，“-”会被当成负数。下面我们通过代码进行演示。

```
console.log(parseInt('03.14'));              // 输出结果：3
console.log(parseInt('03.94'));              // 输出结果：3
console.log(parseInt('120px'));              // 输出结果：120
console.log(parseInt('-120px'));             // 输出结果：-120
console.log(parseInt('a120'));               // 输出结果：NaN
```

使用parseInt()还可以利用第2个参数设置转换的进制，示例代码如下。

```
console.log(parseInt('F', 16));              // 输出结果：15
```

上述代码表示将字符“F”转换为十六进制数，结果为15。

接下来我们通过两个案例来练习数字型转换的应用。

1. “计算年龄”案例

本案例要求在页面中弹出一个输入框，提示用户输入出生年份，利用出生年份计算用户的年龄。具体代码如下。

```
1  var year = prompt('请输入您的出生年份');
2  var age = 2020 - parseInt(year);// 由于year是字符串，需要进行转换
3  alert('您今年已经' + age + '岁了');
```

2. “简单加法器”案例

本案例要求在页面中弹出两个输入框，分别输入两个数字，然后返回两个数字相加的结果。具体代码如下。

```
1  var num1 = prompt('请输入第1个数：');
2  var num2 = prompt('请输入第2个数：');
3  var result = parseFloat(num1) + parseFloat(num2);
4  alert('计算结果是：' + result);
```

2.2.3 转换为布尔型

转换为布尔型使用Boolean()，在转换时，代表空、否定的值会被转换为false，如空字符串、0、NaN、null和undefined，其余的值转换为true。示例代码如下。

```
console.log(Boolean(''));                    // false
console.log(Boolean(0));                     // false
console.log(Boolean(NaN));                   // false
console.log(Boolean(null));                  // false
console.log(Boolean(undefined));             // false
console.log(Boolean('小白'));                // true
console.log(Boolean(12));                    // true
```

2.3 运算符

运算符也称为操作符，是用于实现赋值、比较和执行算术运算等功能的符号。本节将针对JavaScript中常用运算符的使用，以及运算符的优先级问题进行详细讲解。

2.3.1 算术运算符

算术运算符用于对两个变量或值进行算术运算，与数学上的加、减、乘、除类似，下面我们通过表 2–3 列举一些常用的算术运算符。

表 2–3 算术运算符

运算符	运算	示例	结果
+	加	1 + 5	6
–	减	8 – 4	4
*	乘	3 * 4	12
/	除	3 / 2	1.5
%	取模（取余数）	7 % 5	2

算术运算符的使用看似简单，但是在实际应用过程中还需要注意以下 4 点。

（1）进行四则混合运算时，运算顺序要遵循数学中“先乘除后加减”的原则。例如，1 + 2 * 3 的计算结果是 7。

（2）在进行取模运算时，运算结果的正负取决于被模数（% 左边的数）的符号，与模数（% 右边的数）的符号无关。例如，(–8)%7 = –1，而 8%(–7)= 1。

（3）在开发中尽量避免利用浮点数进行运算，因为有可能会因 JavaScript 的精度问题导致结果的偏差。例如，0.1 + 0.2 正常的计算结果应该是 0.3，但是 JavaScript 的计算结果却是 0.30000000000000004。此时，可以将参与运算的小数转换为整数，计算后再转换为小数即可。例如，将 0.1 和 0.2 分别乘以 10，相加后再除以 10，即可得到 0.3。

（4）使用“+”和“–”可以表示正数或负数。例如，(+2.1) + (–1.1) 的计算结果为 1。

多学一招：表达式

表达式是各种类型的数据、变量和运算符的集合，最简单的表达式可以是一个变量或字面量。表达式最终都会有一个返回值。下面我们就列举一些常见的表达式。

```
var num = 1 + 1;                    // 将表达式 "1 + 1" 的值 "2" 赋值给变量 num
num = 5;                            // 将表达式 "5" 的值赋值给变量 num
var age = 12 + num;                 // 将表达式 "12 + num" 的值 "17" 赋值给变量 age
age = num = 5;                      // 将表达式 "num = 5" 的值 "5" 赋值给变量 age
console.log(age);                   // 将表达式 age 的值作为参数传给 console.log()
alert(prompt('a'));                 // 将表达式 prompt('a') 的值作为参数传给 alert()
alert(parseInt(prompt('num')) + 1);         // 由简单的表达式组合成的复杂表达式
```

从上述代码可以看出，表达式是 JavaScript 中非常重要的基石。另外，当一个表达式含有多个运算符时，这些运算符会按照优先级进行运算。关于运算符的优先级问题具体会在后面的小节中进行讲解。

2.3.2 递增和递减运算符

使用递增（++）、递减（––）运算符可以快速地对变量的值进行递增和递减操作，它属于一元运算符，只对一个表达式进行操作；而前面学过的“+”“–”等运算符属于二元运算符，对两个表达式进行操作。下面我们就来演示一元运算符和二元运算符的区别。

```
// 二元运算符 "+" 示例
var num = 1;
num = num + 1;
console.log(num);                  // 输出结果：2
// 一元运算符 "++"（递增）示例
var num = 1;
++num;                             // 递增运算符
console.log(num);                  // 输出结果：2
```

从上述代码可以看出，“++num”相当于“num = num + 1”，也就是把 num 加 1 后的结果赋值给 num。两者相比，“++num”代码写起来更简单。同理，如果使用递减运算符“--num”，则相当于“num = num - 1”。

递增和递减运算符既可以写在变量前面，也可以写在变量后面（如 num++、num--）。当放在变量前面时，称为前置递增（递减）运算符；放在变量后面时，称为后置递增（递减）运算符。前置和后置的区别在于，前置返回的是计算后的结果，后置返回的是计算前的结果。示例代码如下。

```
var a = 1, b = 1;
console.log(++a);                  // 输出结果：2（前置递增）
console.log(a);                    // 输出结果：2
console.log(b++);                  // 输出结果：1（后置递增）
console.log(b);                    // 输出结果：2
```

递增和递减运算符的优先级高于“+”“-”等运算符，在一个表达式中进行计算时，应注意运算顺序。示例代码如下。

```
var a = 10;
var b = ++a + 2;                   // b = 11 + 2, a = 11
var c = b++ + 2;                   // c = 13 + 2, b = 14
var d = c++ + ++a;                 // d = 15 + 12, c = 16, a = 12
```

2.3.3　比较运算符

比较运算符用于对两个数据进行比较，其结果是一个布尔值，即 true 或 false。接下来我们通过表 2-4 列举常用的比较运算符及用法。

表 2-4　比较运算符

运算符	运算	示例	结果
>	大于	5 > 5	false
<	小于	5 < 5	false
>=	大于或等于	5 >= 5	true
<=	小于或等于	5 <= 5	true
==	等于	5 == 4	false
!=	不等于	5 != 4	true
===	全等	5 === 5	true
!==	不全等	5 !== '5'	true

需要注意的是，“==”和“!=”运算符在进行比较时，如果比较的两个数据的类型不同，

会自动转换成相同的类型再进行比较。例如，字符串 '123' 与数字 123 比较时，首先会将字符串 '123' 转换成数字 123，再与 123 进行比较。而“===”和“!==”运算符在进行比较时，不仅要比较值是否相等，还要比较数据的类型是否相同。示例代码如下。

```
console.log(3 >= 5);            // 输出结果：false
console.log(2 <= 4);            // 输出结果：true
console.log(5 == 5);            // 输出结果：true
console.log(5 == '5');          // 输出结果：true
console.log(5 === 5);           // 输出结果：true
console.log(5 === '5');         // 输出结果：false
```

2.3.4 逻辑运算符

逻辑运算符用于对布尔值进行运算，其返回值也是布尔值。在实际开发中，逻辑运算符经常用于多个条件的判断。常用的逻辑运算符如表 2-5 所示。

表 2-5 逻辑运算符

运算符	运算	示例	结果
&&	与	a && b	a 和 b 都为 true，结果为 true，否则为 false
||	或	a || b	a 和 b 中至少有一个为 true，则结果为 true，否则为 false
!	非	!a	若 a 为 false，结果为 true，否则相反

接下来我们通过代码演示逻辑运算符的使用。

```
// 逻辑 "与"
var res = 2 > 1 && 3 > 1;       // true && true
console.log(res);               // 输出结果：true
var res = 2 > 1 && 3 < 1;       // true && false
console.log(res);               // 输出结果：false
// 逻辑 "或"
var res = 2 > 3 || 1 < 2;       // false || true
console.log(res);               // 输出结果：true
var res = 2 > 3 || 1 > 2;       // false || false
console.log(res);               // 输出结果：false
// 逻辑 "非"(取反)
console.log(!res);              // 输出结果：true
```

逻辑运算符在使用时，是从左到右的顺序进行求值，因此运算时需要注意，可能会出现“短路”的情况，具体如下所示。

（1）使用“&&”连接两个表达式，语法为“表达式 1 && 表达式 2”。如果表达式 1 的值为 true，则返回表达式 2 的值；如果表达式 1 的值为 false，则返回 false。

（2）使用“||”连接两个表达式，语法为“表达式 1 || 表达式 2”。如果表达式 1 的值为 true，则返回 true；如果表达式 1 的值为 false，则返回表达式 2 的值。

为了使读者更好地理解，下面我们通过代码进行演示。

```
// "短路"效果演示
console.log(123 && 456);                        // 输出结果：456
console.log(0 && 456);                          // 输出结果：0
```

```
console.log(0 && 1 + 2 && 456 - 56789);           // 输出结果：0
console.log(123 || 456);                          // 输出结果：123
console.log(0 || 456);                            // 输出结果：456
// "与"运算时，表达式 1 为 false，则表达式 2 不执行
var num = 0;
console.log(123 && num++);                        // 输出结果：0
console.log(num);                                 // 输出结果：1
console.log(0 && num++);                          // 输出结果：0
console.log(num);                                 // 输出结果：1
// "或"运算时，表达式 1 为 true，则表达式 2 不执行
var num = 0;
console.log(123 || num++);                        // 输出结果：123
console.log(num);                                 // 输出结果：0
console.log(0 || num++);                          // 输出结果：0
console.log(num);                                 // 输出结果：1
```

多学一招：位运算符

位运算符用来对数据进行二进制运算，将参与运算的操作数视为由二进制（0 和 1）组成的 32 位的串。例如，十进制数字 9 用二进制表示为 1001，运算时会将二进制数的每一位进行运算，具体如表 2-6 所示。

表 2-6　位运算符

运算符	名称	示例	运算方式
&	按位“与”	a & b	如果两个二进制位都是 1，则该位的运算结果为 1，否则为 0
|	按位“或”	a | b	如果二进制位上有一个值是 1，则该位的运算结果为 1，否则为 0
~	按位“非”	~ a	0 的取反值为 1，1 的取反值为 0
^	按位“异或”	a ^ b	如果二进制位相同，则值为 0，否则为 1
<<	左移	a << b	将 a 左移 b 位，运算时，右边的空位补 0，左边移走的部分舍去
>>	右移	a >> b	将 a 右移 b 位，运算时，左边的空位根据原数的符号位补 0 或者 1，原来是负数就补 1，是正数就补 0
>>>	无符号右移	a >>> b	将 a 右移 b 位，丢弃被移出位，左边最高位用 0 填充，不考虑原数正负

下面我们通过代码演示位运算符的运算结果。

```
console.log(15 & 9);          // 输出结果：9  (1111 & 1001 = 1001)
console.log(15 | 9);          // 输出结果：15 (1111 | 1001 = 1111)
console.log( ~ 15);           // 输出结果：-16( ~ 1111 = -10000)
console.log(15 ^ 9);          // 输出结果：6  (1111 ^ 1001 = 110)
console.log(9 << 2);          // 输出结果：36 (1001 << 2 = 100100)
console.log(9 >> 2);          // 输出结果：2  (1001 >> 2 = 10)
console.log(19 >>> 2);        // 输出结果：4  (10011 >>> 2 = 100)
```

2.3.5　赋值运算符

赋值运算符用于将运算符右边的值赋给左边的变量，在 JavaScript 中，除了可以使用“=”进行赋值外，还可以使用“+=”相加并赋值、“-=”相减并赋值、“*=”相乘并赋值等。示例

代码如下。

```
1  var age = 10;
2  age += 5;                // 相当于 age = age + 5;
3  console.log(age);        // 输出结果：15
4  age -= 5;                // 相当于 age = age - 5;
5  console.log(age);        // 输出结果：10
6  age *= 10;               // 相当于 age = age * 10;
7  console.log(age);        // 输出结果：100
```

下面我们通过表 2-7 列举常用的赋值运算符及示例。

表 2-7 赋值运算符

运算符	运算	示例	结果
=	赋值	a = 3;	a = 3
+=	加并赋值	a = 3; a += 2;	a = 5
−=	减并赋值	a = 3; a −= 2;	a = 1
*=	乘并赋值	a = 3; a *= 2;	a = 6
/=	除并赋值	a = 3; a /= 2;	a = 1.5
%=	求模并赋值	a = 3; a %= 2;	a = 1
+=	连接并赋值	a = 'abc'; a += 'def';	a = 'abcdef'
<<=	左移位并赋值	a = 9; a <<= 2;	a = 36
>>=	右移位并赋值	a = −9; a >>= 2;	a = −3
>>>=	无符号右移位并赋值	a = 9; a >>>= 2;	a = 2
&=	按位“与”并赋值	a = 3; a &= 9;	a = 1
^=	按位“异或”并赋值	a = 3; a ^= 9;	a = 10
|=	按位“或”并赋值	a = 3; a |= 9;	a = 11

2.3.6 三元运算符

三元运算符是一种需要 3 个操作数的运算符，运算的结果根据给定条件决定。具体语法如下所示。

```
条件表达式 ? 表达式 1 : 表达式 2
```

在上述语法格式中，先求条件表达式的值，如果为 true，则返回表达式 1 的执行结果；如果条件表达式的值为 false，则返回表达式 2 的执行结果。具体示例如下。

```
1  var age = prompt('请输入需要判断的年龄：');
2  var status = age >= 18 ? '已成年' : '未成年';
3  console.log(status);
```

上述 age 变量用于接收用户输入的年龄，然后首先执行“age>=18”，当判断结果为 true 时，将字符串“已成年”赋值给变量 status，否则将“未成年”赋值给变量 status。最后可通过控制台查看输出结果。

2.3.7 运算符优先级

前面介绍了 JavaScript 的各种运算符，那么在对一些比较复杂的表达式进行运算时，首先要明确表达式中所有运算符参与运算的先后顺序，我们把这种顺序称作运算符的优先级。

接下来我们通过表 2-8 列出 JavaScript 中运算符的优先级，表中运算符的优先级由上至下递减，表右部的第一个接表左部的最后一个。

表 2-8　运算符优先级

<table>
<tr><th>结合方向</th><th>运算符</th><th>结合方向</th><th>运算符</th></tr>
<tr><td>无</td><td>()</td><td>左</td><td>==　!=　===　!==</td></tr>
<tr><td>左</td><td>.　[]　new（有参数，无结合性）</td><td>左</td><td>&</td></tr>
<tr><td>右</td><td>new（无参数）</td><td>左</td><td>^</td></tr>
<tr><td>无</td><td>++（后置）--（后置）</td><td>左</td><td>|</td></tr>
<tr><td>右</td><td>!　~　-（负数）+（正数）++（前置）--（前置）typeof　void　delete</td><td>左</td><td>&&</td></tr>
<tr><td>右</td><td>**</td><td>左</td><td>||</td></tr>
<tr><td>左</td><td>*　/　%</td><td>右</td><td>?:</td></tr>
<tr><td>左</td><td>+　-</td><td>右</td><td>=　+=　=　*=　/=　%=　<<=　>>=　>>>=　&=　^=　|=</td></tr>
<tr><td>左</td><td><<　>>　>>></td><td>左</td><td>,</td></tr>
<tr><td>左</td><td><　<=　>　>=　in　instanceof</td><td></td><td></td></tr>
</table>

表 2-8 中，在同一单元格的运算符具有相同的优先级。左结合方向表示同级运算符的执行顺序为从左向右，右结合方向则表示执行顺序为从右向左。

从表 2-8 可以看出，圆括号“()”是优先级最高运算符，它可以提高圆括号内部运算符的优先级。且当表达式中有多个圆括号时，最内层圆括号中的表达式优先级最高。具体示例如下。

```
console.log(8 + 6 * 3);          // 输出结果：26
console.log((8 + 6) * 3);        // 输出结果：42
```

在上述示例中，表达式“8 + 6 * 3”按照运算符优先级的顺序，先执行乘法“*”，再执行加法“+”，因此结果为 26。而加了圆括号的表达式“(8 + 6) * 3”的执行顺序是先执行圆括号内的加法“+”运算，再执行乘法，因此输出结果为 42。

由此可见，为复杂的表达式适当地添加圆括号，可避免复杂的运算符优先级法则，让代码更为清楚，并且可以避免错误的发生。

2.4　流程控制

在一个程序执行的过程中，代码的执行顺序会直接影响执行结果，很多时候我们需要通过控制代码的执行顺序来完成要实现的功能，这就是流程控制。

流程控制主要有 3 种结构，分别是顺序结构、分支结构和循环结构，这 3 种结构代表了代码的 3 种执行顺序，具体解释如下。

- 顺序结构是程序中最基本的结构，程序会按照代码的先后顺序依次执行。
- 分支结构用于根据条件来决定是否执行某个分支代码。常用的分支结构语句有 if（单分支）、if…else（双分支）、if…else if（多分支）和 switch（多分支）。
- 循环结构用于根据条件来决定是否重复执行某一段代码。常用的循环结构语句有 for、while、do…while。

小提示：

一个程序由很多条语句组成，如“var a = 5;”就是一条语句，表示声明变量 a 并赋值 5，末尾的“;”表示语句分隔符。在编写分支结构和循环结构代码时，还会用到分支语句和循环语句，具体会在后面进行讲解。

2.5 分支结构

在代码由上到下执行的过程中，根据不同的条件，执行不同的代码，从而得到不同的结果，这样的结构就是分支结构。本节将对分支结构进行详细讲解。

2.5.1 if 语句

if 语句也称为条件语句、单分支语句，当满足某种条件时，就进行某种处理。例如，只有年龄大于等于 18 周岁，才输出已成年，否则无输出，具体语法及示例代码如下。

```
if ( 条件表达式 ) {
  // 代码段
}
```

```
if (age >= 18) {
  console.log('已成年');
}
```

在上述语法中，条件表达式的值是一个布尔值，当该值为 true 时，执行“{}”中的代码段，否则不进行任何处理。当代码段中只有一条语句时，“{}”可以省略。if 语句的执行流程如图 2-2 所示。

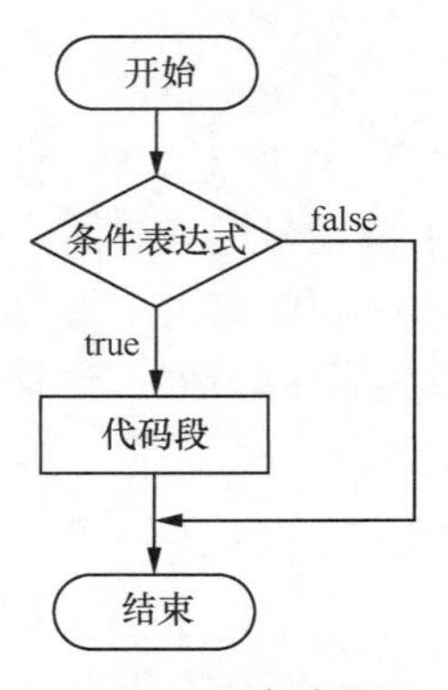

图 2-2 if 语句流程图

if 语句常用于对一个值不确定的变量进行判断。例如，使用 prompt() 接收用户输入的值，判断输入的值是否满足某个条件，示例代码如下。

```
1 var age = prompt('请输入您的年龄');
2 if (age == ''  || age == null) {
3   alert('用户未输入');
4 }
```

2.5.2 if…else 语句

if…else 语句也称为双分支语句，当满足某种条件时，就进行某种处理，否则进行另一种处理。例如，判断一个学生的年龄，大于等于 18 岁则是成年人，否则是未成年人，具体语法及示例如下。

```
if ( 条件表达式 ) {
    // 代码段1
} else {
    // 代码段2
}
```

```
if (age >= 18) {
    console.log('已成年');
} else {
    console.log('未成年');
}
```

在上述语法中，当条件表达式值为true时，执行代码段1；当条件表达式值为false时，执行代码段2。if…else语句的执行流程如图2-3所示。

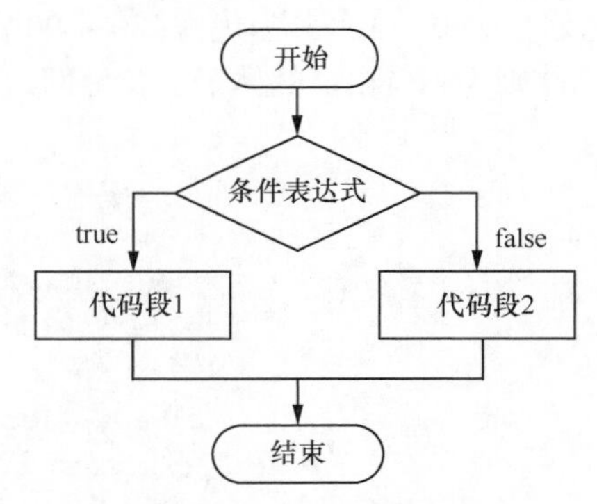

图2-3　if…else语句流程图

下面我们通过一个判断闰年的案例演示if…else语句的使用。闰年的判断条件为，一个数字能被4整除且不能被100整除，或者能够被400整除。具体代码如下。

```
1  var year = prompt('请输入年份');
2  if (year % 4 == 0 && year % 100 != 0 || year % 400 == 0) {
3    alert('您输入的年份是闰年');
4  } else {
5    alert('您输入的年份是平年');
6  }
```

多学一招：三元表达式

由三元运算符组成的式子称为三元表达式，利用三元表达式可以实现类似if…else的条件判断。例如，判断用户输入的数字是否小于10，示例代码如下。

```
1  var num = prompt('请输入数字');
2  var result = num < 10 ? '小于10' : '大于或等于10';
3  alert(result);
```

上述代码也可以换成if…else语句来实现，如下所示。

```
1  var num = prompt('请输入数字');
2  if (num < 10) {
3    var result = '小于10';
4  } else {
5    var result = '大于或等于10';
6  }
7  alert(result);
```

通过比较三元表达式和if…else语句可知，当判断条件后最终需要返回一个值时，使用三元表达式可以使代码更加简洁。

另外，除了三元表达式，逻辑运算符也可以实现简单的判断效果，示例代码如下。

```
1  var num = prompt('请输入数字');
2  var res = (num < 10 && '小于10') || (num > 10 && '大于10') || '等于10';
3  alert(res);
```

2.5.3 if…else if 语句

if…else if 语句也称为多分支语句，可针对不同情况进行不同的处理。例如，对一个学生的考试成绩按分数进行等级的划分：90 ~ 100分为优秀，80 ~ 90分为良好，70 ~ 80分为中等，60 ~ 70 分为及格，分数小于 60 则为不及格。具体语法及示例如下。

```
if ( 条件表达式 1 ) {
  // 代码段 1
} else if ( 条件表达式 2 ) {
  // 代码段 2
}
...
else if ( 条件表达式 n ) {
  // 代码段 n
} else {
  // 代码段 n+1
}
```

```
if (score >= 90) {
  console.log('优秀');
} else if (score >= 80) {
  console.log('良好');
} else if (score >= 70) {
  console.log('中等');
} else if (score >= 60) {
  console.log('及格');
} else {
  console.log('不及格');
}
```

上述语法中，当条件表达式 1 的值为 true 时，执行代码段 1，否则继续判断条件表达式 2，若表达式 2 的值为 true，则执行代码段 2，以此类推。若所有条件都为 false，则执行最后一个 else 中的代码段 n+1，如果最后没有 else，则什么都不执行。

if…else if 语句的执行流程如图 2-4 所示。

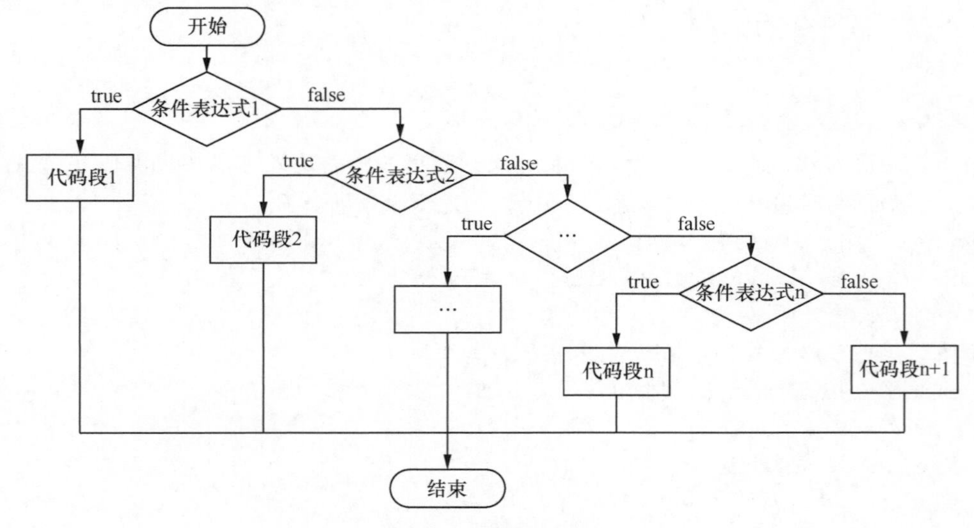

图 2-4 if…else if 语句流程图

2.5.4 switch 语句

switch 语句也是多分支语句，功能与 if…else if 语句类似，不同的是它只能针对某个表达式的值作出判断，从而决定执行哪一段代码。switch 语句的特点就是代码更加清晰简洁、便于阅读。具体语法及示例如下。

```
switch ( 表达式 ) {
  case 值 1
    代码段 1;
    break;
  case 值 2
    代码段 2;
    break;
    ...
  default:
    代码段 n;
}
```

```
var num = 1;
switch (num + 1) {
  case 1:
    console.log('结果为 1');
    break;
  case 2:
    console.log('结果为 2');
    break;
  default:
    console.log('结果未知');
}
```

在上述语法中，首先计算表达式的值，然后将获得的值与 case 中的值依次比较，若相等，则执行 case 后的对应代码段。最后，当遇到 break 语句时，跳出 switch 语句。若没有匹配的值，则执行 default 中的代码段。其中，default 是可选的，表示默认情况下执行的代码段，可以根据实际需要来设置。

switch 语句的执行流程如图 2-5 所示。

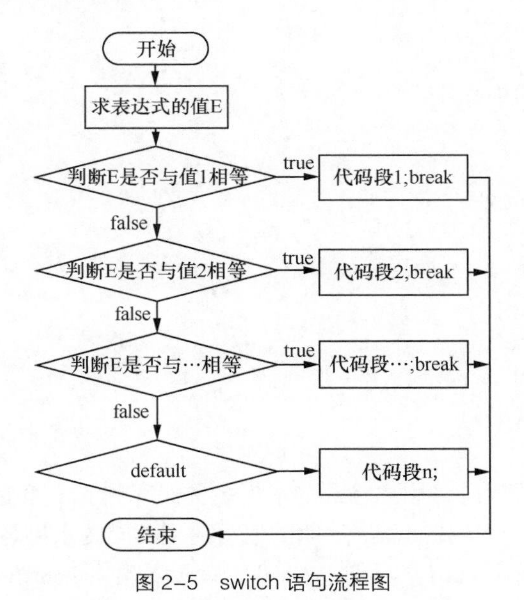

图 2-5　switch 语句流程图

下面我们通过判断学生成绩等级的案例演示 switch 语句的使用。使用变量 score 保存学生成绩分数，满分为 100 分，90 ~ 100 为优，80 ~ 89 为良，0 ~ 79 分为差，具体代码如下。

```
1  var score = prompt('请输入 0 ~ 100 范围内的数字');
2  switch (parseInt(score / 10)) {
3    case 10:
4      console.log('满分');
5    case 9:
```

```
6       console.log('优');
7       break;
8     case 8:
9       console.log('良');
10      break;
11    default:
12      console.log('差');
13 }
```

在上述代码中，第 2 行的表达式用来将用户输入的值简化成 0 ~ 10 之间的数字，以方便在 case 中进行比较。第 4 行后面没有添加 break，会继续执行 case 9 中的代码，直到遇到 break 结束，此时在控制台中会出现“满分”和“优”两个结果。

2.5.5 【案例】查询水果的价格

在学习了分支语句的使用后，下面我们通过一个案例来练习多分支的使用。本案例将会实现用户在弹出框中输入一个水果，如果有该水果就弹出该水果的价格，如果没有该水果就弹出“没有此水果”的效果。

下面我们开始编写代码完成案例的要求，具体如下。

```
1  var fruit = prompt('请您输入查询的水果：');
2  switch(fruit){
3    case '苹果':
4      alert('苹果的价格是 3.5/ 斤');
5      break;
6    case '榴莲':
7      alert('榴莲的价格是 35/ 斤');
8      break;
9    case '香梨':
10     alert('香梨的价格是 3/ 斤');
11     break;
12   default:
13     alert('没有此水果');
14 }
```

上述代码中，第 1 行代码将用户输入的水果名称保存到 fruit 变量中。第 2 行代码将该变量作为 switch 括号里面的表达式。case 后面的值写的是不同的水果名称，注意一定要加引号，因为必须是全等匹配。每个 case 之后加上 break，表示退出 switch 语句。

本章小结

本章首先介绍了 JavaScript 中最基础的语法知识，包括数据类型的概念及数据类型的转换、运算符的使用，然后讲解了如何使用流程控制语句实现条件判断和代码的重复执行，最后以案例的形式讲解了多分支语句的实际应用，使程序变得更加的灵活。

课后练习

一、填空题

1. JavaScript 中的数据类型分为两大类，分别是________和________。
2. 表达式 (–5) % 3 的运行结果为________。
3. 表达式“var a = 1, b = 1;console.log(++a)”的输出结果是________。

二、判断题

1. JavaScript 中的数字型可以用来保存整数或浮点数（小数）。　　（　　）
2. console.log((3 + 6) * 2); 语句的输出结果为 15。　　（　　）
3. 运算符“.”可用于连接两个字符串。　　（　　）

三、选择题

1. “console.log(true – 1)”语句输出的结果是（　　）。
   A. 1　　B. 0　　C. true1　　D. –1
2. 下列选项中，与 0 相等（ == ）的是（　　）。
   A. null　　B. undefined　　C. NaN　　D. ''
3. 下列选项中，不属于比较运算符的是（　　）。
   A. ==　　B. ===　　C. !==　　D. =

四、编程题

1. 根据用户输入的数值（数字 1 ~ 7），返回对应的星期几。例如，7 代表星期日、6 代表星期六，依次类推。

2. 比较两个数的最大值（用户依次输入两个数，最后弹出最大的那个值）。

第3章 JavaScript基础（下）

学习目标

拓展阅读

★了解循环的作用及执行过程

★了解二维数组的使用

★掌握循环语句的使用

★掌握 continue 和 break 关键字的使用

★掌握数组的创建及基本操作

★掌握数组的排序算法

在 JavaScript 基础（上）篇，我们讲解了 JavaScript 流程控制中的前两部分内容，即顺序结构和分支结构。接下来，在本章中我们将会讲解流程控制中的最后一部分内容——循环结构，以及 JavaScript 中数组的相关内容。

3.1 循环结构

循环结构用来实现一段代码的重复执行，例如，连续输出 1 ~ 100 范围内的数字，如果不使用循环结构，需要编写 100 行代码才能实现，而使用循环结构，仅使用几行简单的代码就能让程序自动输出。JavaScript 提供的循环语句有 for、while、do…while 共 3 种。本节将针对这 3 种循环语句进行详细讲解。

3.1.1 for 语句

在程序中，一组被重复执行的语句称为循环体，能否重复执行，取决于循环的终止条件。由循环体及循环的终止条件组成的语句称为循环语句。

for 语句是最常用的循环语句，它适合循环次数已知的情况，其语法结构如下。

```
for （初始化变量 ； 条件表达式 ； 操作表达式） {
  // 循环体
}
```

在上述语法中，“初始化变量”用来初始化一个用来作为计数器的变量，通常使用 var 关键字声明一个变量，并给变量赋一个初始值。“条件表达式”用来决定每一次循环是否继续执行，也就是循环的终止条件。“操作表达式”是每次循环最后执行的代码，通常用于对计数器变量进行更新（递增或递减）。

使用for语句输出1～100范围内的数字，具体代码如下。

```
1  for (var i = 1; i <= 100; i++) {
2    console.log(i);
3  }
```

上述代码的执行流程如下。

① 执行“var i = 1;”初始化变量。

② 判断“i <= 100”是否为true，如果为true，执行循环体，反之，结束循环。

③ 执行循环体，通过“console.log(i)”输出变量i的值。

④ 执行“i++”，将i的值加1，此时i的值为2。

⑤ 判断“i <= 100”是否为true，和第②步相同。只要满足“i <= 100”这个条件，就会一直循环。当i的值加到101时，判断结果为false，循环结束。

接下来我们通过流程图来演示for语句的执行过程，如图3-1所示。

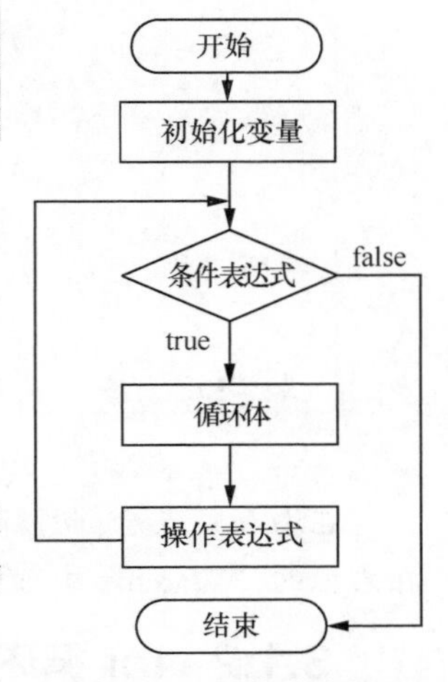

图3-1 for语句的流程图

多学一招：断点调试

断点调试是指在程序的某一行设置一个断点，调试时，程序运行到这一行就会停住，然后就可以控制代码一步一步地执行，在这个过程中可以看到每个变量当前的值。断点调试可以帮助我们观察程序的运行过程。

在Chrome浏览器的开发者工具中可以进行断点调试。按F12键启动开发者工具后，切换到“Sources”面板，如图3-2所示。

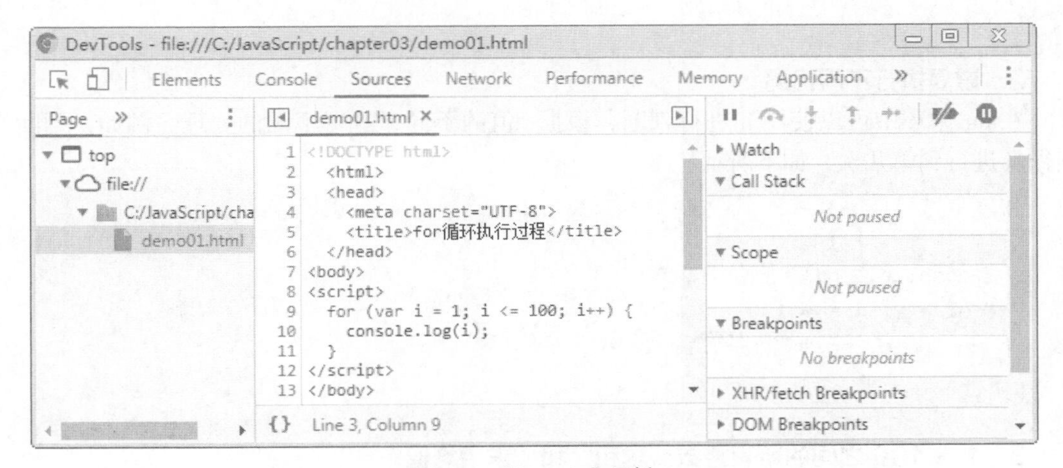

图3-2 “Sources”面板

从图3-2可以看出，该面板有左、中、右3个栏目，左栏是目录结构，中栏是网页源代码，右栏是JavaScript调试区。

在中栏显示的网页源代码中，单击某一行的行号，即可添加断点，再次单击，可以取消断点。例如，为for语句添加断点，如图3-3所示。

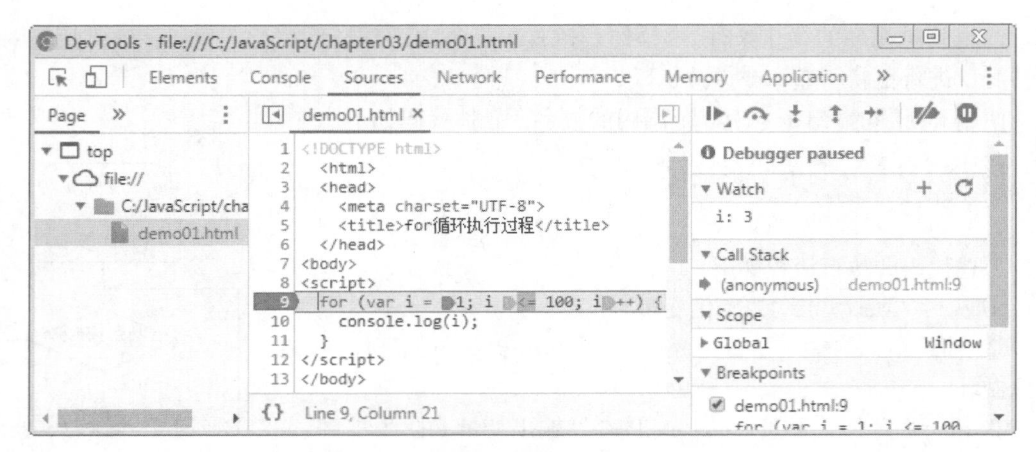

图 3-3 断点调试

在添加断点后，刷新网页，程序就会在断点的位置暂停，此时按 F11 键让程序单步执行，在右栏的“Watch”中可以观察变量的值的变化。

3.1.2 for 循环案例

1. 重复执行相同代码

利用 for 循环可以重复执行相同代码。例如，重复执行 10 次的代码如下所示。

```
1 for (var i = 1; i <= 10; i++) {
2   console.log('重要的事情说 10 遍');
3 }
```

还可以利用 prompt() 让用户来输入循环的次数，如下所示。

```
1 var num = prompt('请您输入次数');
2 for (var i = 1; i <= num; i++) {
3   console.log('重要的事情说' + num +'遍');
4 }
```

2. 重复执行不同代码

在 for 循环中可以使用 if 进行判断，根据 i 值的不同，进行不同的处理。例如，判断当前循环进行到第几次，如下所示。

```
1 for (var i = 1; i <= 100; i++) {
2   if (i == 1) {
3     console.log('当前是第 1 次');
4   } else if (i == 100) {
5     console.log('当前是第 100 次');
6   }
7 }
```

3. 1 ~ 100 之间的所有整数“求和”和“求平均值”

在 for 语句的循环体中，计数器 i 每次循环的值都会加 1，如果将计数器 i 的值累加起来，就可以求和了。将求和结果除以整数的数量，即可获得平均值。具体代码如下。

```
1 var sum = 0;                              // 利用 sum 对计数器 i 进行累加
2 for (var i = 1; i <= 100 ; i++) {
3   sum += i;                               // 相当于 sum = sum + i;
```

```
4  }
5  console.log('求和：' + sum);                    // 计算结果：5050
6  console.log('求平均值：' + (sum / 100));        // 计算结果：50.5
```

4. 1 ~ 100 之间的所有整数“求偶数和”和“求奇数和”

计算“偶数和”和“奇数和”有两种常见的方式，第 1 种是在循环中判断当前 i 是偶数还是奇数，然后用 even 和 odd 两个变量分别保存偶数和奇数的累加结果。代码如下。

```
1  var even = 0;
2  var odd = 0;
3  for (var i = 1; i <= 100; i++) {
4    if (i % 2 == 0) {                              // 判断 i 是奇数还是偶数
5      even += i;
6    } else {
7      odd += i;
8    }
9  }
10 console.log('1 ~ 100 之间所有的偶数和是 ' + even);   // 计算结果：2550
11 console.log('1 ~ 100 之间所有的奇数和是 ' + odd);    // 计算结果：2500
```

第 2 种方式是修改 i 的初始值和每次循环的增长量，代码如下。

```
1  var even = 0;
2  for (var i = 2; i <= 100; i += 2) {              // i 从 2 开始每次加 2
3    even += i;
4  }
5  var odd = 0;
6  for (var i = 1; i <= 100; i += 2) {              // i 从 1 开始每次加 2
7    odd += i;
8  }
9  console.log('1 ~ 100 之间所有的偶数和是 ' + even);   // 计算结果：2550
10 console.log('1 ~ 100 之间所有的奇数和是 ' + odd);    // 计算结果：2500
```

5. 求 1 ~ 100 之间的所有能被 3 整除的整数之和

利用“%”运算符可以计算一个数除以另一个数的余数，如果余数为 0，则表示这个数可以被另一个数整除。代码如下。

```
1  var result = 0;
2  for (var i = 1; i <= 100; i++) {
3    if (i % 3 == 0) {
4      result += i;
5    }
6  }
7  console.log(result);                             // 计算结果：1683
```

6. 自动生成字符串

使用 for 循环可以很方便地按照某个规律来生成字符串。例如，弹出一个输入框，让用户输入一个数字，程序自动生成对应数量的星星字符串，代码如下。

```
1  var num = prompt('请输入星星的个数');
2  var str = '';
```

```
3 for (var i = 1; i <= num; i++) {
4   str = str + '★';
5 }
6 console.log(str);
```

多学一招：记录for语句的执行过程

前面演示的for循环的代码都是for语句的常规用法。实际上，for语句非常灵活，在熟知了它的执行顺序后，可以利用for语句完成其他想要的操作。例如，将for语句的执行过程记录下来，具体代码如下。

```
1 var str = '';
2 var i = 4;                    // 控制循环次数
3 for (str += '1'; i-- && (str += '2'); str += '4-') {
4   str += '3';
5 }
6 console.log(str);             // 输出结果：1234-234-234-234-
```

在上述代码中，用来控制循环次数的变量i并没有按照常规的方式写在for语句中，而是写在了外面，然后在条件表达式中对i的值进行了改变，直到i的值减为0的时候判断为false跳出循环。从输出结果可以看出，字符串str记录了for语句中的每个表达式的执行顺序。通过学习以上代码可以帮助读者加深对for语句的理解。

3.1.3 循环嵌套案例

循环嵌套是指在一个循环中嵌套另一个循环，经常用于多维的数据处理。例如，生成一个二维的字符画，就可以利用双重循环来实现。下面我们将通过案例来进行详细讲解。

1. 生成i行j列的星星图案

以5行5列为例，需要生成的图案效果如图3-4所示。

图3-4 星星图案

在编写代码时，可以使用内层循环负责输出一行中的5个星星，然后用外层循环将内层循环重复5次，并在内层循环每次结束后添加一个换行符，这样就得到5行星星了。下面我们通过代码来实现，具体代码如下。

```
1 var rows = prompt('请输入行数：');
2 var cols = prompt('请输入列数：');
3 var str = '';
4 for (var i = 1; i <= rows; i++) {
5   for (var j = 1; j <= cols; j++) {
6     str += '☆';
7   }
8   str += '\n';      // 换到下一行
9 }
10 console.log(str);
```

2. 生成三角形的星星图案

三角形的星星图案的效果如图3-5所示。

在编写代码时，外层的 for 控制行数 i，内层的 for 控制每行的星星个数 j。由于内层的星星个数 j 在每行的个数都不同，因此 j 的初始值会随 i 而改变。具体代码如下。

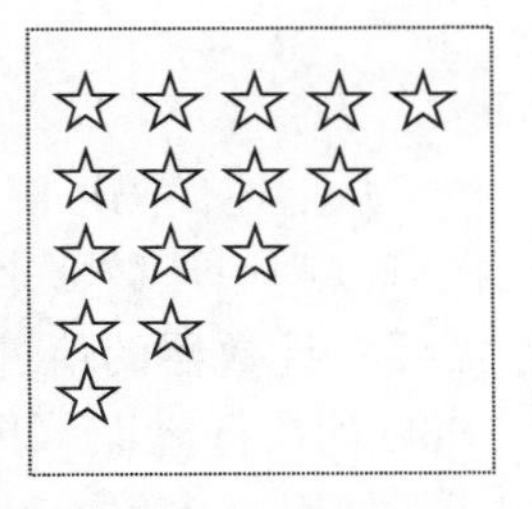

图 3-5　三角形图案

```
1  var str = '';
2  for (var i = 1; i <= 5; i++) {
3    for (var j = i; j <= 5; j++) {// j 的初始值为 i
4      str = str + '☆';
5    }
6    str += '\n';
7  }
8  console.log(str);
```

3. 生成九九乘法表

九九乘法表是双重 for 循环的一个非常经典的案例，效果如图 3-6 所示。

```
1×1=1
1×2=2  2×2=4
1×3=3  2×3=6   3×3=9
1×4=4  2×4=8   3×4=12  4×4=16
1×5=5  2×5=10  3×5=15  4×5=20  5×5=25
1×6=6  2×6=12  3×6=18  4×6=24  5×6=30  6×6=36
1×7=7  2×7=14  3×7=21  4×7=28  5×7=35  6×7=42  7×7=49
1×8=8  2×8=16  3×8=24  4×8=32  5×8=40  6×8=48  7×8=56  8×8=64
1×9=9  2×9=18  3×9=27  4×9=36  5×9=45  6×9=54  7×9=63  8×9=72  9×9=81
```

图 3-6　九九乘法表

在编写代码时，使用外层 for 控制行数 i，一共循环 9 次，使用内层 for 循环控制每行的公式 j，每一行的个数和行数一致，且 j <= i。具体代码如下。

```
1  var str = '';
2  for (var i = 1; i <= 9; i++) {
3    for (var j = 1; j <= i; j++) {
4      str += j + '×' + i + '=' + i * j + '\t';
5    }
6    str += '\n';
7  }
8  console.log(str);
```

3.1.4　while 语句

while 语句可以在条件表达式为 true 的前提下，循环执行指定的一段代码，直到条件表达式为 false 时结束循环。具体语法结构如下。

```
while （条件表达式） {
  // 循环体
}
```

使用 while 语句输出 1 ~ 100 范围内的数字，具体代码如下。

```
1  var num = 1;
2  while (num <= 100) {
3    console.log(num);
```

```
4   num++;
5 }
```

从上述代码可以看出，while 语句的使用方法和 for 语句类似，同样可以利用计数器来控制循环的次数。需要注意的是，在循环体中需要对计数器的值进行更新，以防止出现死循环。为了直观地理解 while 的执行流程，下面我们通过图 3-7 进行演示。

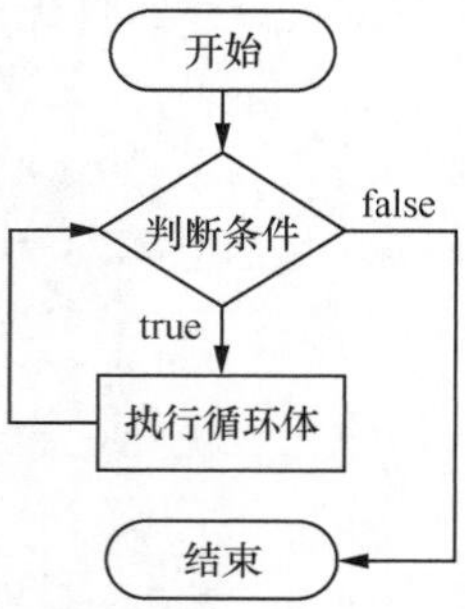

开始
判断条件
false
true
执行循环体
结束

图 3-7 while 循环流程图

使用 while 语句也可以完成各种各样的循环计算。例如，计算 1 ~ 100 之间的所有整数的和，具体代码如下。

```
1 var sum = 0;
2 var i = 1;
3 while(i <= 100) {
4   sum += i;
5   i++;
6 }
7 console.log(sum); // 输出结果：5050
```

3.1.5 do…while 语句

do…while 语句的功能和 while 语句类似，其区别在于，do…while 会无条件地执行一次循环体中的代码，然后再判断条件，根据条件决定是否循环执行；而 while 是先判断条件，再根据条件决定是否执行循环体。具体语法结构如下。

```
do {
  // 循环体
} while （条件表达式）;
```

使用 do…while 语句输出 1 ~ 100 范围内的数字，具体代码如下。

```
1 var num = 1;
2 do {
3   console.log(num);
4   num++;
5 } while (num <= 100);
```

在上述代码中，首先执行 do 后面“{}”中的循环体，然后再判断 while 后面的循环条件，当循环条件为 true 时，继续执行循环体，否则结束本次循环。do…while 循环语句的执行流程如图 3-8 所示。

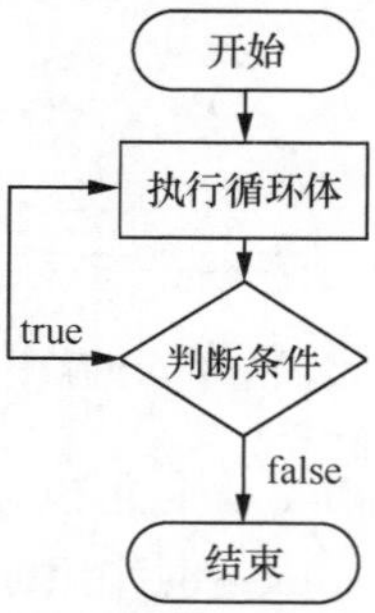

开始
执行循环体
true
判断条件
false
结束

图 3-8 do…while 循环流程图

使用 do…while 计算 1 ~ 100 之间的所有整数的和，具体代码如下。

```
1 var sum = 0;
2 var i = 1;
3 do {
4   sum += i;
5   i++;
6 } while(i <= 100)
7 console.log(sum); // 输出结果：5050
```

3.1.6 continue关键字

continue关键字可以在for、while以及do…while循环体中使用，它用来立即跳出本次循环，也就是跳过了continue后面的代码，继续下一次循环。例如，一个人吃苹果，一共有5个苹果，吃到第3个苹果时，发现里面有虫子，就扔掉第3个苹果，继续吃第4个和第5个苹果，实现此过程的具体代码如下。

```
1  for (var i = 1; i <= 5; i++) {
2    if (i == 3) {
3      continue;      // 跳出本次循环，直接跳到i++
4    }
5    console.log('我吃完了第' + i +'个苹果');
6  }
```

上述代码执行后，可以看到输出结果中跳过了第3个苹果，如下所示。

```
我吃完了第1个苹果
我吃完了第2个苹果
我吃完了第4个苹果
我吃完了第5个苹果
```

3.1.7 break关键字

break关键字可以用在switch语句和循环语句中，在循环语句中使用时，其作用是立即跳出整个循环，也就是将循环结束。例如，一个人吃5个苹果，吃到第3个苹果的时候，发现里面有半只虫子，其余的苹果也不想吃了，实现此过程的具体代码如下。

```
1  for (var i = 1; i <= 5; i++) {
2    if (i == 3) {
3      break;
4    }
5    console.log('我吃完了第' + i +'个苹果');
6  }
```

上述代码执行后，在输出结果中可以看出，只有前两个苹果吃完了，如下所示。

```
我吃完了第1个苹果
我吃完了第2个苹果
```

除此之外，break语句还可跳转到指定的标签语句处，实现循环嵌套中的多层跳转。标签语句的语法如下所示。

```
label: statement
```

在上述语法中，label表示标签的名称，如start、end等任意合法的标识符；statement表示具体执行的语句，如if、while、变量的声明等。

下面我们通过代码演示标签语句的使用，如下所示。

```
1  outerloop:
2  for (var i = 0; i < 10; i++) {
3    for (var j = 0; j < 1; j++) {
4      if (i == 3) {
5        break outerloop;
```

```
6         }
7         console.log('i = ' + i + ', j = ' + j);
8     }
9 }
```

上述第 1 行用于定义一个名称为 outerloop 的标签语句。第 2 ~ 8 行用于嵌套循环，当 i 等于 3 时，结束循环，跳转到指定的标签位置。运行结果如下所示。

```
i = 0, j = 0
i = 1, j = 0
i = 2, j = 0
```

需要注意的是，标签语句必须在使用之前定义，否则会出现找不到标签的情况。

3.2 初识数组

数组（Array）是一种复杂的数据类型，它属于 Object(对象）类型，用来将一组数组集合在一起，通过一个变量就可以访问一组数据。在使用数组时，经常会搭配循环语句使用，从而很方便地对一组数据进行处理。本节将对数组进行详细讲解。

3.2.1 创建数组

在 JavaScript 中创建数组有两种常见的方式，一种是使用“new Array()”创建数组，另一种是使用“[ ]”字面量来创建数组。示例代码如下。

```
// 使用 new Array() 创建数组
var arr1 = new Array();                                      // 空数组
var arr2 = new Array('苹果', '橘子', '香蕉', '桃子');         // 含有 4 个元素
// 使用字面量来创建数组
var arr1 = [];                                               // 空数组
var arr2 = ['苹果', '橘子', '香蕉', '桃子'];                  // 含有 4 个元素
```

上述代码演示了如何创建空数组，以及如何创建含有 4 个元素的数组。

在数组中可以存放任意类型的元素，示例代码如下。

```
// 在数组中保存各种常见的数据类型
var arr1 = [123, 'abc', true, null, undefined];
// 在数组中保存数组
var arr2 = [1, [21, 22], 3];
```

3.2.2 访问数组元素

在数组中，每个元素都有索引（或称为下标），数组中的元素使用索引来进行访问。数组中的索引是一个数字，从 0 开始，如图 3-9 所示。

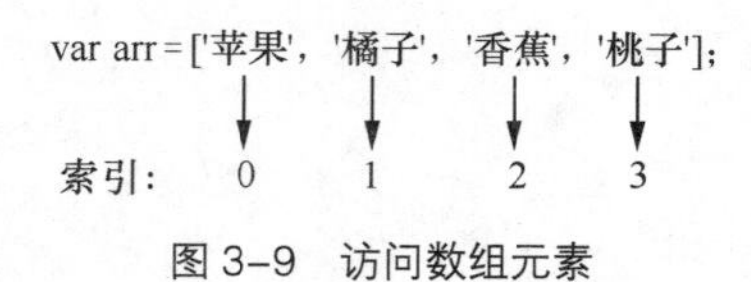

图 3-9　访问数组元素

访问数组元素的语法为“数组名 [索引]”，示例代码如下。

```
1  var arr = ['苹果', '橘子', '香蕉', '桃子'];
2  console.log(arr[0]);          // 输出结果：苹果
3  console.log(arr[1]);          // 输出结果：橘子
4  console.log(arr[2]);          // 输出结果：香蕉
5  console.log(arr[3]);          // 输出结果：桃子
6  console.log(arr[4]);          // 输出结果：undefined(数组元素不存在)
```

3.2.3 数组遍历

在实际开发中，经常需要对数组进行遍历，也就是将数组中的元素全部访问一遍，这时可以利用 for 循环来实现，在 for 循环中让索引从 0 开始自增。例如，一个数组中保存了所有学生的考试分数，现需要计算平均分（保留 2 位小数），具体代码如下。

```
1  var arr = [80, 75, 69, 95, 92, 88, 76];
2  var sum = 0;
3  for (var i = 0; i < 7; i++) {
4    sum += arr[i];                      // 累加求和
5  }
6  var avg = sum / 7;                    // 计算平均分
7  console.log(avg.toFixed(2));          // 输出结果：82.14
```

在上述代码中，第 4 行的 arr[i] 用来访问数组中索引为 i 的元素，i 的值会从 0 一直加到 6，这样就把数组中所有的元素都访问了一遍。

以上方式还存在一个问题，就是当数组的元素比较多时，计算数组元素的个数不太方便，这时候可以利用“数组名 .length”来快速地获取数组长度。示例代码如下。

```
1  var arr = [80, 75, 69, 95, 92, 88, 76];
2  console.log(arr.length); // 输出结果：7
```

接下来我们修改计算学生成绩平均分的代码，使用 arr.length 获取数组长度，如下所示。

```
1  var arr = [80, 75, 69, 95, 92, 88, 76];
2  var sum = 0;
3  for (var i = 0; i < arr.length; i++) {
4    sum += arr[i];
5  }
6  var avg = sum / arr.length;
7  console.log(avg.toFixed(2));          // 输出结果：82.14
```

3.3 数组案例

在掌握了数组的定义和使用的基本语法后，下面我们将通过两个案例来对数组的相关知识进行巩固和提高。

3.3.1 获取数组元素中的最大值

通过对数组的遍历可以获取数组中的最大值。在遍历时，先用一个变量 max 保存数组中第 1 个元素的值，然后比较后面的元素是否比 max 的值大，如果比 max 大，就将这个较大的值保存给 max，否则就进行下一轮的比较。将数组遍历完成后，max 中保存的值就是最大值。具体代码如下。

```
1  var arr = [2, 6, 1, 77, 52, 25, 7, 99];
2  var max = arr[0];
3  for (var i = 1; i < arr.length; i++) {
4    if (arr[i] > max) {
5      max = arr[i];
6    }
7  }
8  console.log('数组元素中的最大值是：' + max);      // 计算结果：99
```

3.3.2　数组转换为字符串

本案例的需求是将数组“['red', 'green', 'blue', 'pink']”转换为字符串，并用“|”或其他符号来分隔每个元素，如“red|green|blud|pink”。具体代码如下。

```
1  var arr = ['red', 'green', 'blue', 'pink'];
2  var str = arr[0];
3  var sep = '|';
4  for (var i = 1; i < arr.length; i++) {
5    str += sep + arr[i];
6  }
7  console.log(str);    // 输出结果：red|green|blue|pink
```

3.4　数组元素操作

数组元素操作包括修改数组长度，对数组进行添加元素、修改元素、删除元素等操作。利用分支语句、循环语句还可以实现数组元素筛选、反转数组元素的顺序。本节将针对数组元素操作进行详细讲解。

3.4.1　修改数组长度

使用“数组名 .length”可以获取或修改数组的长度。数组长度的计算方式为数组中元素的最大索引值加 1，示例代码如下。

```
var arr = ['a', 'b', 'c'];
console.log(arr.length);              // 输出结果：3
```

在上述代码中，数组中最后一个元素是 c，该元素的索引为 2，因此数组长度为 3。

使用 arr.length 不仅可以获取数组长度，还可以修改数组长度，示例代码如下。

```
var arr1 = [1, 2];
arr1.length = 4;                      // 大于原有长度
console.log(arr1);                    // 输出结果：(4) [1, 2, empty × 2]
var arr2 = [1, 2, 3, 4];
arr2.length = 2;                      // 小于原有长度
```

```
console.log(arr2);                // 输出结果：(2) [1, 2]
```

在console.log()的输出结果中，前面的“(4)”表示数组的长度为4，后面显示的是数组中的元素，empty表示空元素。若length的值大于数组中原来的元素个数，则缺少的元素会占用索引位置，成为空元素；若length的值小于数组中原来的元素个数，多余的数组元素将会被舍弃。

当访问空元素时，返回结果为undefined，示例代码如下。

```
var arr = [1];
arr.length = 4;                   // 修改数组的长度为4
console.log(arr);                 // 输出结果：(4) [1, empty × 3]
console.log(arr[1]);              // 输出结果：undefined
```

除了上述情况外，还有如下3种常见的情况也会出现空元素。

```
// 情况1：在使用字面量创建数组时出现空元素
var arr = [1, 2, , 4];
console.log(arr);                 // 输出结果：(4) [1, 2, empty, 4]
// 情况2：在new Array()中传入数组长度的参数
var arr = new Array(4);
console.log(arr);                 // 输出结果：(4) [empty × 4]
// 情况3：为数组添加索引不连续的元素
var arr = [1];
arr[3] = 4;                       // 向数组中添加一个元素，索引为3
console.log(arr);                 // 输出结果：(4) [1, empty × 2, 4]
```

3.4.2 新增或修改数组元素

通过数组索引可以新增或修改数组元素，如果给定的索引超过了数组中的最大索引，则表示新增元素，否则表示修改元素。示例代码如下。

```
var arr = ['red', 'green', 'blue'];
arr[3] = 'pink';  // 新增元素
console.log(arr); // (4) ["red", "green", "blue", "pink"]
arr[0] = 'yellow';// 修改元素
console.log(arr); // (4) ["yellow", "green", "blue", "pink"]
```

通过循环语句可以很方便地为数组添加多个元素，示例代码如下。

```
1  var arr = [];
2  for (var i = 0; i < 10; i++) {
3    arr[i] = i + 1;
4  }
5  console.log(arr); // 输出结果：(10) [1, 2, 3, 4, 5, 6, 7, 8, 9, 10]
```

3.4.3 筛选数组

在开发中，经常会遇到筛选数组的需求。例如，将一个数组中所有大于或等于10的元素筛选出来，放入到新的数组中，具体代码如下。

```
1  var arr = [2, 0, 6, 1, 77, 0, 52, 0, 25, 7];
2  var newArr = [];
```

```
3  var j = 0;
4  for (var i = 0; i < arr.length; i++) {
5    if (arr[i] >= 10) {
6      newArr[j++] = arr[i];          // 新数组索引号从 0 开始，依次递增
7    }
8  }
9  console.log(newArr);               // 输出结果：(3) [77, 52, 25]
```

在上述代码中，第 6 行使用了一个自增的变量 j，用来在每次添加元素时，自动为索引值加 1。另外，由于 j 的值刚好和数组长度 length 相同，因此“newArr[j++]”也可以替换成“newArr[newArr.length]”，通过数组长度来表示索引值。

3.4.4 删除指定的数组元素

在数组中删除指定的数组元素，其思路和前面讲解的筛选数组的思路类似。例如，将一个数组中所有数值为 0 的元素删除，示例代码如下。

```
1  var arr = [2, 0, 6, 1, 77, 0, 52, 0, 25, 7];
2  var newArr = [];
3  for (var i = 0; i < arr.length; i++) {
4    if (arr[i] != 0) {
5      newArr[newArr.length] = arr[i];
6    }
7  }
8  console.log(newArr);      // 输出结果：(7) [2, 6, 1, 77, 52, 25, 7]
```

3.4.5 反转数组元素顺序

本案例要求将一个数组中所有元素的顺序反过来。例如，有一个数组为 ['red', 'green', 'blue', 'pink', 'purple']，反转结果为 ['purple', 'pink', 'blue', 'green', 'red']。若要实现这个效果，就需要改变数组遍历的顺序，从数组的最后一个元素遍历到第 1 个元素，将遍历到的每个元素添加到新的数组中，即可完成数组的反转。具体代码如下。

```
1  var arr = ['red', 'green', 'blue', 'pink', 'purple'];
2  var newArr = [];
3  for (var i = arr.length - 1; i >= 0; i--) {
4    newArr[newArr.length] = arr[i];
5  }
6  // 输出结果：(5) ["purple", "pink", "blue", "green", "red"]
7  console.log(newArr);
```

脚下留心

在使用数组时，应注意数组是一种复杂数据类型，它属于对象，具有对象的一些特性。关于对象具体会在后面的章节中深入讲解。下面我们来演示数组和普通数据的一些区别。

```
// ① 使用 typeof 查看数组的数据类型
console.log(typeof []);             // 输出结果：object
// ② 当数组的索引是字符串时，它将变成一个类数组对象，不再是一个纯数组
```

```
var arr = [];
arr['name'] = 'Tom';
console.log(arr['name']);           // 输出结果：Tom
// ③ 当对数组类型的变量进行赋值时，会发生引用传递，而不是值传递
var arr1 = [1, 2];
var arr2 = arr1;                    // 引用传递，arr2 和 arr1 引用同一个数组
arr2[2] = 3;                        // 此时 arr2 相当于 arr1 的别名
console.log(arr1);                  // 输出结果：[1, 2, 3]
```

多学一招：解构赋值

除了前面学习过的变量声明与赋值方式，ES 6 中还提供了另外一种方式——解构赋值。例如，若把数组 [1,2,3] 中的元素分别赋值给 a、b 和 c，传统的做法是单独声明变量和赋值。实现方式对比如下。

```
// 传统方式
var arr = [1, 2, 3];
var a = arr[0];
var b = arr[1];
var c = arr[2];
```

```
// 解构赋值
[a, b, c] = [1, 2, 3];
```

从上述代码可以看出，传统方式要完成以上的功能，需要 4 行代码，但若使用解构赋值，只需使用一行代码。解构赋值时，JavaScript 会将“=”右侧“[]”中的元素依次赋值给左侧“[]”中的变量。其中，当左侧变量的数量小于右侧的元素的个数时，则忽略多余的元素；当左侧的变量数量大于右侧的元素个数时，则多余的变量会被初始化为 undefined。

除此之外，解构赋值时右侧的内容还可以是一个变量名，或是通过解构赋值完成两个变量数值的交换。具体示例如下。

```
// 当左侧的变量数量小于右侧的元素个数
var arr = [1, 2, 3];
[a, b] = arr;
console.log(a + ' - ' + b);                    // 输出结果：1 - 2
// 当左侧的变量数量大于右侧的元素个数
var arr1 = [5, 6];
[d, e, f] = arr1;
console.log(d + ' - ' + e +' - ' + f);         // 输出结果：5 - 6 - undefined
// 两个变量数值的交换
var n1 = 4, n2 = 8;
[n1, n2] = [n2, n1];
console.log(n1 + ' - ' + n2);                  // 输出结果：8 - 4
```

从上述代码可以看出，将 arr 数组名进行解构赋值后，变量 a 和 b 的值分别为 1 和 2。变量 n1 和 n2 在通过解构赋值后完成了数值的交换。

3.5 数组排序算法

数组排序是指将数组中的元素排列成一个有序的序列，若要在计算机中完成数组的排序，

需要通过一套算法来完成，常见的算法有冒泡排序、插入排序等，本节将会进行详细讲解。另外，在后面的章节中，还会讲解如何利用数组方法快速地完成数组排序、反转等操作，这些方法虽然简单、方便，但不利于编程思维的养成，因此，掌握这些数组排序的算法原理对初学者来说是非常重要的。

3.5.1　冒泡排序

冒泡排序是一种非常容易理解的排序算法。在冒泡排序的过程中，按照要求从小到大排序或从大到小排序，不断比较数组中相邻两个元素的值，较小或较大的元素前移。具体排序过程如图 3-10 所示。

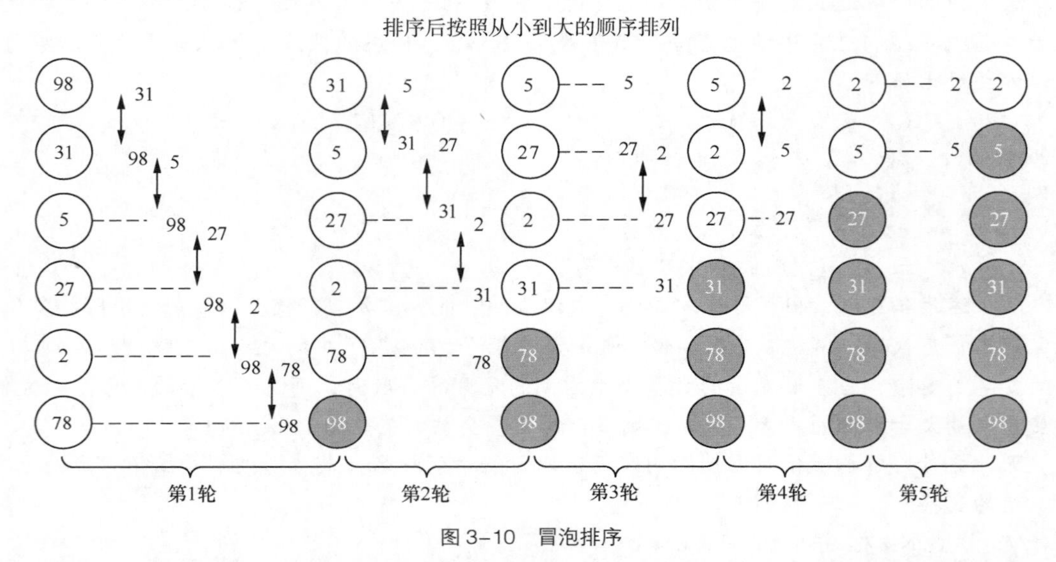

图 3-10　冒泡排序

从图 3-10 可以看出，冒泡排序比较的轮数是数组长度减 1，每轮比较的对数等于数组的长度减当前的轮数。

了解冒泡排序实现的原理后，接下来我们来演示冒泡排序的实现代码，具体如下。

```
1  var arr = [10, 7, 5, 27, 98, 31];
2  for (var i = 1; i < arr.length; i++) {                  // 控制需要比较的轮数
3    for (var j = 0; j < arr.length - i; j++) {            // 控制参与比较的元素
4      if (arr[j] > arr[j + 1]) {                          // 比较相邻的两个元素
5        var temp = arr[j + 1];
6        arr[j + 1] = arr[j];
7        arr[j] = temp;
8      }
9    }
10 }
11 console.log(arr); // 输出结果：5,7,10,27,31,98
```

上述第 2 ~ 10 行代码用于循环冒泡排序的轮数，第 4 ~ 8 行代码用于循环比较数组中两个相邻的元素，如果当前元素大于后一个元素，则通过第 5 行代码交换两个元素的值。

3.5.2　插入排序

插入排序是冒泡排序的优化，是一种直观的简单排序算法。它的实现原理是，通过构建有序数组元素的存储，对未排序的数组元素，在已排序的数组中从最后一个元素向第一个元素遍历，找到相应位置并插入。其中，待排序数组的第 1 个元素会被看作是一个有序的数组，从第 2 个至最后一个元素会被看作是一个无序数组。按照从小到大的顺序完成插入排序如图 3-11 所示。

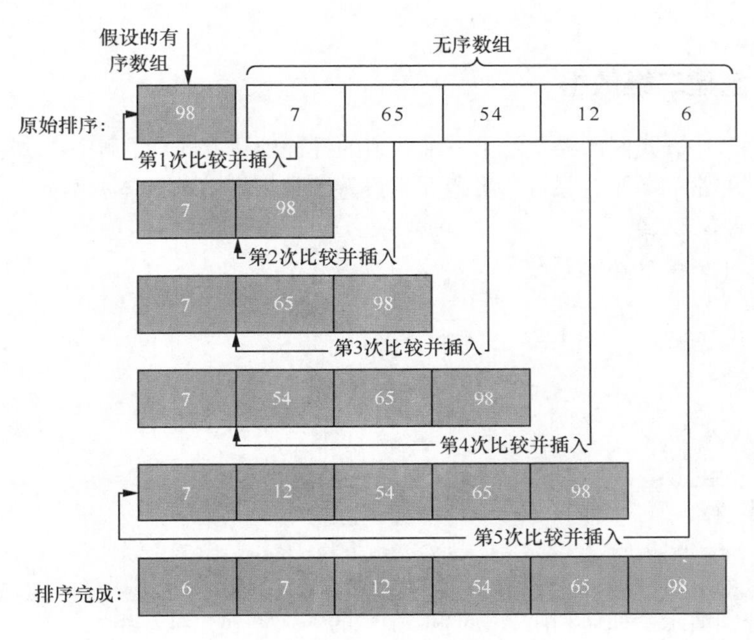

图 3-11 插入排序

从图 3-11 可以看出，插入排序比较的次数与无序数组的长度相等，每次无序数组元素与有序数组中的所有元素进行比较，比较后找到对应位置插入，最后即可得到一个有序数组。

了解了插入排序实现的原理后，接下来我们来看插入排序的实现代码，具体如下。

```
1  var arr = [10, 8, 100, 31, 87, 70, 1, 88];
2  // 按照从小到大的顺序排列，先遍历无序数组下标
3  for (var i = 1; i < arr.length; i++) {
4    // 遍历并比较一个无序数组元素与所有有序数组元素
5    for (var j = i; j > 0; j--) {
6      if (arr[j - 1] > arr[j]) {
7        var temp = arr[j - 1];
8        arr[j - 1] = arr[j];
9        arr[j] = temp;
10     }
11   }
12 }
13 console.log(arr); // 输出结果：1,8,10,31,70,87,88,100
```

在上述代码中，我们假设待查找的数组 arr 的第 1 个元素是一个按从小到大的排序排列的有序数组，arr 剩余的元素为无序数组。然后通过第 5 ~ 11 行代码完成插入排序。其中，第 6 ~ 10 行代码用于无序数组元素与有序数组中的元素的比较，若无序元素 arr[j] 小于有序数组中的元素，则进行插入。

3.6 二维数组

在实际开发中，我们经常需要对多维数组进行操作。其中，二维数组是最常见的多维数组。本节讲解如何创建二维数组、如何遍历二维数组以及如何添加二维数组元素等常见的操作。

3.6.1 创建二维数组

在前面的小节中，我们已经学习了一维数组的各种创建方式，了解一维数组如何创建后，创建二维数组就非常简单了，只需将数组元素设置为数组即可。具体示例如下。

```
// 使用 Array 创建数组
var info = new Array(
 new Array('Tom', 13, 155),
 new Array('Lucy', 11, 152)
);
 console.log(info[0]);              // 输出结果：(3) ["Tom", 13, 155]
 console.log(info[0][0]);           // 输出结果：Tom
// 使用 "[]" 创建数组
var nums = [[1, 2], [3, 4]];
console.log(nums[0]);               // 输出结果：(2) [1, 2]
console.log(nums[1][0]);            // 输出结果：3
```

上述代码分别演示了如何利用 Array 和“[]”的方式创建二维数组。

在实际开发中，还经常通过为空数组添加元素的方式来创建多维数组。下面我们以添加二维空数组元素为例进行演示，具体示例如下。

```
1  var arr = [];                        // 创建一维空数组
2  for (var i = 0 ; i < 3; i++) {
3    arr[i] = [];                       // 将当前元素设置为数组
4    arr[i][0] = i;                     // 为二维数组元素赋值
5  }
```

上述代码执行后，新创建的二维数组的结果如下。

```
[[0], [1], [2]]
```

需要注意的是，若要为二维数组元素（如 arr[i][0]）赋值，首先要保证添加的元素（如 arr[i]）已经被创建为数组，否则程序会报“Uncaught TypeError……”错误。

小提示：

在创建多维数组时，虽然 JavaScript 没有限制数组的维数，但是在实际应用中，为了便于代码阅读、调试和维护，推荐使用三维及以下的数组保存数据。

3.6.2 二维数组求和

二维数组求和的基本思路和一维数组类似，区别在于二维数组求和是对二维数组进行遍历，需要用双层循环来控制二维数组中的元素的索引值。具体代码如下。

```
1  var arr = [[12, 59, 66], [100, 888]];
2  var sum = 0;
```

```
3  for (var i = 0; i < arr.length; i++) {                      // 遍历 arr 数组
4    for (var j = 0; j < arr[i].length; j++) {                 // 遍历 arr[i] 数组
5      sum += arr[i][j];                                       // 二维数组元素累加
6    }
7  }
8  console.log(sum); // 输出结果：1125
```

上述第 1 行代码创建了一个待求和的二维数组 arr，第 2 行代码定义了 sum 变量保存二维数组各元素相加之和。第 3 ~ 7 行代码利用 for 循环遍历二维数组，并完成数组元素的累加。其中，i 表示 arr 数组元素的下标，j 表示 arr[i] 中的元素下标。

3.6.3 二维数组转置

二维数组的转置指的是将二维数组横向元素保存为纵向元素，效果如图 3-12 所示。

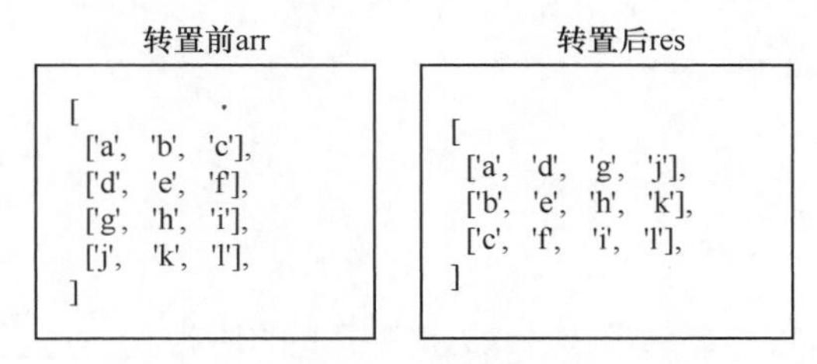

图 3-12　二维数组转置

分析图 3-12，可以发现如下规律。

```
res[0][0] = arr[0][0]
res[0][1] = arr[1][0]
res[0][2] = arr[2][0]
res[0][3] = arr[3][0]
```

根据规律，可以得出二维数组转置的公式为 res[i][j] = arr[j][i]，且 res 数组的长度等于 arr 元素（如 arr[0]）的长度，res 元素（如 res[0]）的长度等于 arr 数组的长度。

接下来我们编写代码完成二维数组的转置，具体代码如下。

```
1  var arr = [
2    ['a', 'b', 'c'], ['d', 'e', 'f'], ['g', 'h', 'i'], ['j', 'k', 'l']
3  ];
4  var res = [];
5  for (var i = 0; i < arr[0].length; i++) {
6    res[i] = [];
7    for(var j = 0; j < arr.length; j++) {
8      res[i][j] = arr[j][i];        // 为二维数组赋值
9    }
10 }
11 console.log(res);
```

上述第 1 ~ 3 行代码定义变量 arr 保存转置前的数组。第 4 ~ 10 行代码用于创建并遍历转置后的数组 res。其中，第 6 行代码用于完成 res 二维数组的创建，防止为二维数组添加元素时报错；第 8 行代码根据转置规律为转置后的数组 res 赋值。

转置后的 res 数组的结果如下所示。

```
[
  ['a', 'd', 'g', 'j'],
  ['b', 'e', 'h', 'k'],
  ['c', 'f', 'i', 'l']
]
```

本章小结

本章首先介绍了 JavaScript 流程控制中的循环结构的相关内容，然后讲解了数组的创建、访问、遍历等基础操作，通过案例巩固加强读者对数组的认识。最后讲解了二维数组的创建并通过案例的形式演示了二维数组求和与转置，深化对数组的理解和运用。

课后练习

一、填空题

1. 表达式“[a, b] = [12, 34, 56]”执行后，变量 b 的值为________。

2. ________关键字，在循环语句中使用时，可以用来立即跳出本次循环。

二、判断题

1. while 语句可以在条件表达式为 true 的前提下，循环执行指定的一段代码，直到条件表达式为 false 时结束循环。（　　）

2. break 关键字，在循环语句中使用时，其作用是立即跳出本次循环。（　　）

3. 可以使用“数组名 [索引]”的方式来访问数组元素。（　　）

三、选择题

1. 下列语句不能用于遍历数组的是（　　）。

A. for　　B. for…in　　C. for…of　　D. if

2. 执行代码“var nums = [[2, 4], [6, 9]];console.log(nums[1][0]);”, 输出结果正确的是（　　）。

A. 2　　B. 4　　C. 6　　D. 9

3. 下列创建数组的方式，错误的是（　　）。

A. var arr = new Array();　　B. var arr = [];

C. var arr = new array();　　D. var arr =[]; arr.length = 3;

四、编程题

1. 移出数组 arr“[1,2,3,4,2,5,6,2,7,2]”中与 2 相等的元素，并生成一个新数组，不改变原数组。

2. 请将数组“[' 苹果 ',' 香蕉 ',' 酥梨 ',' 榴莲 ',' 樱桃 ',' 柿子 ',' 葡萄 ',' 哈密瓜 ',' 西瓜 ']”中的元素依次打印到控制台。

第 4 章

JavaScript 函数

学习目标

★了解函数的基本概念

★掌握函数参数及返回值的使用

★掌握 arguments 的使用

★掌握函数作用域的使用

函数是 JavaScript 中常用的功能之一，使用函数可以避免相同功能代码的重复编写，将程序中的代码模块化，提高程序的可读性，减少开发者的工作量，便于后期的维护。

例如，在计算班级学生的平均分时，如果每计算一个学生的平均分，都要编写一段功能相同的代码，这样会导致代码量大大增加。为此，JavaScript 提供了函数，通过函数可以将计算平均分的代码进行封装，在使用时直接调用即可，无须重复编写。本章将针对函数的内容进行详细讲解。

4.1 初识函数

4.1.1 函数的使用

函数在使用时分为两步，声明函数和调用函数，声明函数的基本语法如下。

```
function 函数名 () {
  // 函数体代码
}
```

在上述语法中，function 是声明函数的关键字，必须全部使用小写字母。

当函数声明后，里面的代码不会执行，只有调用函数的时候才会执行。调用函数的语法为“函数名 ()”。接下来我们通过代码演示函数的声明和调用。

```
// 声明函数
function sayHello() {
  console.log('hello');
}
```

```
// 调用函数
sayHello();
```

函数具有封装代码的效果，也就是把一个或多个功能通过函数的方式封装起来，对外只提供一个简单的函数接口。这种封装的思想类似于将计算机内部的主板、CPU、内存等硬件全部装到机箱里，对外开放一些接口（如电源接口、显示接口、USB 接口）给用户使用。

4.1.2 什么是函数

在编写代码时，可能会出现非常多的相同代码，或者功能类似的代码，这些代码可能需要大量重复使用。虽然 for 循环语句也能实现一些简单的重复操作，但是比较有局限性，此时我们就可以使用 JavaScript 中的函数。

例如，下面两段代码完成了两个功能，这两个功能的代码非常相似。

```
// 功能 1：求 1 ~ 100 的累加和
var sum = 0;
for (var i = 1; i <= 100; i++) {
  sum += i;
}
console.log(sum);
```

```
// 功能 2：求 10 ~ 50 的累加和
var sum = 0;
for (var i = 10; i <= 50; i++) {
  sum += i;
}
console.log(sum);
```

上述代码的共同点在于，i 的初始值和结束值不同，其他代码是相同的。此时利用函数，可以把这种相似的代码封装起来，实现代码的重复使用。

为了让读者体会到函数的优势，下面我们来演示如何利用函数来封装代码，解决代码重复的问题。关于函数的具体语法规则，会在后面进行详细讲解。

```
// 声明一个 getSum 函数，将代码写在大括号 "{}" 中
function getSum(num1, num2) {
  var sum = 0;
  for (var i = num1; i <= num2; i++) {
    sum += i;
  }
  console.log(sum);        // 函数执行结束后，将结果输出
}
// 调用 getSum 函数，在调用时需要写上小括号，并在小括号里传入参数
getSum(1, 100);            // 输出结果：5050
getSum(10, 50);            // 输出结果：1230
```

从上述代码可以看出，利用函数，原本重复的代码现在只需要编写一次，然后就可以重复调用。在调用函数时，小括号中传入了两个参数，第 1 次调用传入的两个参数分别为 1 和 100，第 2 次调用传入的两个参数分别为 10 和 50。只需传入不同的参数，即可对参数按照相同的方式进行处理，最终得到不同的执行结果。

4.1.3 函数的参数

在函数内部的代码中，当某些值不能确定的时候，可以通过函数的参数从外部接收进来，一个函数可以通过传入不同的参数来完成不同的操作。

函数的参数分为形参和实参。在声明函数时，可以在函数名称后面的小括号中添加一些参数，这些参数被称为形参。当函数调用的时候，同样也需要传递相应的参数，这些参数称

为实参。函数的形参是形式上的参数，因为当函数声明的时候，这个函数还没有被调用，这些参数具体会传过来什么样的值是不确定的。而实参是实际上的参数，在函数被调用的时候，它的值就被确定下来了。

函数形参和实参的具体语法形式如下。

```
function 函数名(形参1, 形参2, …) {      // 函数声明的小括号里的是形参
  // 函数体代码
}
函数名(实参1, 实参2, …);               // 函数调用的小括号里的是实参
```

一个函数的参数可以有多个，使用逗号分隔即可，也可以没有参数。

下面我们通过代码演示函数参数的具体使用。

```
1  function cook(arg) {
2    console.log(arg);
3  }
4  cook('potato');
```

在上述代码中，arg 是函数的形参，它类似于一个变量，当函数调用的时候，它的值就是调用时传入的值，即 potato。

接下来我们再演示如何利用函数求任意两个数之和，具体代码如下。

```
1  function getSum(num1, num2) {
2    console.log(num1 + num2);
3  }
4  getSum(1, 3);     // 输出结果：4
5  getSum(3, 8);     // 输出结果：11
```

在上述代码中，第 4 行代码在调用函数时传入了两个实参，分别是 1 和 3，这两个实参对应了函数中的形参 num1 和 num2，然后在第 2 行对这两个值进行了相加，因此得到的输出结果为 4。同理，第 5 行代码在调用函数时传入了 3 和 8 两个实参，因此结果为 11。

4.1.4　函数参数的数量

JavaScript 函数参数的使用非常灵活，它允许函数的形参和实参个数不同。当实参数量多于形参数量时，函数可以正常执行，多余的实参由于没有形参接收，会被忽略，除非用其他方式（如后面学到的 arguments）才能获得多余的实参。当实参数量小于形参数量时，多出来的形参类似于一个已声明未赋值的变量，其值为 undefined。

接下来我们通过具体代码演示函数参数的数量问题。

```
1  function getSum(num1, num2) {
2    console.log(num1, num2);
3  }
4  getSum(1, 2, 3);          // 实参数量大于形参数量，输出结果：1 2
5  getSum(1);                // 实参数量小于形参数量，输出结果：1 undefined
```

4.1.5　函数的返回值

通过前面的学习可知，函数可以用来做某件事，或者实现某种功能。当这个函数完成了具体功能以后，如何根据函数的执行结果来决定下一步要做的事情呢？这就需要通过函数的返回值来将函数的处理结果返回。

例如，一个人去餐厅吃饭，我们将餐厅的厨师看成一个函数，顾客通过函数的参数来告诉厨师要做什么饭菜。当厨师将饭菜做好以后，这个饭菜最终应该是传给顾客。但我们在前面编写的函数都是直接将结果输出，这就像厨师自己把饭菜吃了，没有将函数的执行结果返回给调用者。因此，接下来我们就来学习函数返回值的使用。

函数的返回值是通过 return 语句来实现的，其语法形式如下。

```
function 函数名 () {
  return 要返回的值；                // 利用 return 返回一个值给调用者
}
```

下面我们通过代码演示函数返回值的使用。

```
1  function getResult() {
2    return 666;
3  }
4  // 通过变量接收返回值
5  var result = getResult();
6  console.log(result);              // 输出结果：666
7  // 直接将函数的返回值输出
8  console.log(getResult());         // 输出结果：666
```

如果函数没有使用 return 返回一个值，则函数调用后获取到的返回结果为 undefined。示例代码如下。

```
1  function getResult() {
2    // 该函数没有 return
3  }
4  console.log(getResult());         // 输出结果：undefined
```

4.2 函数返回值案例

在掌握了函数的基本使用和 return 语句后，下面我们通过 4 个简单的案例来帮助读者加深对函数返回值的理解。

4.2.1 利用函数求任意两个数的最大值

本案例要求编写一个 getMax() 函数，该函数接收两个参数，分别是 num1 和 num2，表示两个数字。收到参数后，函数会比较这两个数的大小，返回较大的值。具体代码如下。

```
1  function getMax(num1, num2) {
2    if (num1 > num2) {
3      return num1;
4    } else {
5      return num2;
6    }
7  }
8  console.log(getMax(1, 3));        // 输出结果：3
```

上述代码中的第 2 ~ 6 行代码还可以用三元表达式来进行简化，具体代码如下。

```
1 function getMax(num1, num2) {
2   return num1 > num2 ? num1 : num2;
3 }
4 console.log(getMax(1, 3));  // 输出结果：3
```

4.2.2　利用函数求任意一个数组中的最大值

本案例要求利用函数求数组 [5, 2, 99, 101, 67, 77] 中的最大数值，具体代码如下。

```
1 function getArrMax(arr) {
2   var max = arr[0];
3   for (var i = 1; i <= arr.length; i++) {
4     if (arr[i] > max) {
5       max = arr[i];
6     }
7   }
8   return max;
9 }
10 var max = getArrMax([5, 2, 99, 101, 67, 77]);
11 console.log(max); // 输出结果：101
```

4.2.3　利用 return 提前终止函数

在函数中，return 语句之后的代码不会被执行。例如，在 getMax() 函数中判断两个参数是否都是数字型，只要其中一个不是数字型，则提前返回 NaN。具体代码如下。

```
1 function getMax(num1, num2) {
2   if (typeof num1 != 'number' || typeof num2 != 'number') {
3     return NaN;
4   }
5   return num1 > num2 ? num1 : num2;
6 }
7 console.log(getMax(1, '3'));    // 输出结果：NaN
```

4.2.4　利用 return 返回数组

在函数中使用 return 时，应注意 return 只能返回一个值。即使使用逗号隔开多个值，也只有最后一个值被返回。示例代码如下。

```
1 function fn(num1, num2) {
2   return num1, num2;
3 }
4 console.log(fn(1, 2));           // 输出结果：2
```

在开发中，当需要返回多个值的时候，可以用数组来实现，也就是将要返回的多个值写在数组中，作为一个整体来返回。示例代码如下。

```
1 function getResult(num1, num2) {
2   return [num1 + num2, num1 - num2, num1 * num2, num1 / num2];
3 }
4 console.log(getResult(1, 2));   // 输出结果：(4) [3, -1, 2, 0.5]
```

通过以上案例可以看出，在使用一个函数时往往会经历 3 个步骤，分别是输入参数、内部处理和返回结果。这 3 个步骤和生活中常见的用榨汁机榨汁有些类似，在使用榨汁机时，也会经过输入原料、内部处理和输出果汁这 3 个步骤。

在开发中，当需要编写一个函数的时候，首先要考虑的就是函数有哪些参数，函数的内部需要进行什么样的处理，以及函数最终返回的结果是什么。当一个函数编写完成后，对于使用这个函数的用户而言，它只需要关心函数的参数和返回值是什么就可以了，这样就帮助用户屏蔽了函数内部的一些实现细节，让用户把精力放在主要的开发任务上。

4.3 函数综合案例

4.3.1 利用函数求所有参数中的最大值

在前面的学习中可知，函数的实参数量可以大于形参数量。本案例要求编写一个 getMax() 函数，该函数可以接收任意数量的参数，函数会找出所有参数中最大的一个值，将该值返回。

当我们不确定函数中接收到了多少个实参的时候，可以用 arguments 来获取实参。在 JavaScript 中，arguments 是当前函数的一个内置对象，所有函数都内置了一个 arguments 对象，该对象保存了函数调用时传递的所有的实参。示例代码如下。

```
function fn() {
  console.log(arguments);              // 输出结果：Arguments(3) [1, 2, 3, …]
  console.log(arguments.length);       // 输出结果：3
  console.log(arguments[1]);           // 输出结果：2
}
fn(1, 2, 3);
```

通过上述代码可以看出，在函数中访问 arguments 对象，可以获取函数调用时传递过来的所有的实参。需要注意的是，arguments 虽然可以像数组一样，使用“[ ]”语法访问“[ ]”里面的元素，但它并不是一个真正的数组，而是一个类似数组的对象。

接下来我们来编写代码完成案例的开发，具体代码如下。

```
1  function getMax() {
2    var max = arguments[0];
3    for (var i = 1; i < arguments.length; i++) {
4      if (arguments[i] > max) {
5        max = arguments[i];
6      }
7    }
8    return max;
9  }
10 console.log(getMax(1, 2, 3));                    // 输出结果：3
11 console.log(getMax(1, 2, 3, 4, 5));              // 输出结果：5
12 console.log(getMax(11, 2, 34, 666, 5, 100));     // 输出结果：666
```

4.3.2　利用函数反转数组元素顺序

本案例要求编写一个 reverse() 函数，该函数的参数是一个数组，在函数中会对数组中的元素顺序进行反转，返回反转后的数组。具体代码如下。

```
1  function reverse(arr) {
2    var newArr = [];
3    for (var i = arr.length - 1; i >= 0; i--) {
4      newArr[newArr.length] = arr[i];
5    }
6    return newArr;
7  }
8  var arr1 = reverse([1, 3, 4, 6, 9]);
9  console.log(arr1);              // 输出结果：(5) [9, 6, 4, 3, 1]
```

4.3.3　利用函数判断闰年

本案例要求编写一个 isLeapYear() 函数，该函数的参数是一个年份数字，在函数中会判断该年份是否为闰年，返回布尔值的结果。具体代码如下。

```
1  function isLeapYear(year) {
2    var flag = false;
3    if (year % 4 == 0 && year % 100 != 0 || year % 400 == 0) {
4      flag = true;
5    }
6    return flag;
7  }
8  console.log(isLeapYear(2020) ? '2020 是闰年 ' : '2020 不是闰年 ');
9  console.log(isLeapYear(2021) ? '2021 是闰年 ' : '2021 不是闰年 ');
```

上述代码执行后，会依次输出“2020 是闰年”和“2021 不是闰年”。

4.3.4　获取指定年份的 2 月份的天数

本案例要求编写一个 fn() 函数，该函数调用后会弹出一个输入框，要求用户输入一个年份，输入以后，程序会提示该年份的 2 月份有多少天。由于 2 月份的天数和年份是否为闰年有关，所以还需要计算给定的年份是否为闰年。在上一个案例中我们已经编写了一个用来判断闰年的 isLeapYear() 函数，为了减少重复代码，可以直接在 fn() 函数中调用该函数，这样就简化了本案例的开发难度。具体代码如下。

```
1  function fn() {
2    var year = prompt(' 请输入年份：');
3    if (isLeapYear(year)) {
4      alert(' 当前年份是闰年，2 月份有 29 天 ');
5    } else {
6      alert(' 当前年份是平年，2 月份有 28 天 ');
7    }
8  }
9  function isLeapYear(year) {
```

```
10   // 将上一个案例中的 isLeapYear() 函数中的代码复制到此处
11 }
12 fn();
```

在上述代码中，第 3 行调用了 isLeapYear() 函数，该函数的代码在第 9 ~ 11 行，读者需要将上一个案例中的 isLeapYear() 函数中的代码复制到第 10 行的位置。

4.4 函数进阶

前面讲解了函数的一些基础知识，通过对函数中参数和返回值的学习，大家应该已经掌握了函数的基本使用。但是想要深入理解函数，还需要掌握函数表达式、回调函数、递归函数等进阶知识。本节将对这些进阶内容进行详细讲解。

4.4.1 函数表达式

函数表达式是将声明的函数赋值给一个变量，通过变量完成函数的调用和参数的传递。示例代码如下。

```
var sum = function(num1, num2) {          // 函数表达式
  return num1 + num2;
};
console.log(sum(1, 2));                   // 调用函数，输出结果：3
```

从上述代码可以看出，函数表达式与函数声明的定义方式几乎相同，不同的是函数表达式的定义必须在调用前，而函数声明的方式则不限制声明与调用的顺序。由于 sum 是一个变量名，给这个变量赋值的函数没有函数名，所以这个函数也称为匿名函数。将匿名函数赋值给了变量 sum 以后，变量 sum 就能像函数一样调用。

4.4.2 回调函数

项目开发中，若想要函数体中某部分功能由调用者决定，此时可以使用回调函数。所谓回调函数指的就是一个函数 A 作为参数传递给一个函数 B，然后在 B 的函数体内调用函数 A。此时，我们称函数 A 为回调函数。其中，匿名函数常用作函数的参数传递，实现回调函数。

为了让读者更加清晰地了解什么是回调函数，下面我们以算术运算为例进行演示。

```
1 function cal(num1, num2, fn) {
2   return fn(num1, num2);
3 }
4 console.log(cal(45, 55, function (a, b) {
5   return a + b;
6 }));
7 console.log(cal(10, 20, function (a, b) {
8   return a * b;
9 }));
```

上述第 1 ~ 3 行代码定义了 cal() 函数，用于返回 fn 回调函数的调用结果。第 4 ~ 6 行代码用于调用 cal() 函数，并指定该回调函数用于返回其两个参数相加的结果，因此可在控制

台查看到结果为 100。同理，第 7 ~ 9 行代码在调用 cal() 函数时，将回调函数指定为返回其两个参数相乘的结果，因此可在控制台查看到结果为 200。

从以上案例可以看出，在函数（如 cal() 函数）中设置了回调函数后，可以根据调用时传递的不同参数（如相加的函数，相乘的函数等），在函数体中特定的位置实现不同的功能，相当于在函数体内根据用户的需求完成了不同功能的定制。

4.4.3 递归调用

递归调用是函数嵌套调用中一种特殊的调用。它指的是一个函数在其函数体内调用自身的过程，这种函数称为递归函数。需要注意的是，递归函数只可在特定的情况下使用，如计算阶乘。

为了大家更好地理解递归调用，下面我们根据用户的输入计算指定数据的阶乘，代码如下。

```
1  function factorial(n) {
2    if (n == 1) {
3      return 1;                              // 递归出口
4    }
5    return n * factorial(n - 1);
6  }
7  var n = prompt('求n的阶乘\n n是大于等于1的正整数， 如2表示求2!。');
8  n = parseInt(n);
9  if (isNaN(n)) {
10   console.log('输入的n值不合法');
11 } else {
12   console.log(n + '的阶乘为：' + factorial(n));
13 }
```

上述代码中定义了一个递归函数 factorial()，用于实现 n 的阶乘计算。当 n 不等于 1 时，递归调用当前变量 n 乘以 factorial(n − 1)，直到 n 等于 1 时，返回 1。其中，第 7 行代码用于接收用户传递的值，第 8 ~ 13 行代码用于对用户传递的数据进行处理，当符合要求时调用 factorial() 函数，否则在控制台给出提示信息。

为了便于大家理解递归调用，接下来我们通过图 4-1 演示递归调用的执行过程。

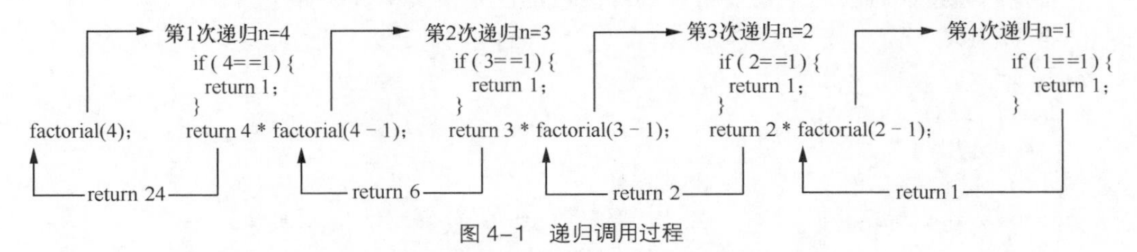

图 4-1 递归调用过程

图 4-1 描述了 factorial() 函数的递归调用全部过程。其中，factorial() 函数被调用了 4 次，并且每次调用时，n 的值都会递减。当 n 的值为 1 时，所有递归调用的函数都会以相反的顺序相继结束，所有的返回值相乘，最终得到的结果为 24。

需要注意的是，递归调用虽然在遍历维数不固定的多维数组时非常合适，但它占用的内存和资源比较多，同时难以实现和维护，因此在开发中要慎重使用。

4.5 作用域

通常来说，一段代码中所用到的名字（如变量名）并不总是有效和可用的，而限定这个名字的可用性的代码范围就是这个名字的作用域。作用域机制可以有效减少命名冲突的情况发生。本节将对作用域进行详细讲解。

4.5.1 作用域的分类

通过前面的学习，我们知道变量需要先声明后使用，但这并不意味着声明变量后就可以在任意位置使用该变量。例如，在函数中声明一个 age 变量，在函数外进行访问，就会出现 age 变量未定义的错误，示例代码如下。

```
function info() {
  var age = 18;
}
info();
console.log(age);  // 报错，提示 age is not defined( age 未定义 )
```

从上述代码可以看出，变量需要在它的作用范围内才可以被使用，这个作用范围称为变量的作用域。JavaScript 根据作用域使用范围的不同，将其划分为全局作用域、函数作用域和块级作用域（ES 6 提供的）。上述示例声明的 age 变量只能在 info() 函数体内才可以使用。

接下来我们针对 JavaScript 中不同作用域内声明的变量进行介绍。

① 全局变量：不在任何函数内声明的变量（显式定义）或在函数内省略 var 声明的变量（隐式定义）都称为全局变量，它在同一个页面文件中的所有脚本内都可以使用。

② 局部变量：在函数体内利用 var 关键字定义的变量称为局部变量，它仅在该函数体内有效。

③ 块级变量：ES 6 提供的 let 关键字声明的变量称为块级变量，仅在“{}”中间有效，如 if、for 或 while 语句等。

对于初学者来说，重点是理解全局变量和局部变量的区别，而块级变量和 let 关键字属于 ES 6 的新增内容，读者此时仅简单了解即可。

4.5.2 全局变量和局部变量

下面我们通过代码演示全局变量和局部变量的区别，具体代码如下。

```
// 全局作用域
var num = 10;                // 全局变量
function fn() {
  // 局部作用域
  var num = 20;              // 局部变量
  console.log(num);          // 输出局部变量 num 的值，输出结果：20
}
fn();
console.log(num);            // 输出全局变量 10 的值，输出结果：10
```

在上述代码中，全局变量 num 和局部变量 num 虽然名称相同，但是它们互不影响，在 fn() 函数外获取的 num 的值为 10，在 fn() 函数内获取到的 num 的值为 20。

需要注意的是，函数中的变量如果省略 var 关键字，它会自动向上级作用域查找变量，一直找到全局作用域为止。示例代码如下。

```
function fn() {
  num2 = 20;
}
fn();
console.log(num2); // 输出结果：20
```

在上述代码中，fn() 函数中的“num2 = 20;”使得程序首先会在 fn() 函数的局部作用域中查找是否存在 num2 变量，如果不存在，则到上级作用域，也就是全局作用域中查找。由于在全局作用域中也没有 num2 变量，此时就会在全局作用域下创建一个全局变量 num2。

通过以上对比可以看出，在全局作用域下，添加或省略 var 关键字都可以声明全局变量；而在函数中，添加 var 关键字声明的变量是局部变量，省略 var 关键字时，如果变量在当前作用域下不存在，会自动向上级作用域查找变量。局部变量只能在函数内部使用，函数的形参也属于局部变量。从执行效率来说，全局变量在浏览器关闭页面的时候才会销毁，比较占用内存资源；而局部变量在函数执行完成后就会销毁，比较节约内存资源。

4.5.3　作用域链

当在一个函数内部声明另一个函数时，就会出现函数嵌套的效果。当函数嵌套时，内层函数只能在外层函数作用域内执行，在内层函数执行的过程中，若需要引入某个变量，首先会在当前作用域中寻找，若未找到，则继续向上一层级的作用域中寻找，直到全局作用域。我们称这种链式的查询关系为作用域链。

下面我们通过代码演示在函数嵌套中的作用域链效果。

```
1  var num = 10;
2  function fn() {                      // 外部函数
3    var num = 20;
4    function fun() {                   // 内部函数
5      console.log(num);                // 输出结果：20
6    }
7    fun();
8  }
9  fn();
```

在上述代码中，fun() 函数内访问了 num 变量，由于在 fun() 函数内部不存在 num 变量，所以向上级作用域中查找。fun() 函数的上级作用域是 fn() 函数，在该函数中找到了 num 变量，所以输出结果为 20。假如在 fn() 函数中也没有 num 变量，则再往上查找，这时就到了全局作用域，此时 num 的值就是全局作用域下的 10。

4.6　闭包函数

4.6.1　什么是闭包函数

在 JavaScript 中，内嵌函数可以访问定义在外层函数中的所有变量和函数，并包括其外层函数能访问的所有变量和函数。但是在函数外部则不能访问函数的内部变量和嵌套函数。

此时就可以使用“闭包”来实现。

所谓“闭包”指的就是有权访问另一函数作用域内变量（局部变量）的函数。它最主要的用途是以下两点。

① 可以在函数外部读取函数内部的变量。

② 可以让变量的值始终保持在内存中。

需要注意的是，由于闭包会使得函数中的变量一直被保存在内存中，内存消耗很大，所以滥用闭包可能会降低程序的处理速度，造成内存消耗等问题。

4.6.2 闭包函数的实现

常见的闭包创建方式就是在一个函数内部创建另一个函数，通过另一个函数访问这个函数的局部变量。为了让大家更加清楚闭包函数的实现，下面我们通过代码进行演示。

```
1  function fn() {
2    var times = 0;
3    var c = function () {
4      return ++times;
5    };
6    return c;
7  }
8  var count = fn();          // 保存 fn() 返回的函数，此时 count 就是一个闭包
9  // 访问测试
10 console.log(count());     // 输出结果：1
11 console.log(count());     // 输出结果：2
12 console.log(count());     // 输出结果：3
13 console.log(count());     // 输出结果：4
14 console.log(count());     // 输出结果：5
```

上述第 3 ~ 5 行代码，利用闭包函数实现了在全局作用域中访问局部变量 times，并让变量的值始终存储在内存中。第 8 行代码调用 fn() 函数后，接下来将匿名函数的引用返回给 count 变量，且匿名函数中使用了局部变量 times。因此，局部变量 times 不会在 fn() 函数执行完成后被 JavaScript 回收，依然保存在内存中。

4.7 预解析

JavaScript 代码是由浏览器中的 JavaScript 解析器来执行的，JavaScript 解析器在运行 JavaScript 代码的时候会进行预解析，也就是提前对代码中的 var 变量声明和 function 函数声明进行解析，然后再去执行其他的代码。

为了使读者更好地理解，下面我们通过一段简单的代码来演示 var 关键字的预解析效果。

```
1  // 以下代码中的 var num 变量声明会进行预解析
2  console.log(num);          // 输出结果：undefined
3  var num = 10;
4  // 以下代码由于不存在 var num2，所以会报错
5  console.log(num2);         // 报错，提示 num2 is not defined(num2 未定义)
```

在上述代码中，第 2 行在变量 num 声明前就访问了变量 num，但却没有像第 5 行的 num2 一样报错，这是因为第 3 行代码中的 var num 会被预解析，相当于如下代码。

```
1  var num;                    // num 的变量声明由于预解析而提升到前面
2  console.log(num);           // 输出结果：undefined
3  num = 10;
```

由此可见，由于 num 的变量声明被预解析，所以 console.log(num) 不会报错，并且由于赋值操作 num = 10 不会被预解析，所以此时 num 的值为 undefined。

同样，JavaScript 中的函数也具有预解析的效果，示例代码如下。

```
1  fn();
2  function fn() {
3    console.log('fn');
4  }
```

在上述代码中，fn() 函数调用的代码写在了函数声明的前面，但函数仍然可以正确调用，这是因为 function 函数声明操作也会被预解析。

需要注意的是，函数表达式不会被预解析，示例代码如下。

```
1  fun();// 报错，提示 fun is not a function（fun 不是一个函数）
2  var fun = function() {
3    console.log('fn');
4  };
```

上述代码提示 fun 不是一个函数，这是因为 var fun 变量声明会被预解析，预解析后，fun 的值为 undefined，此时的 fun 还不是一个函数，所以无法调用。只有第 2 ~ 4 行代码执行后，才可以通过 fun() 来调用函数。

本章小结

本章首先介绍了什么是函数、函数的使用、参数和返回值的设置。然后讲解了使用 arguments 来获取未知的实参个数及函数表达式。接着针对函数的全局变量和局部变量的作用域以及闭包函数进行讲解。最后讲解了在 JavaScript 中 var 变量声明和 function 函数声明的预解析。通过本章的学习，希望读者能够熟练掌握函数的使用。

课后练习

一、填空题

1. 使用________方式定义函数时，要考虑函数定义和执行的顺序。
2. JavaScript 中函数的作用域分为全局作用域、________和块级作用域。
3. 执行代码“function info() {year = 1999;};info();console.log(year)”的结果是________。

二、判断题

1. 函数 showTime() 与 showtime() 表示的是同一个函数。　　（　　）
2. 函数内通过关键字 var 定义的变量可以在全局作用域下进行访问。　　（　　）

3. 函数“((a, b)=> a * b)(6, 2);”的返回值是 12。 (　　)

三、选择题

1. 阅读以下代码，执行 fn1(4, 5) 的返回值是（　　）。

```
function fn1(x, y) {
  return (++x) + (y++);
}
```

A. 9　　B. 10　　C. 11　　D. 12

2. 阅读以下代码，执行 fn(7) 的返回值是（　　）。

```
var x = 10;
function fn(myNum) {
  var x = 11
  return x + myNum;
}
```

A. 18　　B. 17　　C. 10　　D. NaN

3. 下列选项中，可以用于获取用户传递的实际参数值的是（　　）。

A. arguments.length　　B. theNums　　C. params　　D. arguments

四、程序分析题

1. 写出下面代码的运行结果。

```
var a, b;
(function() {
  alert(a);
  alert(b);
  var a = b = 3;
  alert(a);
  alert(b);
})();
alert(a);
alert(b);
```

2. 以下代码执行后，num 的值是多少？

```
var foo = function(x, y) {
  return x - y;
};
function foo(x, y) {
  return x + y;
}
var num = foo(1, 2);
console.log(num);
```

第5章

JavaScript 对象

学习目标

★熟悉对象的使用和基本操作

★掌握构造函数的使用

★掌握 Math、Date、Array、String 对象的使用

★理解值类型和引用类型的区别

在 JavaScript 中，对象是非常重要的知识点，可以看作是无序的集合数据类型，由若干的键值对来组成。世界上的万物都可看作对象，每个对象都带有属性和方法。对象可以用来统一管理多个数据。本章将围绕对象的概念和创建方式以及内置对象的使用进行详细讲解。

5.1 初识对象

5.1.1 什么是对象

在现实生活中，对象是一个具体的事物，是一种看得见、摸得着的东西。例如，一本书、一辆汽车、一个人，都可以看成是“对象”；在计算机中，一个网页、一个与远程服务器建立的连接也可以看成是“对象”。

在 JavaScript 中，对象是一种数据类型，它是由属性和方法组成的一个集合。属性是指事物的特征，方法是指事物的行为。例如，在 JavaScript 中描述一个手机对象，则手机拥有的属性和方法如下所示。

· 手机的属性：颜色、重量、屏幕尺寸。

· 手机的方法：打电话、发短信、看视频、听音乐。

在代码中，属性可以看成是对象中保存的一个变量，使用“对象 . 属性名”表示；方法可以看成是对象中保存的一个函数，使用“对象 . 方法名()”进行访问。假设现在有一个手机对象 p1，则可以用以下代码来访问 p1 的属性或调用 p1 的方法。

```
// 假设现在有一个手机对象 p1，通过代码创建出来
var p1 = {
```

```
  color: '黑色',
  weight: '188g',
  screenSize: '6.5',
  call: function(num) {
   console.log('打电话给' + num);
  },
  sendMessage: function(num, message) {
    console.log('给' + num + '发短信，内容为：' + message);
  },
  playVideo: function() {
    console.log('播放视频');
  },
  playMusic: function() {
    console.log('播放音乐');
  }
};
// 访问 p1 的属性
console.log(p1.color);            // 输出结果："黑色"，表示手机的颜色为黑色
console.log(p1.weight);           // 输出结果："188g"，表示手机的重量为 188 克
console.log(p1.screenSize);       // 输出结果："6.5"，表示手机的屏幕尺寸为 6.5 英寸
// 调用 p1 的方法
p1.call('123');                   // 调用手机的拨打电话方法，拨打号码为 123
p1.sendMessage('123', 'hello');   // 给电话号码 123 发短信，内容为 hello
p1.playVideo();                   // 调用手机的播放视频方法
p1.playMusic();                   // 调用手机的播放音乐方法
```

从上述代码可以看出，对象的属性和变量的使用方法类似，对象的方法和函数的使用方法类似。通过对象可以把一系列的属性和方法集合起来，用一个简单的变量名 p1 来表示。有了对象以后，开发人员面对的不再是一个个孤立的变量和函数，而是一个个功能强大的对象，利用这些对象可以更高效地完成项目的开发。

5.1.2 利用字面量创建对象

在 JavaScript 中，对象的字面量就是用花括号“{ }”来包裹对象中的成员，每个成员使用“key: value”的形式来保存，key 表示属性名或方法名，value 表示对应的值。多个对象成员之间用“,”隔开。示例代码如下。

```
// 创建一个空对象
var obj = {};
// 创建一个学生对象
var stu1 = {
  name: '小明',                   // name 属性
  age: 18,                        // age 属性
  sex: '男',                      // sex 属性
  sayHello: function() {          // sayHello 方法
    console.log('Hello');
```

```
  }
};
```

在上述代码中，obj 是一个空对象，该对象没有成员。stu1 对象中包含 4 个成员，分别是 name、age、sex 和 sayHello，其中 name、age 和 sex 是属性成员，sayHello 是方法成员。

5.1.3　访问对象的属性和方法

在将对象创建好以后，就可以访问对象的属性和方法了，示例代码如下。

```
// 访问对象的属性（语法 1）
console.log(stu1.name);                    // 输出结果：小明
// 访问对象的属性（语法 2）
console.log(stu1['age']);                  // 输出结果：18
// 调用对象的方法（语法 1）
stu1.sayHello();                           // 输出结果：Hello
// 调用对象的方法（语法 2）
stu1['sayHello']();                        // 输出结果：Hello
```

如果对象的成员名中包含特殊字符，则可以用字符串来表示，示例代码如下。

```
var obj = {
  'name-age': '小明 -18'
};
console.log(obj['name-age']);              // 输出结果："小明 -18"
```

JavaScript 中的对象具有动态特征。如果一个对象没有成员，用户可以手动赋值属性或方法来添加成员，具体示例如下。

```
var stu2 = {};                             // 创建一个空对象
stu2.name = 'Jack';                        // 为对象增加 name 属性
stu2.introduce = function() {              // 为对象增加 introduce 方法
  alert('My name is ' + this.name);        // 在方法中使用 this 代表当前对象
};
alert(stu2.name);                  // 访问 name 属性，输出结果：Jack
stu2.introduce();                  // 调用 introduce() 方法，输出结果：My name is Jack
```

在上述代码中，在对象的方法中可以用 this 来表示对象自身，因此，使用 this.name 就可以访问对象的 name 属性。

如果访问对象中不存在的属性时，会返回 undefined。示例代码如下。

```
var stu3 = {};                     // 创建一个空对象
console.log(stu3.name);            // 输出结果：undefined
```

5.1.4　利用 new Object 创建对象

前面在学习数组时，我们知道可以使用 new Array 创建数组对象。而数组是一种特殊的对象，如果要创建一个普通的对象，则使用 new Object 进行创建。示例代码如下。

```
var obj = new Object();            // 创建了一个空对象
obj.name = '小明';                 // 创建对象后，为对象添加成员
obj.age = 18;
obj.sex = '男';
```

```
obj.sayHello = function() {
  console.log('Hello');
};
```

5.1.5 利用构造函数创建对象

前面学习的字面量的方式只适合创建一个对象，而当需要创建多个对象时，还要将对象的每个成员都写一遍，显得比较麻烦，因此，可以用构造函数来创建对象。使用构造函数创建对象的语法为“new 构造函数名()”，在小括号中可以传递参数给构造函数，如果没有参数，小括号可以省略。实际上，“new Object()”就是一种使用构造函数创建对象的方式，Object 就是构造函数的名称，但这种方式创建出来的是一个空对象。如果我们想要创建的是一些具有相同特征的对象，则可以自己写一个构造函数。其基本语法如下。

```
// 编写构造函数
function 构造函数名 () {
  this.属性 = 属性;
  this.方法 = function() {
    // 方法体
  };
}
// 使用构造函数创建对象
var obj = new 构造函数名 ();
```

在上述语法中，构造函数中的 this 表示新创建出来的对象，在构造函数中可以通过 this 来为新创建出来的对象添加成员。需要注意的是，构造函数的名称推荐首字母大写。

下面我们通过代码演示如何编写一个 Student 构造函数，并创建对象，具体代码如下。

```
// 编写一个 Student 构造函数
function Student(name, age) {
  this.name = name;
  this.age = age;
  this.sayHello = function() {
    console.log('你好，我叫' + this.name);
  };
}
// 使用 Student 构造函数创建对象
var stu1 = new Student('小明', 18);
console.log(stu1.name);                  // 输出结果：小明
console.log(stu1.sayHello());            // 输出结果：你好，我叫小明
var stu2 = new Student('小红', 17);
console.log(stu2.name);                  // 输出结果：小红
console.log(stu2.sayHello());            // 输出结果：你好，我叫小红
```

通过上述代码可以看出，利用构造函数可以很方便地创建同一类对象（如学生），在创建时，只需将不同对象的属性值通过参数传进去即可。

JavaScript 中的构造函数类似于传统面向对象语言（如 Java）中的类（class），所以在 JavaScript 中也可以使用面向对象编程中的一些术语，具体如下。

· 抽象：将一类对象的共同特征提取出来，编写成一个构造函数（类）的过程，称为抽象。
· 实例化：利用构造函数（类）创建对象的过程，称为实例化。
· 实例：如果stu1对象是由Student构造函数创建出来的，则stu1对象称为Student构造函数的实例（或称为实例对象）。

小提示：

在一些文档中，经常把对象中的方法也称为函数，或者把构造函数称为构造器或构造方法，我们只需明白这些称呼所指的是同一个事物即可。

多学一招：静态成员

在面向对象编程中有静态（static）的概念，JavaScript也不例外。JavaScript中的静态成员，是指构造函数本身就有的属性和方法，不需要创建实例对象就能使用。下面我们通过代码演示静态成员的创建与使用。

```
1  function Student() {
2  }
3  Student.school = 'X大学';                  // 添加静态属性school
4  Student.sayHello = function() {            // 添加静态方法sayHello
5    console.log('Hello');
6  };
7  console.log(Student.school);               // 输出结果：X大学
8  Student.sayHello();                        // 输出结果：Hello
```

5.1.6　遍历对象的属性和方法

使用for…in语法可以遍历对象中的所有属性和方法，示例代码如下。

```
// 准备一个待遍历的对象
var obj = { name: '小明', age: 18, sex: '男' };
// 遍历obj对象
for (var k in obj) {
  // 通过k可以获取遍历过程中的属性名或方法名
  console.log(k);                         // 依次输出：name、age、sex
  console.log(obj[k]);                    // 依次输出：小明、18、男
}
```

在上述代码中，k是一个变量名，可以自定义，习惯上命名为k或者key，表示键名。当遍历到每个成员时，使用k来获取当前成员的名称，使用obj[k]获取对应的值。另外，如果对象中包含方法，则可以通过“obj[k]()”进行调用。

多学一招：判断对象成员是否存在

当需要判断一个对象中的某个成员是否存在时，可以使用in运算符，具体示例如下。

```
var obj = {name: 'Tom', age: 16};
console.log('age' in obj);                // 输出结果：true
console.log('gender' in obj);             // 输出结果：false
```

从上述代码可以看出，当对象的成员存在时返回true，不存在时返回false。

5.2 内置对象

为了方便程序开发，JavaScript 提供了很多常用的内置对象，包括数学对象 Math、日期对象 Date、数组对象 Array 以及字符串对象 String 等。掌握常用内置对象的使用方法会给程序开发带来极大的便利。本节将会讲解如何通过查阅文档的方式来熟悉内置对象的使用，以及如何模仿 Math 对象封装一个自己的对象。

5.2.1 通过查阅文档熟悉内置对象

前面讲解的对象都是开发人员自己编写的对象。为了方便程序开发，JavaScript 还提供了很多内置对象，使用内置对象可以完成很多常见的开发需求，例如，数学计算、日期处理、数组操作等。对于大部分开发者来说，不必花费时间研究这些内置对象的实现原理是什么，重要的是快速掌握内置对象的使用，从而快速地投入到开发工作中。

由于 JavaScript 提供的内置对象非常多，还存在着版本更新、浏览器兼容性等各方面的原因，因此学习内置对象最好的方法是查阅网络上的最新文档。

接下来我们以 Mozilla 开发者网络（MDN）为例，演示如何查阅 JavaScript 中内置对象的使用。打开 MDN 网站，在网站的导航栏中找到“技术”-“JavaScript”，页面效果如图 5-1 所示。

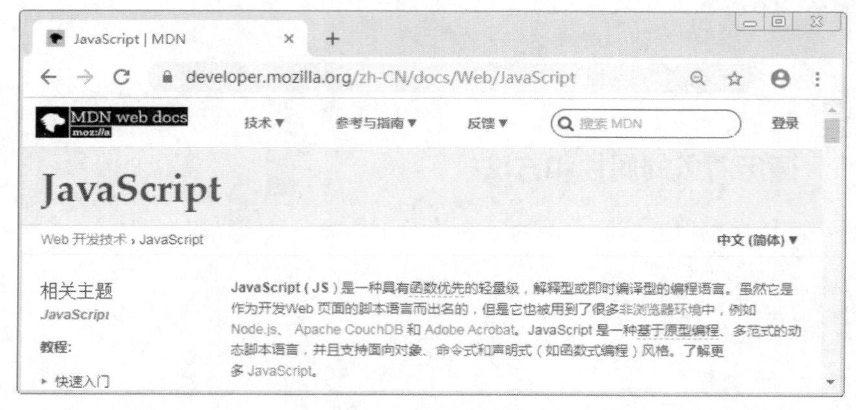

图 5-1 MDN 文档

将页面向下滚动，可以在左侧边栏中找到“内置对象”项，将该项展开后，可以看到所有内置对象的目录链接，如图 5-2 所示，单击其中一个即可查看相关的说明。

图 5-2 内置对象目录

另外，如果不知道对象的名称，也可以在页面的搜索框中输入关键字进行搜索，找到与某个关键字相关的对象或者方法。

在内置对象中找到Math对象，打开页面，就可以看到有关Math对象的属性和方法的说明。例如，Math.PI 表示圆周率，Math.max() 用来返回最大值，Math.min() 用来返回最小值，Math.random() 用来获取随机数。

在学习内置对象时，大部分时间是在学习某个内置对象中提供的某个方法。例如，想要在若干数字中找出最大值，则可以使用Math.max()方法。在文档中找到Math.max()方法的页面，可以看到有关该方法的使用说明，如图 5-3 所示。

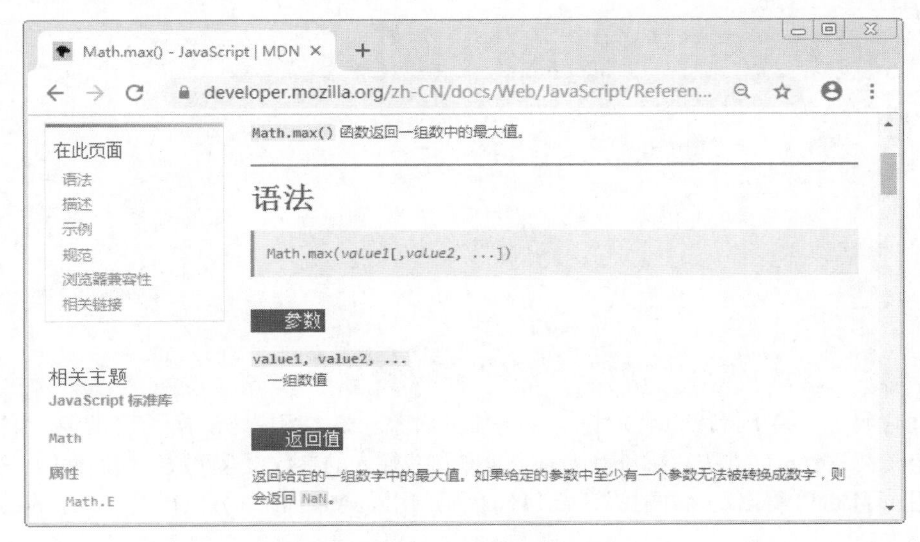

图 5-3　使用说明

在通过文档学习某个方法的使用时，基本上可以分为 4 个步骤，具体如下。

（1）查阅方法的功能。在图 5-3 所示页面中，页面上方有一段文字："Math.max() 函数返回一组数中的最大值。"。这段文字就是介绍方法的功能。

（2）查看参数的意义和类型。通过文档可知，max() 方法的参数是一组数值，数量不限。在文档的语法中，使用"[]"包裹的参数表示可选参数，可以省略。

（3）查看返回值的意义和类型。在文档中可以看到具体的说明。

（4）通过示例代码进行测试。在文档中的大部分常用方法的页面中都提供了示例代码，通过示例代码可以学习如何使用这个方法，如图 5-4 所示。

图 5-4　示例代码

参考图 5-4 中的示例代码，打开浏览器的控制台，执行代码"Math.max(10, 20, 30);"，即可看到返回结果为 30。

5.2.2 【案例】封装自己的数学对象

当内置对象不能满足需求的时候，我们还可以自己封装一个对象，来完成具体操作。接下来我们封装一个数学对象 myMath，实现求出数组中的最大值，具体代码如下。

```
1  var myMath = {
2    PI: 3.141592653589793,
3    max: function() {
4      var max = arguments[0];
5      for (var i = 1; i < arguments.length; i++) {
6        if (arguments[i] > max) {
7          max = arguments[i];
8        }
9      }
10     return max;
11   }
12 };
13 console.log(myMath.PI);                  // 输出结果：3.141592653589793
14 console.log(myMath.max(10, 20, 30));     // 输出结果：30
```

上述代码中，第 1 行代码定义了一个 myMath 对象。第 2 行代码设置了 PI 的值。第 3 ~ 11 行代码定义了一个 max 方法，并利用 arguments 来接收输入的参数，返回数组的最大值。第 13 行代码调用 myMath.PI 得出定义好的值。第 14 行代码调用 myMath.max() 方法得出数组中的最大值。

5.3 Math 对象

5.3.1 Math 对象的使用

Math 对象用来对数字进行与数学相关的运算，该对象不是构造函数，不需要实例化对象，可以直接使用其静态属性和静态方法。其常用属性和方法如表 5-1 所示。

表 5-1 Math 对象的常用属性和方法

成员	作用
PI	获取圆周率，结果为 3.141592653589793
abs(x)	获取 x 的绝对值，可传入普通数值或是用字符串表示的数值
max([value1[,value2, ...]])	获取所有参数中的最大值
min([value1[,value2, ...]])	获取所有参数中的最小值
pow(base, exponent)	获取基数（base）的指数（exponent）次幂，即 $base^{exponent}$
sqrt(x)	获取 x 的平方根
ceil(x)	获取大于或等于 x 的最小整数，即向上取整
floor(x)	获取小于或等于 x 的最大整数，即向下取整
round(x)	获取 x 的四舍五入后的整数值
random()	获取大于或等于 0.0 且小于 1.0 的随机值

下面我们通过具体代码演示 Math 对象方法的使用。读者可以直接在控制台中执行以下代码，查看返回的结果。

```
Math.PI;                          // 获取圆周率
Math.abs(-25);                    // 获取绝对值，返回结果：25
Math.abs('-25');                  // 获取绝对值，自动转换为数字，返回结果：25
Math.max(5, 7, 9, 8);             // 获取最大值，返回结果：9
Math.min(6, 2, 5, 3);             // 获取最小值，返回结果：2
Math.pow(2, 4);                   // 获取 2 的 4 次幂，返回结果：16
Math.sqrt(9);                     // 获取 9 的平方根，返回结果为：3
Math.ceil(1.1);                   // 向上取整，返回结果：2
Math.ceil(1.9);                   // 向上取整，返回结果：2
Math.floor(1.1);                  // 向下取整，返回结果：1
Math.floor(1.9);                  // 向下取整，返回结果：1
Math.round(1.1);                  // 四舍五入，返回结果：1
Math.round(1.5);                  // 四舍五入，返回结果：2
Math.round(1.9);                  // 四舍五入，返回结果：2
Math.round(-1.5);                 // 四舍五入，返回结果：-1（取较大值）
Math.round(-1.6);                 // 四舍五入，返回结果：-2
```

5.3.2　生成指定范围的随机数

Math.random() 用来获取随机数，每次调用该方法返回的结果都不同。该方法返回的结果是一个很长的浮点数，如“0.925045617789475”，其范围是 0 ~ 1(不包括 1)。

由于 Math.random() 返回的这个随机数不太常用，我们可以借助一些数学公式来转换成任意范围内的随机数，公式为“Math.random() * (max – min) + min”，表示生成大于或等于 min 且小于 max 的随机值。示例代码如下。

```
Math.random() * (3 - 1) + 1;           //  1 ≤ 返回结果 < 3
Math.random() * (20 - 10) + 10;        // 10 ≤ 返回结果 < 20
Math.random() * (99 - 88) + 88;        // 88 ≤ 返回结果 < 99
```

上述代码的返回结果是浮点数，当需要获取整数结果时，可以搭配 Math.floor() 来实现。下面我们通过代码演示如何获取 1 ~ 3 范围内的随机整数，返回结果可能是 1、2 或 3。

```
1  function getRandom(min, max) {
2    return Math.floor(Math.random() * (max - min + 1) + min);
3  }
4  console.log(getRandom(1, 3));   // 最小值 1，最大值 3
```

上述代码中，第 2 行用来生成 min 到 max 之间的随机整数，包含 min 和 max。另外，还可以使用 Math.floor(Math.random() * (max + 1)) 表示生成 0 到 max 之间的随机整数，使用 Math.floor(Math.random() * max + 1) 表示生成 1 到 max 之间的随机整数。

利用随机数，可以实现在数组中随机获取一个元素，示例代码如下。

```
1  var arr = ['apple', 'banana', 'orange', 'pear'];
2  // 调用前面编写的 getRandom() 函数获取随机数
3  console.log(arr[getRandom(0, arr.length - 1)]);
```

5.3.3　【案例】猜数字游戏

接下来我们通过一个案例来演示 Math 对象的使用。使程序随机生成一个 1 ~ 10 之间的数字，并让用户输入一个数字，判断这两个数的大小，如果用户输入的数字大于随机数，那么提示“你猜大了”，如果用户输入的数字小于随机数，则提示“你猜小了”，如果两个数字相等，就提示“恭喜你，猜对了”，结束程序。

案例的具体代码如下。

```
1  function getRandom(min, max) {
2    return Math.floor(Math.random() * (max - min + 1) + min);
3  }
4  var random = getRandom(1, 10);
5  while (true) {     // 死循环，利用第 13 行的 break 来跳出循环
6    var num = prompt('猜数字，范围在 1 ~ 10 之间。');
7    if (num > random) {
8      alert('你猜大了');
9    } else if (num < random) {
10     alert('你猜小了')
11   } else {
12     alert('恭喜你，猜对了');
13     break;
14   }
15 }
```

上述代码中，第 1 ~ 3 行代码定义了 getRandom() 函数，利用 Math.random() 方法求随机数。第 4 行代码设置了随机数大小为 1 ~ 10 之间的数。第 6 ~ 15 行代码在 while 循环语句中利用 if…else if 多分支语句来判断大于、小于、等于。

5.4 日期对象

JavaScript 中的日期对象用来处理日期和时间。例如，秒杀活动中日期的实时显示、时钟效果、在线日历等。本节将对日期对象进行详细讲解。

5.4.1 日期对象的使用

JavaScript 中的日期对象需要使用 new Date() 实例化对象才能使用，Date() 是日期对象的构造函数。在创建日期对象时，可以为 Date() 构造函数传入一些参数，来表示具体的日期，其创建方式如下。

```
1  // 方式 1：没有参数，使用当前系统的当前时间作为对象保存的时间
2  var date1 = new Date();
3  // 输出结果：Wed Oct 16 2019 10:57:56 GMT+0800 （中国标准时间）
4  console.log(date1);
5  // 方式 2：传入年、月、日、时、分、秒（月的范围是 0 ~ 11，即真实月份 -1）
6  var date2 = new Date(2019, 10, 16, 10, 57, 56);
7  // 输出结果：Sat Nov 16 2019 10:57:56 GMT+0800 （中国标准时间）
8  console.log(date2);
9  // 方式 3：用字符串表示日期和时间
```

```
10 var date3 = new Date('2019-10-16 10:57:56');
11 // 输出结果：Wed Oct 16 2019 10:57:56 GMT+0800 （中国标准时间）
12 console.log(date3);
```

在使用方式 1 时，其返回的 date1 对象保存的是对象创建时的时间；使用方式 2 时，最少需要指定年、月两个参数，后面的参数在省略时会自动使用默认值；使用方式 3 时，最少需要指定年份。另外，当传入的数值大于合理范围时，会自动转换成相邻数值（如方式 2 将月份设为 -1 表示去年 12 月，设为 12 表示明年 1 月）。

在获取到日期对象后，直接输出对象得到的是一个字符串表示的日期和时间。如果想要用其他格式来表示这个日期和时间，可以通过调用日期对象的相关方法来实现。日期对象的常用方法分为 get 和 set 两大类，分别如表 5-2 和表 5-3 所示。

表 5-2　Date 对象的常用 get 方法

方法	作用
getFullYear()	获取表示年份的 4 位数字，如 2020
getMonth()	获取月份，范围为 0 ~ 11（0 表示一月，1 表示二月，依次类推）
getDate()	获取月份中的某一天，范围 1 ~ 31
getDay()	获取星期，范围为 0 ~ 6（0 表示星期日，1 表示星期一，依次类推）
getHours()	获取小时数，范围为 0 ~ 23
getMinutes()	获取分钟数，范围为 0 ~ 59
getSeconds()	获取秒数，范围为 0 ~ 59
getMilliseconds()	获取毫秒数，范围为 0 ~ 999
getTime()	获取从 1970-01-01 00:00:00 距离 Date 对象所代表时间的毫秒数

表 5-3　Date 对象的常用 set 方法

方法	作用
setFullYear(value)	设置年份
setMonth(value)	设置月份
setDate(value)	设置月份中的某一天
setHours(value)	设置小时数
setMinutes(value)	设置分钟数
setSeconds(value)	设置秒数
setMilliseconds(value)	设置毫秒数
setTime(value)	通过从 1970-01-01 00:00:00 计时的毫秒数来设置时间

下面我们通过具体代码演示 Date 对象的使用，在控制台中输出当前日期。

```
1  var date = new Date();                   // 基于当前日期时间创建 Date 对象
2  var year = date.getFullYear();           // 获取年
3  var month = date.getMonth();             // 获取月
4  var day = date.getDate();                // 获取日
5  // 通过数组将星期值转换为字符串
6  var week = ['星期日', '星期一', '星期二', '星期三', '星期四',
 '星期五', '星期六'];
7  // 输出 date 对象保存的时间，示例：今天是 2019 年 9 月 16 日 星期三
8  console.log('今天是' + year + '年' + month + '月' + day + '日 ' +
 week[date.getDay()]);
```

在上述代码中，第 8 行的 week[date.getDay()] 用来从 date 对象中获取星期值，然后作为数组的索引到 week 数组中取出对应的星期字符串。

在开发中，还经常需要将日期对象中的时间转换成指定的格式，示例代码如下。

```
1  // 返回当前时间， 格式为： 时：分：秒， 用两位数字表示
2  function getTime() {
3    var time = new Date();
4    var h = time.getHours();
5    h = h < 10 ? '0' + h : h;
6    var m = time.getMinutes();
7    m = m < 10 ? '0' + m : m;
8    var s = time.getSeconds();
9    s = s < 10 ? '0' + s : s;
10   return h + ':' + m + ':' + s;
11 }
12 console.log(getTime());          // 输出结果示例： 10:07:56
```

在上述代码中，第 5、7、9 行代码用来判断给定数字是否为一位数，如果是一位数则在前面加上“0”。

5.4.2 【案例】统计代码执行时间

通过日期对象可以获取从 1970 年 1 月 1 日 0 时 0 分 0 秒开始一直到当前 UTC 时间所经过的毫秒数，这个值可以作为时间戳来使用。通过时间戳，可以计算两个时间之间的时间差，还可以用于加密、数字签名等技术中。获取时间戳常见的方式如下。

```
// 方式 1： 通过日期对象的 valueOf() 或 getTime() 方法
var date1 = new Date();
console.log(date1.valueOf());     // 示例结果： 1571196996188
console.log(date1.getTime());     // 示例结果： 1571196996188
// 方式 2： 使用 "+" 运算符转换为数值型
var date2 = +new Date();
console.log(date2);               // 示例结果： 1571196996190
// 方式 3： 使用 HTML5 新增的 Date.now() 方法
console.log(Date.now());          // 示例结果： 1571196996190
```

在掌握如何获取到时间戳后，下面我们来完成案例的代码编写，具体代码如下。

```
1  var timestamp1 = +new Date();
2  for (var i = 1, str = ''; i <= 90000; i++) {
3    str += i;
4  }
5  var timestamp2 = +new Date();
6  // 示例结果： 代码执行时间： 37 毫秒
7  console.log('代码执行时间： ' + (timestamp2 - timestamp1) + '毫秒');
```

从上述代码和输出结果示例可以看出，JavaScript 对字符串变量 str 进行了 90 000 次拼接操作，共花费了 37 毫秒的执行时间。该时间会根据不同计算机的运算速度而不同。

5.4.3 【案例】倒计时

在一些电商网站的活动页上会经常出现折扣商品的倒计时标记，显示离活动结束还剩 X 天 X 小时 X 分 X 秒，像这样的倒计时效果就可以利用日期对象来实现。

倒计时的核心算法是输入的时间减去现在的时间，得出的剩余时间就是要显示的倒计时时间，这需要把时间都转化成时间戳（毫秒数）来进行计算，把得到的毫秒数转换为天数、小时、分数、秒数。具体示例代码如下。

```
1   function countDown(time) {
2     var nowTime = +new Date();
3     var inputTime = +new Date(time);
4     var times = (inputTime - nowTime) / 1000;
5     var d = parseInt(times / 60 / 60 / 24);
6     d = d < 10 ? '0' + d : d;
7     var h = parseInt(times / 60 / 60 % 24);
8     h = h < 10 ? '0' + h : h;
9     var m = parseInt(times / 60 % 60);
10    m = m < 10 ? '0' + m : m;
11    var s = parseInt(times % 60);
12    s = s < 10 ? '0' + s : s;
13    return d + '天' + h + '时' + m + '分' + s + '秒';
14  }
15  // 示例结果： 05 天 23 时 06 分 10 秒
16  console.log(countDown('2019-10-22 10:56:57'));
```

上述代码中，第 2 行的 +new Date() 是 new Date().getTime() 代码的简写，返回当前时间戳，单位是毫秒。第 3 行代码是设置活动的结束时间戳。第 4 行代码计算剩余毫秒数，需要转换为秒数，转换规则为 1 秒 =1000 毫秒。第 5 ~ 13 行代码计算天数 d、小时 h、分时 m、秒数 s，并使用 return 返回。第 16 行代码输出距离指定结束日期 2019-10-22 10:56:57 还剩多少时间。

5.5 数组对象

JavaScript 中的数组对象可以使用 new Array 或字面量“[ ]”来创建，在创建以后，就可以调用数组对象提供的一些方法来实现对数组的操作了，如添加或删除数组元素、数组排序、数组索引等。本节将进行详细讲解。

5.5.1 数组类型检测

在开发中，有时候需要检测变量的类型是否为数组。例如，在函数中，要求传入的参数必须是一个数组，不能传入其他类型的值，否则会出错，所以这时候可以在函数中检测参数的类型是否为数组。数组类型检测有两种常用的方式，分别是使用 instanceof 运算符和使用 Array.isArray() 方法。示例代码如下。

```
1   var arr = [];
2   var obj = {};
3   // 第 1 种方式
4   console.log(arr instanceof Array);       // 输出结果： true
5   console.log(obj instanceof Array);       // 输出结果： false
6   // 第 2 种方式
7   console.log(Array.isArray(arr));         // 输出结果： true
```

```
8  console.log(Array.isArray(obj));        // 输出结果：false
```

在上述代码中，如果检测结果为 true，表示给定的变量是一个数组，如果检测结果为 false，则表示给定的变量不是数组。

5.5.2 添加或删除数组元素

JavaScript 数组对象提供了添加或删除元素的方法，可以实现在数组的末尾或开头添加新的数组元素，或在数组的末尾或开头移出数组元素。具体如表 5-4 所示。

表 5-4 添加或删除数组元素

方法名	功能描述	返回值
push(参数 1…)	数组末尾添加一个或多个元素，会修改原数组	返回数组的新长度
unshift(参数 1…)	数组开头添加一个或多个元素，会修改原数组	返回数组的新长度
pop()	删除数组的最后一个元素，若是空数组则返回 undefined，会修改原数组	返回删除的元素的值
shift()	删除数组的第一个元素，若是空数组则返回 undefined，会修改原数组	返回第一个元素的值

需要注意的是，push() 和 unshift() 方法的返回值是新数组的长度，而 pop() 和 shift() 方法返回的是移出的数组元素。下面我们通过代码进行演示。

```
1  <script>
2    var arr = ['Rose', 'Lily'];
3    console.log(' 原数组：' + arr);
4    var last = arr.pop();
5    console.log(' 在末尾移出元素：' + last + ' - 移出后数组：' + arr);
6    var len = arr.push('Tulip', 'Jasmine');
7    console.log(' 在末尾添加元素后长度变为：' + len + ' - 添加后数组：' + arr);
8    var first = arr.shift();
9    console.log(' 在开头移出元素：' + first + ' - 移出后数组：' + arr);
10   len = arr.unshift('Balsam', 'sunflower');
11   console.log(' 在开头添加元素后长度变为：' + len + ' - 添加后数组：' + arr);
12 </script>
```

从上述代码可以看出，push() 和 unshift() 方法可以为指定数组在末尾或开头添加一个或多个元素，而 pop() 和 shift() 方法则只能移出并返回指定数组在末尾或开头的一个元素。

本案例的运行结果如图 5-5 所示。

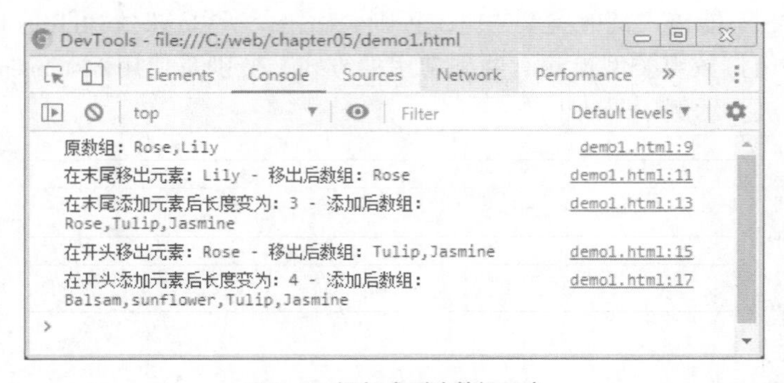

图 5-5 添加或删除数组元素

5.5.3 【案例】筛选数组

接下来我们通过一个案例来演示数组对象的使用。要求在包含工资的数组中，剔除工资达到 2000 或以上的数据，把小于 2000 的数重新放到新的数组里面。其中数组为 [1500, 1200, 2000, 2100, 1800]。

```
1 var arr = [1500, 1200, 2000, 2100, 1800];
2 var newArr = [];
3 for (var i = 0; i < arr.length; i++) {
4   if (arr[i] < 2000) {
5     newArr.push(arr[i]);        // 相当于：newArr[newArr.length] = arr[i];
6   }
7 }
8 console.log(newArr);            // 输出结果：(3) [1500, 1200, 1800]
```

上述代码中，第 1 行代码为原数组 arr。第 2 行代码定义了新数组 newArr，存放工资低于 2000 的数据。第 3 行代码在 for 循环语句中通过 if 语句进行判断，如果符合要求则使用 push() 方法，存储到新数组 newArr 中。

5.5.4 数组排序

JavaScript 数组对象提供了数组排序的方法，可以实现数组元素排序或者颠倒数组元素的顺序等。具体如表 5-5 所示。

表 5-5　排序方法

方法名	功能描述
reverse()	颠倒数组中元素的位置，该方法会改变原数组，返回新数组
sort()	对数组的元素进行排序，该方法会改变原数组，返回新数组

需要注意的是，reverse() 和 sort() 方法的返回值是新数组的长度。下面我们通过代码进行演示。

```
1 // 反转数组
2 var arr = ['red', 'green', 'blue'];
3 arr.reverse();
4 console.log(arr);          // 输出结果：(3) ["blue", "green", "red"]
5 // 数组排序
6 var arr1 = [13, 4, 77, 1, 7];
7 arr1.sort(function(a, b) {
8   return b - a;            // 按降序的顺序排列
9 });
10 console.log(arr1);        // 输出结果：(5) [77, 13, 7, 4, 1]
```

上述代码中，第 2 ~ 4 行代码演示了 reverse() 方法的使用，实现数组元素的反转。第 6 ~ 10 行代码演示了 sort() 方法的使用，实现数组元素从大到小进行排序。

5.5.5 数组索引

在开发中，若要查找指定的元素在数组中的位置，则可以利用 Array 对象提供的检索方法，具体如表 5-6 所示。

表 5-6 检索方法

方法名	功能描述
indexOf()	返回在数组中可以找到给定值的第一个索引，如果不存在，则返回 -1
lastIndexOf()	返回指定元素在数组中的最后一个的索引，如果不存在则返回 -1

上述方法中，默认都是从指定数组索引的位置开始检索，并且检索方式与运算符“===”相同，即只有全等时才会返回比较成功的结果。下面我们通过代码进行演示。

```
1  var arr = ['red', 'green', 'blue', 'pink', 'blue'];
2  console.log(arr.indexOf('blue'));              // 输出结果：2
3  console.log(arr.lastIndexOf('blue'));          // 输出结果：4
```

上述代码中，lastIndexOf() 方法用于在数组中从指定下标位置检索到最后一个给定值的下标。与 indexOf() 检索方式不同的是，lastIndexOf() 方法默认逆向检索，即从数组的末尾向数组的开头检索。

5.5.6 【案例】数组去除重复元素

接下来我们通过一个案例来演示数组索引的使用。要求在一组数据中，去除重复的元素。其中数组为 ['blue', 'green', 'blue']。示例代码如下。

```
1  function unique(arr) {
2    var newArr = [];
3    for (var i = 0; i < arr.length; i++) {
4      if (newArr.indexOf(arr[i]) === -1) {
5        newArr.push(arr[i]);
6      }
7    }
8    return newArr;
9  }
10 var demo = unique(['blue', 'green', 'blue']);
11 console.log(demo);        // 输出结果：(4) ["blue", "green"]
```

上述代码中，第 2 行代码定义了新数组 newArr，用来存放数组中不重复的元素。第 3 ~ 7 行代码遍历了旧数组 arr，然后拿着旧数组元素去查询新数组，如果该元素在新数组中没有出现过，那么就添加到新数组中，否则不添加。其中第 4 行代码利用新数组的 indexOf() 方法，判断如果返回值为 -1 就说明新数组里面没有该元素。

5.5.7 数组转换为字符串

在开发中，若需要将数组转换为字符串，可以利用数组对象的 join() 和 toString() 方法实现。具体如表 5-7 所示。

表 5-7 数组转换为字符串

方法名称	功能描述
toString()	把数组转换为字符串，逗号分隔每一项
join('分隔符')	将数组的所有元素连接到一个字符串中

为了让大家更加清楚地了解数组转换为字符串的使用，下面我们用代码示例进行演示。

```
// 使用 toString()
var arr = ['a', 'b', 'c'];
console.log(arr.toString());             // 输出结果 : a,b,c
// 使用 join()
console.log(arr.join());                 // 输出结果 : a,b,c
console.log(arr.join(''));               // 输出结果 : abc
console.log(arr.join('-'));              // 输出结果 : a-b-c
```

从上述代码可知，join() 和 toString() 方法可将多维数组转为字符串，默认情况下使用逗号连接。不同的是，join() 方法可以指定连接数组元素的符号。另外，当数组元素为 undefined、null 或空数组时，对应的元素会被转换为空字符串。

5.5.8　其他方法

除了前面讲解的几种常用方法外，JavaScript 还提供了很多其他也比较常用的数组方法。例如，填充数组、连接数组、截取数组元素等。具体如表 5-8 所示。

表 5-8　其他方法

方法名	功能描述
fill()	用一个固定值填充数组中指定下标范围内的全部元素
splice()	数组删除，参数为 splice(第几个开始 , 要删除个数)，返回被删除项目的新数组
slice()	数组截取，参数为 slice(begin, end)，返回被截取项目的新数组
concat()	连接两个或多个数组，不影响原数组，返回一个新数组

在表 5-8 中，slice() 和 concat() 方法在执行后返回一个新的数组，不会对原数组产生影响，剩余的方法在执行后皆会对原数组产生影响。

接下来我们以 splice() 方法为例，演示如何在指定位置添加或删除数组元素。

```
1  var arr = ['sky', 'wind', 'snow', 'sun'];
2  // 从索引为 2 的位置开始，删除 2 个元素
3  arr.splice(2, 2);
4  console.log(arr);          // 输出结果 : (2) ["sky", "wind"]
5  // 从索引为 1 的位置开始，删除 1 个元素后，再添加 snow 元素
6  arr.splice(1, 1, 'snow');
7  console.log(arr);          // 输出结果 : (2) ["sky", "snow"]
8  // 从索引为 1 的位置开始，添加数组元素
9  arr.splice(1, 0, 'hail', 'sun');
10 console.log(arr);          // 输出结果 : (4) ["sky", "hail", "sun", "snow"]
```

在上述代码中，splice() 方法的第 1 个参数用于指定添加或删除的下标位置；第 2 个参数用于从指定下标位置开始，删除数组元素的个数，将其设置为 0，则表示该方法只添加元素；剩余的参数表示要添加的数组元素，若省略则表示删除元素。

5.6　字符串对象

在 JavaScript 中，字符串对象提供了一些用于对字符串进行处理的属性和方法，可以很

方便地实现字符串的查找、截取、替换、大小写转换等操作。本节将对字符串对象的使用进行讲解。

5.6.1 字符串对象的使用

字符串对象使用 new String() 来创建，在 String 构造函数中传入字符串，就会在返回的字符串对象中保存这个字符串。示例代码如下。

```
var str = new String('apple');          // 创建字符串对象
console.log(str);                       // 输出结果： String {"apple"}
console.log(str.length);                // 获取字符串长度， 输出结果： 5
```

细心的读者会发现，在前面的学习中，可以使用“字符串变量.length”的方式进行获取，这种方式很像是在访问一个对象的 length 属性，示例代码如下。

```
var str = 'apple';
console.log(str.length);                // 输出结果： 5
```

实际上，字符串在 JavaScript 中是一种基本包装类型。JavaScript 中的基本包装类型包括 String、Number 和 Boolean，用来把基本数据类型包装成为复杂数据类型，从而使基本数据类型也有了属性和方法。

需要注意的是，虽然 JavaScript 基本包装类型的机制可以使普通变量也能像对象一样访问属性和方法，但它们并不属于对象类型，示例代码如下。

```
1  var obj = new String('Hello');
2  console.log(typeof obj);                // 输出结果： object
3  console.log(obj instanceof String);     // 输出结果： true
4  var str = 'Hello';
5  console.log(typeof str);                // 输出结果： string
6  console.log(str instanceof String);     // 输出结果： false
```

从上述代码可以看出，使用 new String() 返回的 obj 是一个对象，但是普通的字符串变量并不是一个对象，它只是一个字符串类型的数据。

5.6.2 根据字符返回位置

字符串对象提供了用于检索元素的方法，具体如表 5-9 所示。

表 5-9 字符串对象用于检索元素的方法

方法	作用
indexOf(searchValue)	获取 searchValue 在字符串中首次出现的位置
lastIndexOf(searchValue)	获取 searchValue 在字符串中最后出现的位置

为了让大家更加清楚地了解 indexOf() 和 lastIndexOf() 方法的使用，下面我们通过代码示例进行演示。

```
var str = 'HelloWorld';
str.indexOf('o');          // 获取 "o" 在字符串中首次出现的位置， 返回结果： 4
str.lastIndexOf('o');      // 获取 "o" 在字符串中最后出现的位置， 返回结果： 6
```

通过返回结果可以看出，位置从 0 开始计算，字符串第一个字符的位置是 0，第 2 个字符为 1，以此类推，最后一个字符的位置是字符串的长度减 1。

接下来我们通过案例进行演示。要求在一组字符串中，找到所有指定元素出现的位置以及次数。字符串为 ' Hello World, Hello JavaScript '。示例代码如下。

```
1  var str = 'Hello World, Hello JavaScript';
2  var index = str.indexOf('o');
3  var num = 0;
4  while (index != -1) {
5    console.log(index);                     // 依次输出：4、7、17
6    index = str.indexOf('o', index + 1);
7    num++;
8  }
9  console.log('o 出现的次数是：' + num);    // o 出现的次数是：3
```

上述代码中，第 2 行代码表示需要先找到第一个 o 出现的位置。第 3 行代码设置 o 出现的次数初始值为 0。第 4 行代码通过 while 语句判断 indexOf 返回值的结果，如果不是 –1 就继续往后进行查找，这是因为 indexOf 只能查找到第 1 个，所以后面的查找需要利用第 2 个参数来实现，给当前的索引 index 加 1，从而实现继续查找。需要注意的是，字符串中的空格也会被当作一个字符来处理。

5.6.3　根据位置返回字符

在 JavaScript 中，字符串对象提供了用于获取字符串中的某一个字符的方法，具体如表 5–10 所示。

表 5–10　字符串对象用于获取某一个字符的方法

成员	作用
charAt(index)	获取 index 位置的字符，位置从 0 开始计算
charCodeAt(index)	获取 index 位置的字符的 ASCII 码
str[index]	获取指定位置处的字符（HTML5 新增）

为了让大家更加清楚地了解 charAt()、charCodeAt()、str[下标] 的使用，下面我们用代码示例进行演示。

```
1  var str = 'Apple';
2  console.log(str.charAt(3));          // 输出结果：l
3  console.log(str.charCodeAt(0));      // 输出结果：65(字符 A 的 ASCII 码为 65)
4  console.log(str[0]);                 // 输出结果：A
```

5.6.4　【案例】统计出现最多的字符和次数

接下来我们通过一个案例来演示 charAt() 方法的使用。通过程序来统计字符串中出现最多的字符和次数。示例代码如下。

```
1  var str = 'Apple';
2  // 第 1 步，统计每个字符的出现次数
3  var o = {};
4  for (var i = 0; i < str.length; i++) {
5    var chars = str.charAt(i);          // 利用 chars 保存字符串中的每一个字符
6    if (o[chars]) {                     // 利用对象的属性来方便查找元素
```

```
7       o[chars]++;
8     } else {
9       o[chars] = 1;
10    }
11 }
12 console.log(o);                                 // 输出结果：{A: 1, p: 2, l: 1, e: 1}
13 var max = 0;                                    // 保存出现次数最大值
14 var ch = '';                                    // 保存出现次数最多的字符
15 for (var k in o) {
16   if (o[k] > max) {
17     max = o[k];
18     ch = k;
19   }
20 }
21 // 输出结果："出现最多的字符是：p，共出现了 2 次"
22 console.log('出现最多的字符是：' + ch + '，共出现了 ' + max + ' 次');
```

执行上述代码，浏览器预览效果如图 5-6 所示。

图 5-6 统计出现最多的字符和次数

5.6.5 字符串操作方法

字符串对象提供了一些用于截取字符串、连接字符串、替换字符串的属性和方法，具体如表 5-11 所示。

表 5-11 字符串对象用于截取、连接和替换字符串的方法

成员	作用
concat(str1, str2, str3…)	连接多个字符串
slice(start,[end])	截取从 start 位置到 end 位置之间的一个子字符串
substring(start[, end])	截取从 start 位置到 end 位置之间的一个子字符串，基本和 slice 相同，但是不接收负值
substr(start[, length])	截取从 start 位置开始到 length 长度的子字符串
toLowerCase()	获取字符串的小写形式
toUpperCase()	获取字符串的大写形式
split([separator[, limit])	使用 separator 分隔符将字符串分隔成数组，limit 用于限制数量
replace(str1, str2)	使用 str2 替换字符串中的 str1，返回替换结果，只会替换第一个字符

在使用表 5-11 中的方法对字符串进行操作时，处理结果是通过方法的返回值直接返回的，并不会改变字符串本身。

为了让大家更加清楚地了解上述方法的使用，下面我们用代码示例进行演示。

```
1  var str = 'HelloWorld';
2  str.concat('!');              // 在字符串末尾拼接字符，结果：HelloWorld!
3  str.slice(1, 3);              // 截取从位置 1 开始到位置 3 范围内的内容，结果：el
4  str.substring(5);             // 截取从位置 5 开始到最后的内容，结果：World
5  str.substring(5, 7);          // 截取从位置 5 开始到位置 7 范围内的内容，结果：Wo
6  str.substr(5);                // 截取从位置 5 开始到字符串结尾的内容，结果：World
7  str.substring(5, 7);          // 截取从位置 5 开始到位置 7 范围内的内容，结果：Wo
8  str.toLowerCase();            // 将字符串转换为小写，结果：helloworld
9  str.toUpperCase();            // 将字符串转换为大写，结果：HELLOWORLD
10 str.split('l');               // 使用 "l" 切割字符串，结果：["He", "", "oWor", "d"]
11 str.split('l', 3);            // 限制最多切割 3 次，结果：["He", "", "oWor"]
12 str.replace('World', '!');    // 替换字符串，结果："Hello!"
```

5.6.6 【案例】判断用户名是否合法

在开发用户注册和登录功能时，经常需要对用户名进行格式验证。本案例要求用户名长度在 3 ~ 10 范围内，不允许出现敏感词 admin 的任何大小写形式。实现代码如下。

```
1  var name = prompt('请输入用户名');
2  if (name.length < 3 || name.length > 10) {
3    alert('用户名长度必须在 3 ~ 10 之间。');
4  } else if (name.toLowerCase().indexOf('admin') !== -1) {
5    alert('用户名中不能包含敏感词：admin。');
6  } else {
7    alert('恭喜您，该用户名可以使用');
8  }
```

上述代码通过判断 length 属性来验证用户名长度；通过将用户名转换为小写后查找里面是否包含敏感词 admin。实现时 name 先转换为小写后再进行查找，可以使用户名无论使用哪种大小写组合，都能检查出来。indexOf() 方法在查找失败时会返回 -1，因此判断该方法的返回值即可知道用户名中是否包含敏感词。

5.7 值类型和引用类型

在 JavaScript 中，基本数据类型（如字符串型、数字型、布尔型、undefined、null）又称为值类型，复杂数据类型（对象）又称为引用类型。引用类型的特点是，变量中保存的仅仅是一个引用的地址，当对变量进行赋值时，并不是将对象复制了一份，而是将两个变量指向了同一个对象的引用。例如，下列代码中的 obj1 和 obj2 指向了同一个对象。

```
1  // 创建一个对象，并通过变量 obj1 保存对象的引用
2  var obj1 = { name: '小明', age: 18 };
3  // 此时并没有复制对象，而是 obj2 和 obj1 两个变量引用了同一个对象
4  var obj2 = obj1;
5  // 比较两个变量是否引用同一个对象
```

```
6  console.log(obj2 === obj1);              // 输出结果：true
7  // 通过 obj2 修改对象的属性
8  obj2.name = '小红';
9  // 通过 obj1 访问对象的 name 属性
10 console.log(obj1.name);                  // 输出结果：小红
```

上述代码执行后，obj1 和 obj2 两个变量引用了同一个对象，此时，无论是使用 obj1 操作对象还是使用 obj2 操作对象，实际操作的都是同一个对象，如图 5-7 所示。

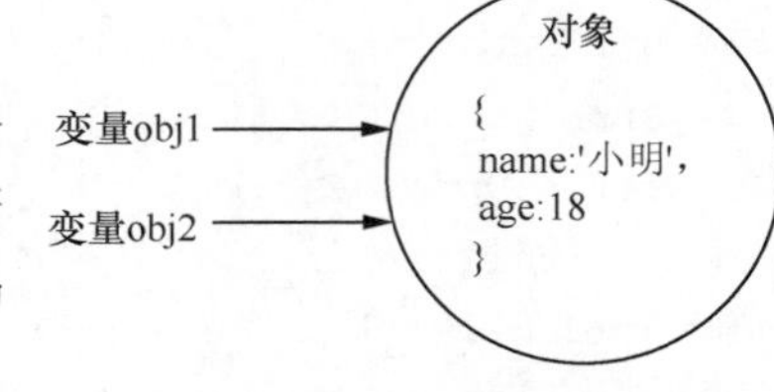

图 5-7 引用类型

当 obj1 和 obj2 两个变量指向了同一个对象后，如果给其中一个变量（如 obj1）重新赋值为其他对象，或者重新赋值为其他值，则 obj1 将不再引用原来的对象，但 obj2 仍然在引用原来的对象，示例代码如下。

```
1 var obj1 = { name: '小明', age: 18 };
2 var obj2 = obj1;
3 // obj1 指向了一个新创建的对象
4 obj1 = { name: '小红', age: 17 };
5 // obj2 仍然指向原来的对象
6 console.log(obj2.name);           // 输出结果：小明
```

在上述代码中，第 1 行代码创建的 name 为小明的对象，最开始只有 obj1 引用，在执行第 2 行代码后，obj1 和 obj2 都引用该对象，执行第 4 行代码后，只有 obj2 引用该对象。

当一个对象只被一个变量引用的时候，如果这个变量又被重新赋值，则该对象就会变成没有任何变量引用的情况，这时候就会由 JavaScript 的垃圾回收机制自动释放。

当引用类型的变量作为函数的参数来传递时，其效果和变量之间的赋值类似。如果在函数的参数中修改对象的属性或方法，则在函数外面通过引用这个对象的变量访问到的结果也是修改后的，示例代码如下。

```
1 function change(obj) {
2   obj.name = '小红';              // 在函数内修改了对象的属性
3 }
4 var stu = { name: '小明', age: 18 };
5 change(stu);
6 console.log(stu.name);            // 输出结果：小红
```

在上述代码中，当调用 change() 函数后，在 change() 函数中修改了 obj.name 的值。修改后，在函数外面通过 stu 变量访问到的结果是修改后的值，说明变量 stu 和参数 obj 引用的是同一个对象。

本章小结

本章首先讲解了对象的基本概念。然后讲解了如何自定义对象、如何使用内置对象，并通过使用日期对象实现倒计时功能，通过数组对象实现数组数组排序、根据索引检索元素，以及去除数组中的重复元素，使用字符串对象提供的方法实现字符串截取、替换等。最后对值类型和引用类型进行了详细的讲解。通过本章的学习，读者应能够通过内置对象完成实际开发需求。

课后练习

一、填空题

1. 当需要判断一个对象中的某个成员是否存在时，可以使用________运算符。
2. Math 中的________方法用来获取随机数，每次调用该方法返回的结果都不同。
3. ________是日期对象的构造函数。
4. 可以通过 Date 对象中的________方法来获取月份，范围是 0 ~ 11。

二、判断题

1. 利用构造函数（类）创建对象的过程，称为实例化。（　　）
2. Math 对象用来对数字进行与数学相关的运算，该对象是构造函数。（　　）
3. 数组类型检测有两种常用的方式，分别是使用 instanceof 运算符和使用 Array.isArray() 方法。（　　）
4. 使用 Math.floor(Math.random() * (max + 1) + 1) 表示生成 1 到任意数之间的随机整数。（　　）

三、选择题

1. 下面选项中，获取从 1970-01-01 00:00:00 距离 Date 对象所代表时间的毫秒数的是（　　）。

   A. getTime()　　B. setTime()　　C. getFullYear()　　D. getMonth()

2. 下面选项中，删除数组的最后一个元素的方法是（　　）。

   A. pop()　　B. unshift()　　C. shift()　　D. push()

3. 下列选项中，可以实现颠倒数组中元素的位置的是（　　）。

   A. reverse()　　B. sort()　　C. indexOf()　　D. lastIndexOf()

四、编程题

1. 利用 String 对象实现删除字符串前后空格字符。
2. 请用对象字面量的形式创建一个名字为可可的狗对象，具体信息如下。

- 名称：可可
- 类型（type）：阿拉斯加犬
- 年龄：5 岁
- 颜色：棕红色
- 技能：汪汪叫、摇尾巴

第6章

DOM（上）

学习目标

拓展阅读

★了解什么是 Web API 和 API
★了解什么是 DOM
★了解什么是事件
★掌握获取元素的方式
★掌握操作元素的方式

通过对前面章节 JavaScript 基础阶段的学习，大家应该已经掌握了 ECMAScript 标准规定的基本语法。但是想要实现常见的网页交互效果，仅仅掌握了这些基础知识是不够的，还需要更深层次地学习 Web API 阶段的知识。在 Web API 阶段主要学习 DOM 和 BOM，实现页面交互功能。本章将针对如何在 JavaScript 中利用 DOM 获取元素及操作元素进行详细讲解。

6.1 Web API 简介

Web API 是浏览器提供的一套操作浏览器功能和页面元素的接口。例如，在前面的学习中，经常使用的 console.log() 就是一个接口。这里的 console 对象表示浏览器的控制台，调用它的 log() 方法就可以在控制台中输出调试信息。接下来，本节将围绕 JavaScript 的组成以及 Web API 与 API 的关系进行详细讲解。

6.1.1 初识 Web API

JavaScript 语言由 3 部分组成，分别是 ECMAScript、BOM 和 DOM，其中 ECMAScript 是 JavaScript 语言的核心，它的内容包括前面学习的 JavaScript 基本语法、数组、函数和对象等。而 Web API 包括 BOM 和 DOM 两部分。具体关系如图 6-1 所示。

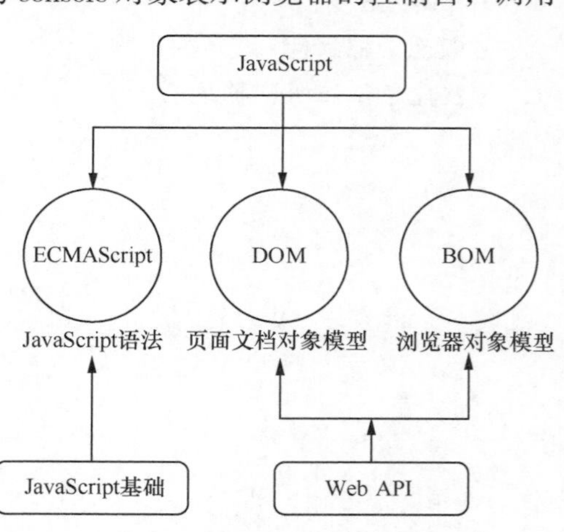

图 6-1 JavaScript 的组成部分

在学习 JavaScript 时，基础阶段学习的是 ECMAScript 的基础语法，是为学习 Web API 部分做前期的铺垫；学习 Web API 阶段是 JavaScript 的实战应用。在这一阶段将会大量使用 JavaScript 基础语法来实现网页的交互效果。

6.1.2 Web API 与 API 的关系

1. API

应用程序编程接口（Application Programming Interface，API）是一些预先定义的函数，这些函数是由某个软件开放给开发人员使用的，帮助开发者实现某种功能。开发人员无须访问源码、无须理解其内部工作机制细节，只需知道如何使用即可。

例如，开发一个美颜相机的手机应用。该应用需要调起手机上的摄像头来拍摄画面，如果没有 API，则开发这个应用将无从下手。因此，手机的操作系统为了使其他应用具有访问手机摄像头的能力，就开放了一套 API，然后由手机应用的开发工具将 API 转换成一个可以被直接调用的函数。直接调用函数就能完成调用摄像头，获取摄像头拍摄的画面等功能。开发人员的主要工作是查阅 API 文档，了解 API 如何使用。

2. Web API

Web API 是主要针对浏览器的 API，在 JavaScript 语言中被封装成了对象，通过调用对象的属性和方法就可以使用 Web API。在前面的学习中，经常使用 console.log() 在控制台中输出调试信息，这里的 console 对象就是一个 Web API 对象。本书在后面还会讲解 window 对象、document 对象等 Web API 对象的使用。例如，使用 document.title 属性获取或设置页面的标题、使用 document.write() 方法写入页面内容，示例代码如下。

```
document.title = '设置新标题';                    // 设置页面标题
console.log(document.title);                     // 获取页面标题
document.write('<h1>网页内容</h1>');              // 将字符串写入页面
```

6.2 DOM 简介

6.2.1 什么是 DOM

文档对象模型（Document Object Model，DOM），是 W3C 组织推荐的处理可扩展标记语言（HTML 或者 XML）的标准编程接口。

W3C 定义了一系列的 DOM 接口，利用 DOM 可完成对 HTML 文档内所有元素的获取、访问、标签属性和样式的设置等操作。在实际开发中，诸如改变盒子的大小、标签栏的切换、购物车功能等带有交互效果的页面，都离不开 DOM。

6.2.2 DOM 树

DOM 中将 HTML 文档视为树结构，所以被称之为文档树模型，把文档映射成树形结构，通过节点对象对其处理，处理的结果可以加入到当前的页面。树形结构如图 6-2 所示。

图 6-2 展示了 DOM 树中各节点之间的关系后，接下来我们针对 DOM 中的专有名词进行解释，具体如下。

· 文档（document）：一个页面就是一个文档。

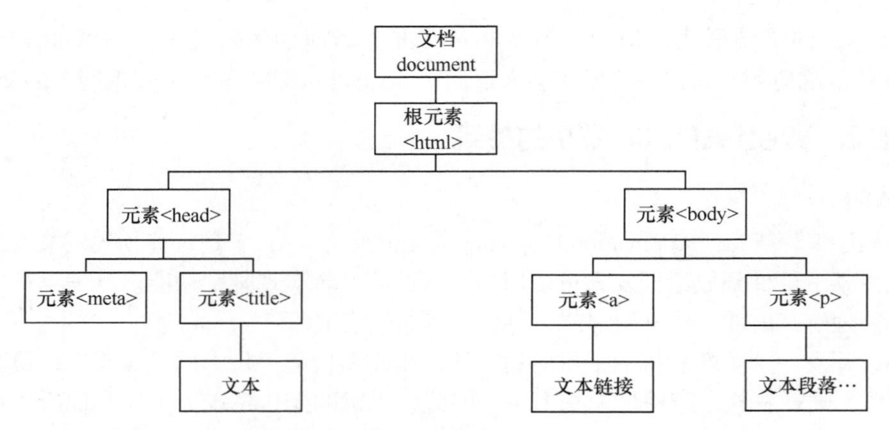

图 6-2 DOM 树

· 元素（element）：页面中的所有标签都是元素。

· 节点（node）：网页中的所有内容，在文档树中都是节点（如元素节点、文本节点、注释节点等）。DOM 会把所有的节点都看作是对象，这些对象拥有自己的属性和方法。

6.3 获取元素

在开发中，想要操作页面上的某个部分（如控制一个 div 元素的显示或隐藏、修改 div 元素的内容等），需要先获取到该部分对应的元素，再对其进行操作。下面我们将分别介绍获取元素的几种常见方式。

6.3.1 根据 id 获取元素

getElementById() 方法是由 document 对象提供的用于查找元素的方法。该方法返回的是拥有指定 id 的元素，如果没有找到指定 id 的元素则返回 null，如果存在多个指定 id 的元素则返回 undefined。需要注意的是，JavaScript 中严格区分大小写，所以在书写时一定要遵守书写规范，否则程序会报错。

下面我们通过代码演示 document.getElementById('id') 方法的使用，示例代码如下。

```
1  <body>
2    <div id="box">你好</div>
3    <script>
4      var Obox = document.getElementById('box');
5      console.log(Obox);            // 结果为：<div id="box">你好</div>
6      console.log(typeof Obox);     // 结果为：object
7      console.dir(Obox);            // 结果为：div#box
8    </script>
9  </body>
```

上述代码中，在第 2 行定义了一个 <div> 标签，由于文档是从上往下加载的，所以第 3 ~ 8 行的 <script> 标签和 JavaScript 代码要写在第 2 行代码的下面，这样才可以正确获取到 div 元素。第 4 行代码用于获取 HTML 中 id 为 box 的元素，并赋值给变量 Obox。需要注意的是，id 值不能像 CSS 那样加“#”，如 getElementById("#box") 是错误的。第 7 行的 console.dir()

是，id 值不能像 CSS 那样加“#”，如 getElementById("#box") 是错误的。第 7 行的 console.dir() 方法用来在控制台中查看对象的属性和方法。

6.3.2　根据标签获取元素

根据标签名获取元素有两种方式，分别是通过 document 对象获取元素和通过 element 对象获取元素，如下所示。

```
document.getElementsByTagName('标签名');
element.getElementsByTagName('标签名');
```

上述代码中的 element 是元素对象的统称。通过元素对象可以查找该元素的子元素或后代元素，实现局部查找元素的效果，而 document 对象是从整个文档中查找元素。

由于相同标签名的元素可能有多个，上述方法返回的不是单个元素对象，而是一个集合。这个集合是一个类数组对象，或称为伪数组，它可以像数组一样用索引来访问元素，但不能使用 push() 等方法。使用 Array.isArray() 也可以证明它不是一个数组。

下面我们通过具体代码进行演示。

```
1  <body>
2    <ul>
3      <li>苹果</li><li>香蕉</li><li>西瓜</li><li>樱桃</li>
4    </ul>
5    <ol id="ol">
6      <li>绿色</li><li>蓝色</li><li>白色</li><li>红色</li>
7    </ol>
8    <script>
9      var lis = document.getElementsByTagName('li');
10     // 结果为：HTMLCollection(8) [li, li, li, li, li, li, li, li]
11     console.log(lis);
12     // 查看集合中的索引为 0 的元素，结果为：<li>苹果</li>
13     console.log(lis[0]);
14     // 遍历集合中的所有元素
15     for (var i = 0; i < lis.length; i++) {
16       console.log(lis[i]);
17     }
18     // 通过元素对象获取元素
19     var ol = document.getElementById('ol');
20     // 结果为：HTMLCollection(4) [li, li, li, li]
21     console.log(ol.getElementsByTagName('li'));
22   </script>
23 </body>
```

上述代码中，第 2 ~ 4 行代码定义了一个 <ul> 无序列表，第 5 ~ 7 行代码定义了一个 id 为 ol 的 <ol> 有序列表。第 9 ~ 17 行代码演示了 document.getElementsByTagName() 的用法，其中第 9 行代码返回的是所有 <li> 标签元素对象的集合。需要注意的是，即使页面中只有一个 li 元素，返回结果仍然是一个集合，如果页面中没有该元素，那么将会返回一个空的集合。

通过第 11 行代码的输出结果可以看出，lis 是一个包含 8 个 li 元素的集合对象，这个对象的构造函数是 HTMLCollection。第 13 行代码返回了集合中的第 1 个 li 元素。第 15 ~ 17 行代码采用遍历的方式依次打印了集合里面的元素对象。

第 18 ~ 21 行代码演示了 element.getElementsByTagName() 的用法，这里的 element 必须是单个元素对象，不能是一个集合，所以需要用 document.getElementById() 获取元素，再调用方法。第 21 行代码使用 getElementsByTagName() 去获取 ol 中的所有 li 元素。

注意：

getElementsByTagName() 方法获取到的集合是动态集合，也就是说，当页面增加了标签，这个集合中也会自动增加元素。

6.3.3 根据 name 获取元素

通过 name 属性来获取元素应使用 document.getElementsByName() 方法，一般用于获取表单元素。name 属性的值不要求必须是唯一的，多个元素也可以有同样的名字，如表单中的单选框和复选框。下面我们以复选框为例进行代码演示。

```
1  <body>
2    <p> 请选择你最喜欢的水果（多选）</p>
3    <label><input type="checkbox" name="fruit" value=" 苹果 "> 苹果 </label>
4    <label><input type="checkbox" name="fruit" value=" 香蕉 "> 香蕉 </label>
5    <label><input type="checkbox" name="fruit" value=" 西瓜 "> 西瓜 </label>
6    <script>
7      var fruits = document.getElementsByName('fruit');
8      fruits[0].checked = true;
9    </script>
10 </body>
```

在上述代码中，getElementsByName() 方法返回的是一个对象集合，使用索引获取元素。fruits[0].checked 为 true，表示将 fruits 中的第 1 个元素的 checked 属性值设置为 true，表示将这一项勾选。浏览器的预览效果如图 6-3 所示。

图 6-3 通过 name 获取元素

6.3.4 HTML5 新增的获取方式

HTML5 中为 document 对象新增了 getElementsByClassName()、querySelector() 和 querySelectorAll() 方法，在使用时需要考虑到浏览器的兼容性问题。接下来我们就来讲解这 3 种方法的具体使用情况。

1. 根据类名获取

document.getElementsByClassName() 方法，用于通过类名来获得某些元素集合。下面通过案例代码进行演示。

```
1  <body>
2    <span class="one">英语</span> <span class="two">数学</span>
3    <span class="one">语文</span> <span class="two">物理</span>
4    <script>
5      var Ospan1 = document.getElementsByClassName('one');
6      var Ospan2 = document.getElementsByClassName('two');
7      Ospan1[0].style.fontWeight = 'bold';
8      Ospan2[1].style.background = 'red';
9    </script>
10 </body>
```

上述代码中，分别使用 getElementsByClassName() 方法获取类名为 one 和 two 的集合，并分别存储在 Ospan1 和 Ospan2 中。使用下标的形式，查找并设置 Ospan1 数组中下标为 0 所对应的第 1 个元素的 fontWeight 属性为 bold，Ospan2 数组中下标为 1 所对应的第 2 个元素的 background 属性为 red。浏览器预览效果如图 6-4 所示。

图 6-4 通过类名获取元素

2. querySelector() 和 querySelectorAll()

querySelector() 方法用于返回指定选择器的第一个元素对象。querySelectorAll() 方法用于返回指定选择器的所有元素对象集合。下面通过案例代码进行演示。

```
1  <body>
2    <div class="box">盒子 1</div>
3    <div class="box">盒子 2</div>
4    <div id="nav">
5      <ul>
6        <li>首页</li>
7        <li>产品</li>
8      </ul>
9    </div>
10   <script>
11     var firstBox = document.querySelector('.box');
12     console.log(firstBox);        // 获取 class 为 box 的第 1 个 div
13     var nav = document.querySelector('#nav');
14     console.log(nav);             // 获取 id 为 nav 的第 1 个 div
15     var li = document.querySelector('li');
16     console.log(li);              // 获取匹配到的第 1 个 li
17     var allBox = document.querySelectorAll('.box');
18     console.log(allBox);          // 获取 class 为 box 的所有 div
19     var lis = document.querySelectorAll('li');
20     console.log(lis);             // 获取匹配到的所有 li
21 </script>
```

从上述代码可以看出，在利用 querySelector() 和 querySelectorAll() 方法获取操作的元素时，直接书写标签名或 CSS 选择器名称即可。根据类名获取元素时在类名前面加上“.”，根据 id 获取元素时在 id 前面加上“#”。最后的输出结果如图 6-5 所示。

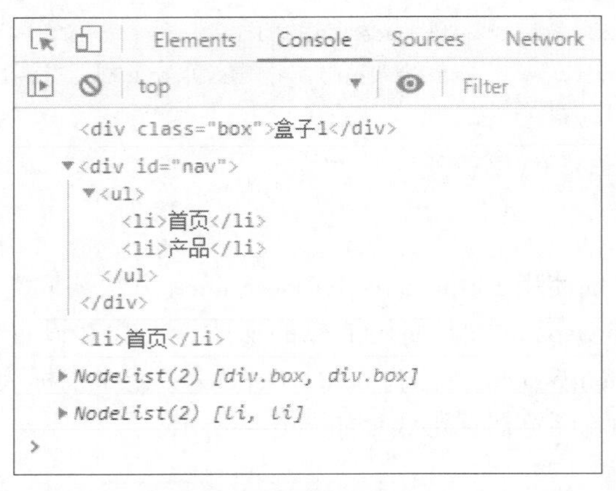

图 6-5 通过 CSS 选择器获取元素

6.3.5 document 对象的属性

document 对象提供了一些属性，可用于获取文档中的元素，例如，获取所有表单标签、图片标签等。常用的属性如表 6-1 所示。

表 6-1 document 对象的属性

属性	说明
document.body	返回文档的 body 元素
document.title	返回文档的 title 元素
document.documentElement	返回文档的 html 元素
document.forms	返回对文档中所有 Form 对象的引用
document.images	返回对文档中所有 Image 对象的引用

在表 6-1 中，document 对象中的 body 属性用于返回 body 元素，而 documentElement 属性用于返回 HTML 文档的 html 元素。

接下来我们以获取 body 元素和 html 元素为例进行代码演示。

```
1 <body>
2   <script>
3     var bodyEle = document.body;
4     console.dir(bodyEle);
5     var htmlEle = document.documentElement;
6     console.log(htmlEle);
7   </script>
8 </body>
```

上述代码中，第 3、4 行代码通过 document.body 的方式获取 body 元素，并通过 console.dir() 的方式在控制台打印出结果。第 5、6 行代码通过 document.documentElement 的方式获取 html 元素，并输出结果。最后的输出结果如图 6-6 所示。

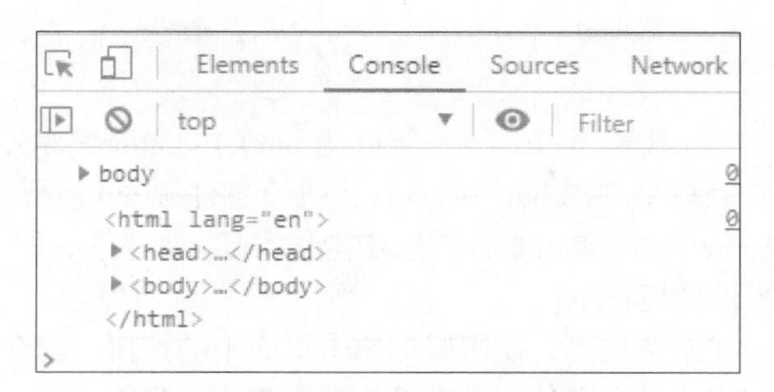

图 6-6 获取 body、html 元素

6.4 事件基础

在获取到元素后，如果需要为元素添加交互行为，这就要用到事件来实现。例如，当鼠标指针经过导航栏中的某一项时，自动展开二级菜单；或者在阅读文章时，选中文本后自动弹出分享、复制等选项。本节将对 JavaScript 中事件的基础知识进行讲解。

6.4.1 事件概述

在开发中，JavaScript 帮助开发者创建带有交互效果的页面，是依靠事件来实现的。事件是指可以被 JavaScript 侦测到的行为，是一种“触发 - 响应”的机制。这些行为指的就是页面的加载、鼠标单击页面、鼠标指针滑过某个区域等具体的动作，它对实现网页的交互效果起着重要的作用。

6.4.2 事件三要素

在学习事件时，我们需要对一些非常基本又相当重要的概念有一定的了解。事件由事件源、事件类型和事件处理程序这 3 部分组成，又称为事件三要素，具体解释如下。

（1）事件源：触发事件的元素。

（2）事件类型：如 click 单击事件。

（3）事件处理程序：事件触发后要执行的代码（函数形式），也称事件处理函数。

以上三要素可以简单理解为“谁触发了事件”“触发了什么事件”“触发事件以后要做什么”。

在开发中，为了让元素在触发事件时执行特定的代码，需要为元素注册事件，绑定事件处理函数。具体步骤是，首先获取元素，其次注册事件，最后编写事件处理代码。

下面我们通过一个简单的案例演示事件的使用——为按钮绑定单击事件，具体代码如下。

```
1  <body>
2    <button id="btn">单击</button>
3    <script>
4      var btn = document.getElementById('btn'); // 第 1 步：获取事件源
5      // 第 2 步：注册事件 btn.onclick
6      btn.onclick = function () { // 第 3 步：添加事件处理程序（采取函数赋值形式）
7          alert('弹出');
8      };
```

```
9    </script>
10 </body>
```

上述代码中，第 2 行代码定义了一个 id 为 btn 的 <button> 标签。第 4 行代码通过 getElementById() 的方式获取事件源 btn。第 6 行代码给事件源 btn 注册事件，语法为“btn.on 事件类型”，事件类型 click 表示单击事件，这步操作实际上是为 btn 的 onclick 属性赋值一个函数，这个函数就是事件处理程序。

通过浏览器打开上述案例代码，使用鼠标单击页面中的按钮，就会弹出一个警告框，说明页面中的按钮已经绑定了单击事件。在事件处理函数中，我们可以编写其他想要在事件触发时执行的代码。另外，事件类型除了 click，还有很多其他的类型，具体会在后面的章节进行详细讲解。

6.5　操作元素

在 JavaScript 中，DOM 操作可以改变网页内容、结构和样式。接下来我们将会讲解如何利用 DOM 操作元素的对象属性，改变元素的内容、属性和样式。

6.5.1　操作元素内容

在 JavaScript 中，想要操作元素内容，首先要获取到该元素。前面已经讲解了获取元素的几种方式，在本小节中我们将利用 DOM 提供的属性实现对元素内容的操作。其中常用的属性如表 6-2 所示。

表 6-2　操作元素内容的常用属性

属性	说明
element.innerHTML	设置或返回元素开始和结束标签之间的 HTML，包括 HTML 标签，同时保留空格和换行
element.innerText	设置或返回元素的文本内容，在返回的时候会去除 HTML 标签和多余的空格、换行，在设置的时候会进行特殊字符转义
element.textContent	设置或者返回指定节点的文本内容，同时保留空格和换行

表 6-2 中的属性在使用时有一定的区别，innerHTML 在使用时会保持编写的格式以及标签样式；而 innerText 则是去掉所有格式以及标签的纯文本内容；textContent 属性在去掉标签后会保留文本格式。

接下来通过一个案例进行演示。分别利用 innerHTML、innerText、textContent 属性在控制台输出一段 HTML 文本，示例代码如下。

```
1  <body>
2    <div id="box">
3      The first paragraph...
4      <p>
5        The second  paragraph...
6        <a href="http://www.example.com">third</a>
7      </p>
8    </div>
9  </body>
```

按照上述代码设计好 HTML 文档后，在控制台中通过不同的方式获取 div 中的内容。对比效果如图 6–7 所示。

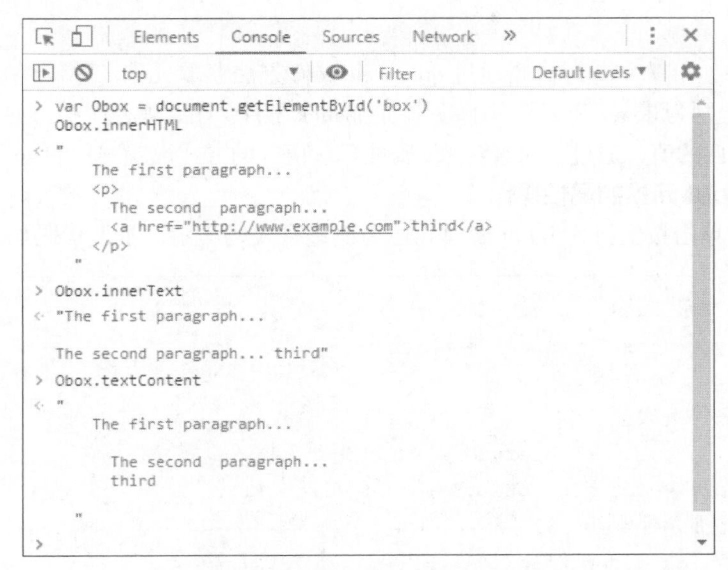

图 6–7　操作元素内容

6.5.2　操作元素属性

在 DOM 中，HTML 属性操作是指使用 JavaScript 来操作一个元素的 HTML 属性。一个元素包含很多的属性，例如，对于一个 img 图片元素来说，我们可以操作它的 src、title 属性等；或者对于 input 元素来说，我们可以操作它的 disabled、checked、selected 属性等。接下来以案例的形式讲解如何操作常用元素属性及表单元素属性。

1. img 元素的属性操作

这里我们以单击按钮操作 img 元素属性为例进行代码演示，示例代码如下。

```
1  <body>
2    <button id="flower">鲜花</button>
3    <button id="grass">四叶草</button> <br>
4    <img src="images/grass.png" alt="" title="四叶草">
5    <script>
6      // 1. 获取元素
7      var flower = document.getElementById('flower');
8      var grass = document.getElementById('grass');
9      var img = document.querySelector('img');
10     // 2. 注册事件处理程序
11     flower.onclick = function () {
12       img.src = 'images/flower.png';
13       img.title = '鲜花';
14     };
15     grass.onclick = function () {
16       img.src = 'images/grass.png';
```

```
17        img.title = '四叶草';
18      };
19    </script>
20  </body>
```

上述代码中，第 7 ~ 9 行代码通过 querySelector() 方法获取元素。第 11 ~ 14 行代码和第 15 ~ 18 行代码分别为 flower 和 grass 事件源添加 onclick 事件。在处理程序中，通过“元素对象.属性名”来获取属性的值，通过“元素对象.属性名 = 值”的方式设置图片的 src 和 title 属性。

2. 表单 input 元素的属性操作

这里我们以单击按钮操作 input 表单属性为例进行代码演示，示例代码如下。

```
1  <body>
2    <button>按钮</button>
3    <input type="text" value="输入内容">
4    <script>
5      // 1. 获取元素
6      var btn = document.querySelector('button');
7      var input = document.querySelector('input');
8      // 2. 注册事件处理程序
9      btn.onclick = function () {
10       input.value = '被点击了！';          // 通过 value 来修改表单里面的值
11       this.disabled = true;               // this 指向的是事件函数的调用者 btn
12     };
13   </script>
14 </body>
```

上述代码中，第 6、7 行代码通过 querySelector() 方法获取元素。第 9 ~ 12 行代码为 btn 添加 onclick 事件。在处理程序中，通过“元素对象.属性名 = 值”的方式设置 input 文本框的 disabled 和 value 属性。最后结果为，当单击按钮后，input 的文本内容变为“被点击了！”。

6.5.3 【案例】显示隐藏密码明文

1. 案例分析

在登录页面，为了优化用户体验，方便用户进行密码输入，在设计密码框时，可添加一个“眼睛”图片，充当按钮功能，单击可以切换按钮的状态，控制密码的显示和隐藏。实现步骤如下。

（1）准备一个父盒子 div。

（2）在父盒子中放入两个子元素，一个 input 元素和一个 img 元素。

（3）单击眼睛图片切换 input 的 type 值（text 和 password）。

隐藏密码的效果如图 6-8 所示。

显示密码的效果如图 6-9 所示。

图 6-8　隐藏密码　　　　图 6-9　显示密码

2. 代码实现

编写 HTML 结构，完成页面布局，示例代码如下。

```
1  <body>
2    <div class="box">
3      <label for="">
4        <img src="images/close.png" alt="" id="eye">
5      </label>
6      <input type="password" name="" id="pwd">
7    </div>
8    <script>
9      // 1. 获取元素
10     var eye = document.getElementById('eye');
11     var pwd = document.getElementById('pwd');
12     // 2. 注册事件处理程序
13     var flag = 0;
14     eye.onclick = function () {
15       // 每次单击，修改 flag 的值
16       if (flag == 0) {
17         pwd.type = 'text';
18         eye.src = 'images/open.png';
19         flag = 1;
20       } else {
21         pwd.type = 'password';
22         eye.src = 'images/close.png';
23         flag = 0;
24       }
25     };
26   </script>
27 </body>
```

上述代码中，第 10、11 行代码获取了按钮元素和文本框元素。第 13 行代码声明了一个全局变量 flag，来记录 type 的状态。第 14 行代码给 eye 按钮元素添加了 onclick 单击事件。第 16 ~ 24 行代码使用 if 判断语句，根据 flag 的值来改变 type 和 src 的值，当密码隐藏时，单击“眼睛”图片，密码显示；当密码显示时，单击“眼睛”图片，密码隐藏。

6.5.4 操作元素样式

操作元素样式有两种方式，一种是操作 style 属性，另一种是操作 className 属性。下面我们分别进行讲解。

1. 操作 style 属性

除了前面讲解的元素内容和属性外，对于元素对象的样式，可以直接通过“元素对象.style. 样式属性名”的方式操作。样式属性名对应 CSS 样式名，但需要去掉 CSS 样式名里的半字线“-”，并将半字线后面的英文的首字母大写。例如，设置字体大小的样式名 font-size，对应的样式属性名为 fontSize。

为了便于读者的学习使用，下面我们通过表 6–3 列出常用 style 属性中 CSS 样式名称的书写及说明。

表 6–3 常用 style 属性中 CSS 样式名称

名称	说明
background	设置或返回元素的背景属性
backgroundColor	设置或返回元素的背景色
display	设置或返回元素的显示类型
fontSize	设置或返回元素的字体大小
height	设置或返回元素的高度
left	设置或返回定位元素的左部位置
listStyleType	设置或返回列表项标记的类型
overflow	设置或返回如何处理呈现在元素框外面的内容
textAlign	设置或返回文本的水平对齐方式
textDecoration	设置或返回文本的修饰
textIndent	设置或返回文本第一行的缩进
transform	向元素应用 2D 或 3D 转换

接下来，通过代码演示如何对元素的样式进行添加，具体示例如下。

```
1  <div id="box"></div>
2  <script>
3    var ele = document.querySelector('#box'); // 获取元素对象
4    ele.style.width = '100px';
5    ele.style.height = '100px';
6    ele.style.transform = 'rotate(7deg)';
7  </script>
```

上述第 4 ~ 6 行代码用于为获取的 ele 元素对象添加样式，其效果相当于在 CSS 中添加以下样式。

```
#box {width: 100px; height: 100px; transform: rotate(7deg);}
```

2. 操作 className 属性

在开发中，如果样式修改较多，可以采取操作类名的方式更改元素样式，语法为“元素对象 .className”。访问 className 属性的值表示获取元素的类名，为 className 属性赋值表示更改元素类名。如果元素有多个类名，在 className 中以空格分隔。

接下来我们通过代码演示如何使用 className 更改元素的样式。

（1）编写 html 结构代码，具体示例如下。

```
1  <style>
2    div {
3      width: 100px;
4      height: 100px;
5      background-color: pink;
6    }
7  </style>
8  <body>
9    <div class="first"> 文本 </div>
10 </body>
```

上述代码中，第 9 行代码给 div 元素添加 first 类，并在 style 中设置了 first 的样式。浏览器预览效果如图 6-10 所示。

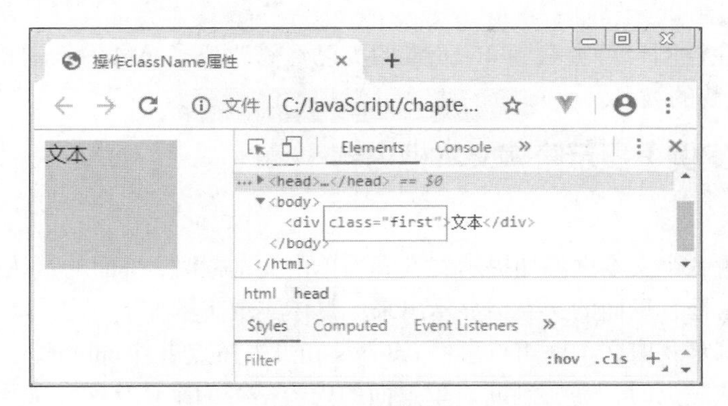

图 6-10　初始效果

（2）单击 div 元素更改元素的样式，示例代码如下。

```
1  <script>
2    var test = document.querySelector('div');
3    test.onclick = function () {
4      this.className = 'change';
5    };
6  </script>
```

上述代码中，第 2 行代码获取 div 元素存储在 test 对象中。第 3 ~ 5 行代码为 text 对象添加 onclick 单击事件，第 4 行执行事件处理程序使用 this.className 给 test 对象设置 change 类名，其中 this 指的是 test 对象。

（3）在 style 中添加 change 类，样式代码如下。

```
1  .change {
2    background-color: purple;
3    color: #fff;
4    font-size: 25px;
5    margin-top: 100px;
6  }
```

（4）单击 div 盒子，浏览器预览效果如图 6-11 所示。

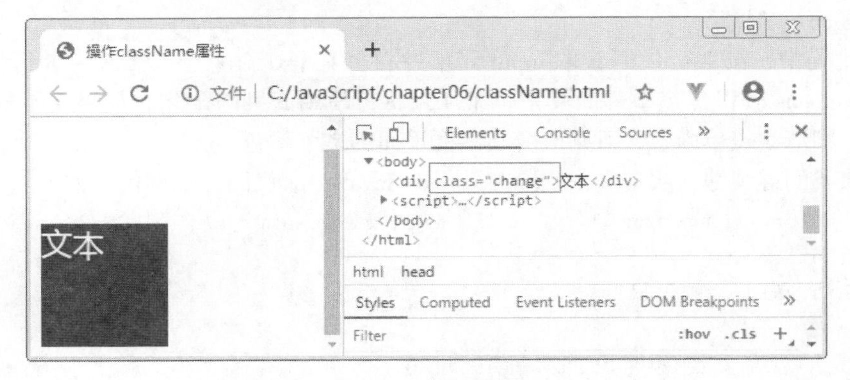

图 6-11　单击后效果

执行上述代码之后，会直接把原先的类名 first 修改为 change，如果想要保留原先的类名，可以采取多类名选择器的方式，修改第（2）步的第 4 行代码，示例代码如下。

```
this.className = 'first change';
```

修改之后，在控制台可查看到 div 元素的类已经修改成了 <div class="first change"> 文本 </div>，保留了之前的类名。

6.5.5 【案例】显示隐藏文本框内容

1. 案例分析

本案例需要为一个文本框添加提示文本。当单击文本框时，里面的默认提示文字会隐藏，鼠标指针离开文本框，里面的文字会显示出来。具体实现步骤如下。

（1）为元素绑定获取文本框焦点事件 onfocus 和失去焦点事件 onblur。

（2）如果获取焦点时，需要判断表单里面的内容是否为默认文字；如果是默认文字，就清空表单内容。

（3）如果失去焦点，需要判断表单内容是否为空；如果为空，则表单里边的内容改为默认文字。

2. 代码实现

编写 HTML 结构，完成页面布局，示例代码如下。

```
1  <body>
2    <input type="text" value=" 手机 " style="color:#999">
3  </body>
```

上述代码中，第 2 行代码给 input 文本框设置了 value 值，默认内容为“手机”，字体颜色为“#999”。

编写实现获取焦点时效果的 JavaScript 代码，示例代码如下。

```
1  <script>
2    var text = document.querySelector('input');  // 获取元素
3    text.onfocus = function () {                 // 注册 获得焦点事件 onfocus
4      if (this.value === ' 手机 ') {
5        this.value = '';
6      }
7      this.style.color = '#333';
8    };
9  </script>
```

上述代码中，第 2 行代码获取 input 元素并存储在 text 对象中。第 3 ~ 8 行代码给 text 元素注册 onfocus 获得焦点事件。其中，第 4 ~ 7 行使用 if 判断语句，如果文本框的值为默认的手机，则清空表单内容，否则改变文本框里面的文字颜色。

接下来我们继续编写实现失去焦点时效果的 JavaScript 代码，示例代码如下。

```
1  text.onblur = function () {  // 注册 失去焦点事件 onblur
2    if (this.value === '') {
3      this.value = ' 手机 ';
4    }
5    // 失去焦点需要把文本框里面的文字颜色变浅色
```

```
6     this.style.color = '#999';
7  };
```

上述代码用来给 text 元素注册 onblur 失去焦点事件。其中，第 2 ~ 4 行代码使用 if 语句判断如果文本框的值为空，则表单里边的内容改为默认文字“手机”。然后用第 6 行代码改变文本框里面的文字颜色。

本章小结

本章主要讲解了 Web API 的基本概念，如何利用 DOM 方式在 JavaScript 中获取元素，事件的基本概念，如何通过鼠标单击事件操作元素，如何对元素的内容、属性、样式进行操作，以及如何使用表单元素的获取焦点和失去焦点事件。通过本章的学习，读者应能够熟练地运用 DOM 完成元素的获取及操作。

课后练习

一、填空题

1. 事件的三要素分别是________、________、________。
2. ________方法是根据 id 来获取元素。
3. 通过________、________、________方式可以修改元素内容。

二、判断题

1. document.querySelector('div') 可以获取文档中第一个 div 元素。 （ ）
2. Web API 由 BOM 和 DOM 两部分组成。 （ ）
3. HTML 文档中每个换行
 都是一个文本节点。 （ ）
4. document 对象的 getElementsByClassName() 方法和 getElementsByName() 方法返回的都是元素对象集合 HTMLCollection。 （ ）

三、选择题

1. 下面可用于获取文档中第一个 div 元素的是（ ）。
   A. document.querySelector('div')　　B. document.querySelectorAll('div')
   C. document.getElementsByName('div')　　D. 以上选项都可以
2. 下列选项中，可以作为 DOM 的 style 属性操作的样式名为（ ）。
   A. Background　　B. left　　C. font-size　　D. Textalign
3. 下列选项中，可用于实现动态改变指定 div 中内容的是（ ）。
   A. console.log()　　B. document.write()　　C. innerHTML　　D. 以上选项都可以
4. 关于获取元素，以下描述正确的是（ ）。
   A. document.getElementById() 获取到的是元素集合
   B. document.getElementsByTagName() 获取到的是单个元素
   C. document.querySelector() 获取到的是元素集合
   D. document.getElementsByClassName() 有浏览器兼容性问题

5. 以下代码用于单击一个按钮，弹出对话框。在横线处应填写的正确代码是（　　）。

```
<button id="btn">唐伯虎</button>
<script>
  var btn = document.getElementById('btn');
  ____________________
</script>
```

A. btn.onclick = function() { alert('点秋香'); }

B. btn.onclick = alert('点秋香');

C. btn.click = function() { alert('点秋香'); }

D. btn.click()

四、编程题

请编写代码，实现根据系统时间显示问候语的功能，通过改变 div 中内容，显示不同问候语。要求如下。

- 6 点之前，显示问候语“凌晨好”。
- 9 点之前，显示问候语“早上好”。
- 12 点之前，显示问候语“上午好”。
- 14 点之前，显示问候语“中午好”。
- 17 点之前，显示问候语“下午好”。
- 19 点之前，显示问候语“傍晚好”。
- 22 点之前，显示问候语“晚上好”。
- 22 点之后包括 22 点，显示问候语“夜里好”。

第7章 DOM（下）

学习目标

★了解排他操作

★掌握元素的属性操作

★掌握 DOM 节点的操作

★掌握事件的绑定方式

★掌握事件对象的使用

★掌握常用鼠标、键盘事件的使用

通过前面内容的学习，相信大家对 DOM 和事件基础有了一定的了解。本章将继续深入讲解利用 DOM 实现节点的增加、删除等操作，事件进阶部分内容包括事件注册及删除操作，事件对象的学习，以及网页中常用到的鼠标事件和键盘事件。

7.1 排他操作

7.1.1 排他操作简介

排他操作，简单理解就是先排除掉其他元素，然后再给自身元素设置想要实现的效果。例如，在开发中，有同一组元素，如果只允许其中一个元素拥有特定样式，这时就可以使用排他操作来实现。接下来我们通过案例的形式讲解排他操作。

（1）编写 HTML 结构代码，示例代码如下。

```
1  <body>
2    <button>按钮 1</button>
3    <button>按钮 2</button>
4    <button>按钮 3</button>
5    <button>按钮 4</button>
6    <button>按钮 5</button>
7  </body>
```

（2）编写 JavaScript 代码，实现单击按钮，改变当前按钮背景色效果，示例代码如下。

```
1  <script>
2    // 获取所有按钮元素
3    var btns = document.getElementsByTagName('button');
4    // btns 得到的是类数组对象，使用 btns[i] 访问数组里的每一个元素
5    for (var i = 0; i < btns.length; i++) {
6      btns[i].onclick = function () {
7        // (1) 先把所有的按钮背景颜色去掉
8        for (var i = 0; i < btns.length; i++) {
9          btns[i].style.backgroundColor = '';
10       }
11       // (2) 然后设置当前的元素背景颜色
12       this.style.backgroundColor = 'pink';
13     }
14   }
15 </script>
```

上述代码中，第 3 行代码获取所有按钮元素，存储在 btns 伪数组中。第 5 ~ 14 行代码使用 for 循环遍历伪数组中的每一个元素 btns[i]。第 6 行代码给每一个元素添加单击事件。第 8 ~ 10 行代码利用 for 循环首先把所有的按钮背景颜色去掉，然后在第 12 行给当前的元素设置背景颜色为 pink。预览效果如图 7-1 所示。

图 7-1　排他思想

7.1.2 【案例】鼠标指针经过时背景变色

当表格中的单元格比较多时，可以在用户鼠标指针经过时把当前行添加背景色，使表格内容显得清晰和一目了然，容易阅读。接下来我们使用鼠标指针经过事件 onmouseover 和鼠标指针离开事件 onmouseout 实现案例效果。

（1）编写 HTML 页面，示例代码如下。具体的 CSS 样式可参考本书源码。

```
1  <body>
2    <table>
3      <thead>
4        <tr>
5          <th> 代码 </th>
6          <th> 名称 </th>
7          <th> 最新公布净值 </th>
8          <th> 累计净值 </th>
9          <th> 前单位净值 </th>
10         <th> 净值增长率 </th>
11       </tr>
```

```
12      </thead>
13      <tbody>
14        <tr>
15          <td>0035**</td>
16          <td>3 个月定期开放债券 </td>
17          <td>1.075</td>
18          <td>1.079</td>
19          <td>1.074</td>
20          <td>+0.047%</td>
21        </tr>
22         ...（此处省略多个 tr）
23      </tbody>
24    </table>
25  </body>
```

（2）实现鼠标指针经过时背景变色的效果，具体代码如下。

```
1  <script>
2    // 1. 获取元素
3    var trs = document.querySelector('tbody').querySelectorAll('tr');
4    // 2. 利用循环绑定注册事件
5    for (var i = 0; i < trs.length; i++) {
6      // 3. 鼠标指针经过事件 onmouseover
7      trs[i].onmouseover = function () {
8        this.className = 'bg';
9      };
10     // 4. 鼠标指针离开事件 onmouseout
11     trs[i].onmouseout = function () {
12       this.className = '';
13     };
14   }
15 </script>
```

上述代码中，第 3 行代码把获取到的 tbody 里面所有的行保存在变量 trs 中。第 5 行代码利用 for 循环来为 trs 中的每一个元素绑定事件。第 7 ~ 9 行代码为 trs 中的每一个元素绑定 onmouseover 鼠标指针经过事件，当鼠标指针进入的时候给当前 tr 项的类名设置为 bg。第 11 ~ 13 行代码给 trs[i] 绑定 onmouseout 鼠标指针离开事件，当鼠标指针离开时给当前 tr 项的类名设置为空，去掉当前的背景颜色。浏览器预览效果如图 7-2 所示。

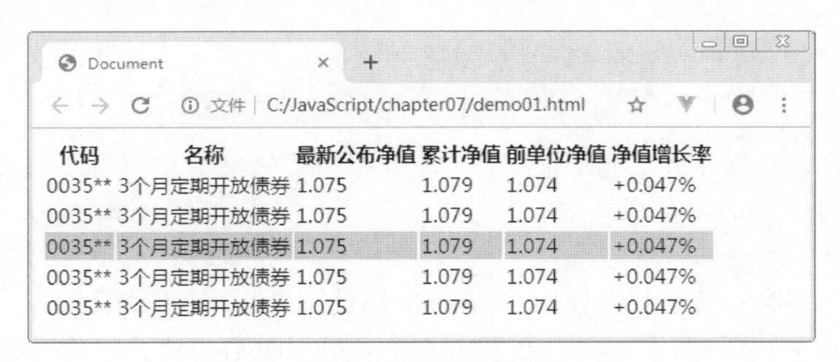

图 7-2　背景变色效果

7.2 属性操作

在 HTML 中，元素有一些自带的属性，如 div 元素的属性有 id、class、title、style。开发者也可以为元素添加自定义属性。在实际开发中，自定义属性有很广泛的应用，例如，保存一些需要在 JavaScript 中用到的数据。本节中将针对属性操作进行详细讲解。

7.2.1 获取属性值

在 DOM 对象中可以使用“element. 属性”的方式来获取内置的属性值，但是 DOM 对象并不能直接使用点语法获取到自定义属性的值，那么如何获取自定义属性值呢？在 DOM 中，可以使用 getAttribute(' 属性 ') 方法来返回指定元素的属性值。

下面我们通过案例演示如何获取属性值，示例代码如下。

```
1  <body>
2    <div id="demo" index="1" class="nav"></div>
3    <script>
4      var div = document.querySelector('div');
5      console.log(div.id);                         // 结果为：demo
6       console.log(div.getAttribute('id'));        // 结果为：demo
7      console.log(div.getAttribute('index'));      // 结果为：1
8    </script>
9  </body>
```

上述代码中，第 5、6 行代码分别使用 element. 属性和 element.getAttribute() 两种方式获取 div 元素的内置属性 id，输出结果为 demo。虽然以上两种方式都可以获取内置属性值，但是在实际运用中推荐使用“element. 属性”这种较为简洁的方式。第 7 行使用 getAttribute('index') 方式来获取开发者自定义的 index 属性，输出结果为 1。

7.2.2 设置属性值

在 DOM 对象中可以使用“element. 属性 = ' 值 '”的方式来设置内置的属性值，并且针对于自定义属性，提供了“element.setAttribute(' 属性 ', ' 值 ')”的方式进行设置。值得一提的是，设置了自定义属性的标签，在浏览器中的 HTML 结构中可以看到该属性。

下面我们通过案例演示如何设置属性值，示例代码如下。

```
1  <body>
2    <div></div>
3    <script>
4      var div = document.querySelector('div');
5      div.id = 'test';
6      div.className = 'navs';
7      div.setAttribute('index', 2);
8    </script>
9  </body>
```

上述代码中，第 5、6 行代码使用“element. 属性 =' 值 '”的方式设置 div 元素内置属性，设置 id 值为 test，class 类名为 navs。第 7 行使用 setAttribute() 方法，设置属性名为 index，值为 2。在浏览器中查看到 div 元素，如图 7-3 所示。

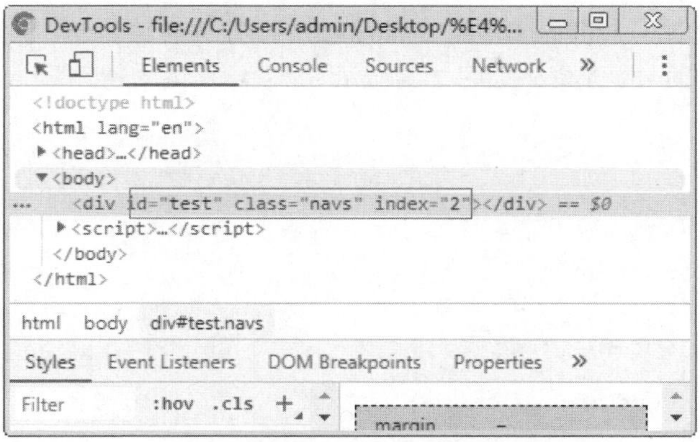

图 7-3　查看 div 元素的属性

另外，如果想要使用 setAttribute() 方式设置元素的类名，则可以添加以下代码。

```
div.setAttribute('class', 'footer');
```

上述代码表示将 div 元素的 class 属性的值设为 footer，也就是将 div 元素的类名设为 footer。最后在浏览器中查看到 div 元素如图 7-4 所示。

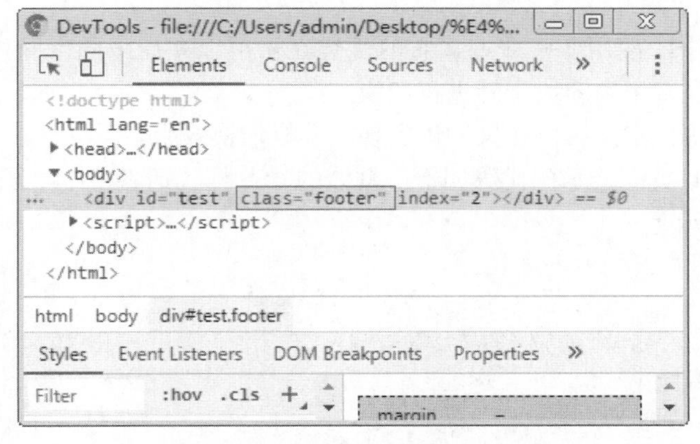

图 7-4　div 元素的 class 属性

7.2.3　移除属性

掌握了元素属性的获取和设置之后，还有一个要学习的操作，就是元素属性的移除。在 DOM 中使用 “element.removeAttribute(' 属性 ')” 的方式来移除元素属性。

接下来我们通过案例演示如何移除属性值，示例代码如下。

```
1  <body>
2    <div id="test" class="footer" index="2"></div>
3    <script>
4      var div = document.querySelector('div');
5      div.removeAttribute('id');
6      div.removeAttribute('class');
7      div.removeAttribute('index');
```

```
8     </script>
9   </body>
```

上述代码中，第 5 ~ 7 行代码使用 removeAttribute() 方法移除 div 元素的 id、class、index 属性。在浏览器中查看 div 元素，如图 7-5 所示。

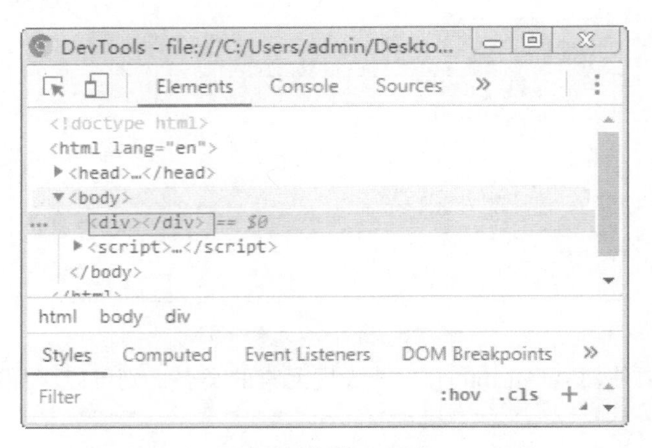

图 7-5 查看 div 元素

7.2.4 【案例】Tab 栏切换

标签栏在网站中的使用非常普遍，它的优势在于可以在有限的空间内展示多块的内容，用户可以通过标签在多个内容块之间进行切换。

接下来我们使用自定义属性相关知识实现 Tab 栏切换效果。

（1）编写 HTML 页面，示例代码如下。具体的 CSS 样式请参考本书源码。

```
1   <div class="tab">
2     <div class="tab_list">
3       <ul>
4         <li class="current">商品介绍</li>
5         <li>规格与包装</li>
6         <li>售后保障</li>
7         <li>商品评价（50000）</li>
8         <li>手机社区</li>
9       </ul>
10    </div>
11    <div class="tab_con">
12      <div class="item" style="display: block;">商品介绍模块内容</div>
13      <div class="item">规格与包装模块内容</div>
14      <div class="item">售后保障模块内容</div>
15      <div class="item">商品评价（50000）模块内容</div>
16      <div class="item">手机社区模块内容</div>
17    </div>
18  </div>
```

上述代码中，class 为 tab 的元素用于实现标签栏的外边框。第 2 ~ 10 行和第 11 ~ 17 行代码分别实现标签栏的标签部分和内容部分。其中，标签部分第 1 个 li 添加了 current 样式，用于实现当前标签的选中效果。同样的，将该标签下对应的内容块 div 也添加了 display:block 样式，用于显示当前标签下的内容，隐藏其他标签下的内容。标签栏初始效果如图 7–6 所示。

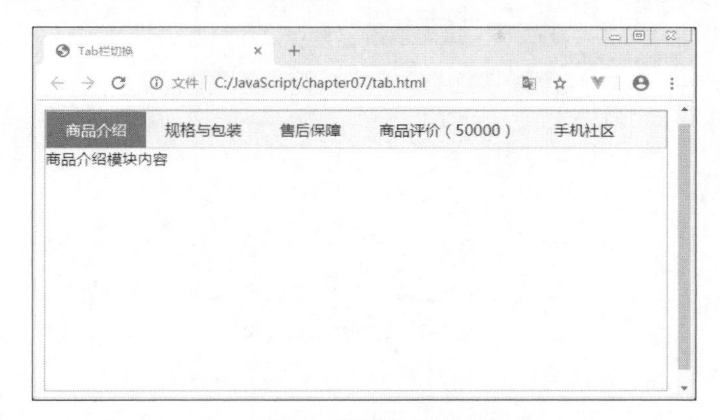

图 7–6　标签栏初始效果

（2）实现标签栏切换，具体代码如下。

```
1  <script>
2    // 获取标签部分的所有元素对象
3    var tab_list = document.querySelector('.tab_list');
4    var lis = tab_list.querySelectorAll('li');
5    // 获取内容部分的所有内容对象
6    var items = document.querySelectorAll('.item');
7    for (var i = 0; i < lis.length; i++) {         // for 循环绑定点击事件
8      lis[i].setAttribute('index', i);             // 开始给 5 个小 li 设置索引号
9      lis[i].onclick = function () {
10       for (var i = 0; i < lis.length; i++) {
11         lis[i].className = '';
12       }
13       this.className = 'current';
14       // 下面的显示内容模块
15       var index = this.getAttribute('index');
16       for (var i = 0; i < items.length; i++) {
17         items[i].style.display = 'none';
18       }
19       items[index].style.display = 'block';
20     };
21   }
22 </script>
```

上述代码中，第 3、4 行通过 querySelectorAll() 方法获取元素。第 7 ~ 21 行代码用于遍历标签部分的每一个元素对象 lis[i]，并绑定单击事件。在事件处理函数中，第 10 ~ 12 行代码利用排他思想实现单击当前项，清除所有 li 的 class 类，并且在第 13 行给自己设置 current 类。同时当事件发生时执行第 15 ~ 19 行代码，显示当前鼠标单击的标签及其对应的内容，隐藏其他标签的显示。

在浏览器中访问测试，单击“售后保障”，效果如图 7–7 所示。

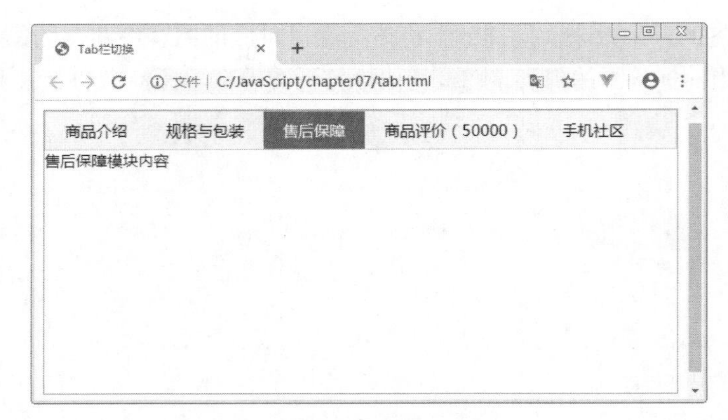

图 7-7 标签栏切换效果

7.3 自定义属性

一般的自定义属性可以通过 getAttribute(' 属性 ') 方法来获取，但是有些自定义属性很容易引起歧义，不容易判断是元素的自带属性还是自定义属性。因此，HTML5 新增了自定义属性的规范。在 HTML5 中规定通过“data- 属性名”的方式设置自定义属性。本节将对自定义属性的操作进行详细讲解。

7.3.1 设置属性值

元素的“data-*”自定义属性有两种设置方式，下面我们分别进行介绍。

1. 在 HTML 中设置自定义属性

在 div 元素上设置 data-index 属性，示例代码如下。

```
<div data-index="2"></div>
```

上述代码中，data-index 就是一种自定义属性，“data-”是自定义属性的前缀，index 是开发者自定义的属性名。

2. 在 JavaScript 中设置自定义属性

在 JavaScript 代码中，可以通过 setAttribute(' 属性 ', 值) 或者“元素对象 .dataset. 属性名 =' 值 '”两种方式设置自定义属性。需要注意的是，通过后者的方式只能设置以“data-”开头的自定义属性。示例代码如下。

```
1  <body>
2    <div></div>
3    <script>
4      var div = document.querySelector('div');
5      div.dataset.index = '2';
6      div.setAttribute('data-name', 'andy');
7    </script>
8  </body>
```

上述代码中，第 5 行通过“元素对象 .dataset. 属性名”的方式为 div 元素添加属性。第 6 行通过 setAttribute(' 属性 ', ' 值 ') 的方式添加 data-name='andy'。

执行上述代码，在浏览器中查看 div 元素，结果如下所示。

```
<div data-index="2" data-name="andy"></div>
```

7.3.2　获取属性值

在 DOM 操作中，提供了两种获取属性值的方式，第 1 种是通过 getAttribute() 方式，该方式可以获取内置属性或者自定义属性；第 2 种是使用 HTML5 新增的“element.dataset. 属性”或者“element.dataset[' 属性 ']”方式。推荐使用第 1 种，因为第 2 种有兼容性问题，从 IE 11 才开始支持。

下面我们通过案例的形式演示如何获取属性值，示例代码如下。

```
1  <body>
2    <div getTime="20" data-index="2" data-list-name="andy"></div>
3    <script>
4      var div = document.querySelector('div');
5      console.log(div.getAttribute('data-index'));        // 结果为：2
6      console.log(div.getAttribute('data-list-name'));  // 结果为：andy
7      // HTML5 新增的获取自定义属性的方法，只能获取 "data-" 开头的属性
8      console.log(div.dataset); // DOMStringMap {index:"2",listName:"andy"}
9      console.log(div.dataset.index);                     // 结果为：2
10     console.log(div.dataset['index']);                  // 结果为：2
11     console.log(div.dataset.listName);                  // 结果为：andy
12     console.log(div.dataset['listName']);               // 结果为：andy
13   </script>
14 </body>
```

上述代码中，第 8 行代码中的 dataset 是一个集合，里面存放了所有以 data 开头的自定义属性。如果自定义属性里面包含有多个连字符（-）时，获取的时候采取驼峰命名法，例如，第 11、12 行中的 listName。

7.4　节点基础

HTML 文档可以看作是一个节点树，网页中的所有内容都是节点（包括元素、文本、注释等）。本节将对节点的基础知识进行讲解。

7.4.1　什么是节点

HTML DOM 树中的所有节点均可通过 JavaScript 进行访问，因此，可以利用操作节点的方式操作 HTML 中的元素。

一般来说，节点至少拥有 nodeType（节点类型）、nodeName（节点名称）和 nodeValue（节点值）这 3 个基本属性。

常见的节点类型有元素节点、文本节点、注释节点、文档节点和文档类型节点，对应的 nodeType 值分别为 1、3、8、9、10。在 DOM 中，html、head、body 等元素属于元素节点；元素中的文本属于文本节点；<!-- --> 属于注释节点；document 节点属于文档节点；<!DOCTYPE html> 属于文档类型节点。

在实际开发中，节点操作主要操作的是元素节点，开发者可以根据 nodeType 的值来判断是否为元素节点。

7.4.2 节点层级

DOM 中将 HTML 文档视为树结构，一个 HTML 文件可以看作是一个节点树，各节点之间有级别的划分。具体示例如下。

```
<!DOCTYPE html>
<html>
  <head>
    <meta charset="UTF-8">
    <title>测试</title>
  </head>
  <body>
    <a href="#">链接</a>
    <p>段落…</p>
  </body>
</html>
```

上述代码所包含的节点层级如下。

· 根节点：document 是整个文档的根节点，它的子节点包括文档类型节点和 html 元素。

· 父节点：是指某一节点的上级节点，例如，html 元素是 head 元素和 body 元素的父节点，body 元素是 a 元素和 p 元素的父节点。

· 子节点：是指某一节点的下级节点，例如，head 元素和 body 元素是 html 元素的子节点，a 元素和 p 元素是 body 元素的子节点。

· 兄弟节点：是指同属于一个父节点的子节点，例如，head 元素和 body 元素属于兄弟节点，a 元素和 p 元素属于兄弟节点。

在讲解了各种节点的层次关系后，接下来我们针对各层级节点的获取进行详细讲解。

1. 获取父级节点

在 JavaScript 中，可以使用 parentNode 属性来获得离当前元素的最近的一个父节点，如果找不到父节点就返回为 null，语法格式为：obj.parentNode。其中，obj 是一个 DOM 对象，是通过获取元素的方法来获取的元素，如 getElementById() 方法等。

接下来我们通过案例的形式演示如何获取当前元素的父节点，示例代码如下。

```
1  <body>
2    <div class="demo">
3      <div class="box">
4        <span class="child">span 元素</span>
5      </div>
6    </div>
7    <script>
8      var child = document.querySelector('.child');
9      console.log(child.parentNode);
```

```
10    </script>
11 </body>
```

上述代码中，第 8 行通过 querySelector() 获取类名为 child 的 span 元素，存储到 child 对象中。第 9 行会在控制台输出离 child 元素最近的父级节点（box）。浏览器预览效果如图 7-8 所示。

图 7-8　父级节点

2. 获取子级节点

在 JavaScript 中，可以使用 childNodes 属性或者 children 属性两种方式来获得当前元素的所有子节点的集合，接下来我们就分别介绍这两种方式的用法。

（1）childNodes 属性

childNodes 属性获得的是当前元素的所有子节点的集合，该集合为即时更新的集合。下面我们通过案例的形式演示如何获取当前元素子节点，示例代码如下。

```
1  <body>
2    <ul>
3      <li> 我是 li</li>
4      <li> 我是 li</li>
5      <li> 我是 li</li>
6      <li> 我是 li</li>
7    </ul>
8    <script>
9      // DOM 提供的方法 （API） 获取
10     var ul = document.querySelector('ul');
11     var lis = ul.querySelectorAll('li');
12     console.log(lis);
13     console.log(ul.childNodes);
14     console.log(ul.childNodes[0].nodeType);
15     console.log(ul.childNodes[1].nodeType);
16   </script>
17 </body>
```

上述代码中，第 2 ~ 7 行代码定义了一个无序列表 ul。第 10 ~ 12 行代码用于测试 DOM 提供的 API 方法是否能够获取全部 li 元素。第 13 行代码使用节点的方式获取 ul 下的所有的子节点（包括文本节点和元素节点）。第 14、15 行代码根据 nodeType 属性来获取文本节点和元素节点的节点类型。输出结果如图 7-9 所示。

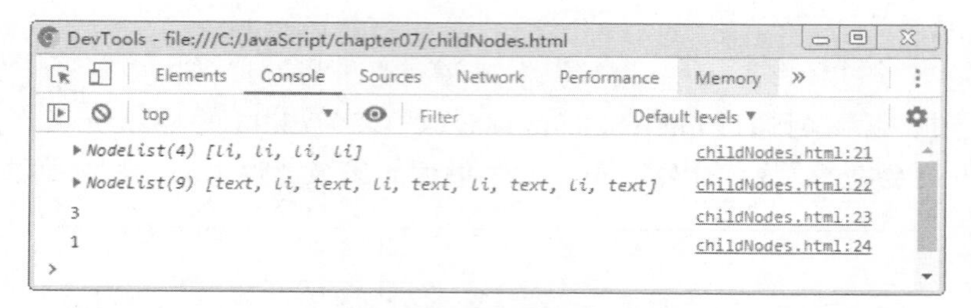

图 7-9 子级节点

在图 7-9 中，childNodes 属性返回的是 NodeList 对象的集合，返回值里面包含了元素节点、文本节点等其他类型的节点。如果想要获取 childNodes 里面的元素节点，需要做专门的处理。在第 15 行代码下面编写如下代码获取元素节点。

```
1  for (var i = 0; i < ul.childNodes.length; i++) {
2    if (ul.childNodes[i].nodeType === 1) {
3      console.log(ul.childNodes[i]);
4    }
5  }
```

上述代码中，ul.childNodes[i] 是元素节点。需要注意的是，childNodes 属性在 IE 6 ~ IE 8 中不会获取文本节点，在 IE 9 及以上版本和主流浏览器中则可以获取文本节点。所以在实际开发中一般不提倡使用 childNodes。

（2）children

children 是一个可读的属性，返回所有子元素节点。children 只返回子元素节点，其余节点不返回。目前各大浏览器都支持该属性，在实际开发中推荐使用 children。下面我们以案例的形式演示如何获取当前元素子节点，示例代码如下。

```
1  <body>
2    <ol>
3      <li>我是 li</li>
4      <li>我是 li</li>
5      <li>我是 li</li>
6      <li>我是 li</li>
7    </ol>
8    <script>
9      var ul = document.querySelector('ol');
10     var lis = ul.querySelectorAll('li');
11     console.log(ul.children);
12   </script>
13 </body>
```

上述代码中，第 11 行通过 ul.children 属性获取 ul 元素的子元素，在控制台中的输出结果为 HTMLCollection(4) [li, li, li, li]。

小提示：

childNodes 属性与 children 属性虽然都可以获取某元素的子元素，但是两者之间有一定的区别。前者用于节点操作，返回值是 NodeList 对象集合；后者用于元素操作，返回的是 HTMLCollection 对象集合。

（3）获取子节点

firstChild 属性和 lastChild 属性，前者返回第一个子节点，后者返回的是最后一个子节点，如果找不到则返回 null。需要注意的是它们的返回值包括文本节点和元素节点等。

（4）获取子元素节点

firstElementChild 属性和 lastElementChild 属性，前者返回第一个子元素节点，后者返回最后一个子元素节点，如果找不到则返回 null。需要注意的是，这两个属性有兼容性问题，IE 9 以上才支持。

实际开发中，firstChild 和 lastChild 包含其他节点，操作不方便；而 firstElementChild 和 lastElementChild 又有兼容性问题，那么如何获取第一个子元素节点或最后一个子元素节点呢？为了解决兼容性问题，在实际开发中通常使用“obj.children[索引]”的方式来获取子元素节点。示例代码如下。

```
obj.children[0]                          // 获取第一个子元素节点
obj.children[obj.children.length - 1]    // 获取最后一个子元素节点
```

3. 获取兄弟节点

在 JavaScript 中，可以使用 nextSibling 属性来获得下一个兄弟节点，使用 previousSibling 属性来获得上一个兄弟节点。它们的返回值包含元素节点或者文本节点等。如果找不到，就返回 null。

如果想要获得兄弟元素节点，则可以使用 nextElementSibling 返回当前元素的下一个兄弟元素节点，使用 previousElementSibling 属性返回当前元素的上一个兄弟元素节点。如果找不到则返回 null。要注意的是，这两个属性有兼容性问题，IE 9 以上才支持。

实际开发中，nextSibling 和 previousSibling 属性返回值都包含其他节点，操作不方便，而 nextElementSibling 和 previousElementSibling 又有兼容性问题。为了解决兼容性问题，在实际开发中通常使用封装函数来处理兼容性。示例代码如下。

```
1  function getNextElementSibling(element) {
2    var el = element;
3    while (el = el.nextSibling) {
4      if (el.nodeType === 1) {
5        return el;
6      }
7    }
8    return null;
9  }
```

上述代码中，第 1 行代码定义了 getNextElementSibling() 函数，参数为 element。在 while 循环中，通过 if 条件语句进行判断，如果 nodeType 属性值等于 1，那么获取到的节点类型为元素节点。

7.4.3 【案例】下拉菜单

下拉菜单在网站中的应用非常广泛，例如，鼠标指针经过下拉菜单时，显示当前下拉框中的内容，并隐藏其他下拉菜单内容。具体实现步骤如下。

（1）编写 HTML 代码完成页面布局。CSS 样式请参考本书配套源码。

```
1  <body>
2    <ul class="nav">
3      <li>
```

```
4         <a href="#"> 微博 </a>
5         <ul>
6           <li><a href=""> 私信 </a></li>
7           <li><a href=""> 评论 </a></li>
8           <li><a href="">@ 我 </a></li>
9         </ul>
10      </li>
11       ... （此处省略 3 个 li）
12    </ul>
13 </body>
```

上述代码采用 ul、li 的结构布局，ul 下有多个下拉菜单 li，每个 li 中有一个 a 和 ul 列表，a 为标签名，ul 为下拉内容。当鼠标指针经过 li 时，li 中的 ul 显示；当鼠标指针离开 li 时，li 中的 ul 隐藏。

（2）鼠标指针经过时展示当前下拉列表内容，示例代码如下。

```
1  <script>
2    // 1. 获取元素
3    var nav = document.querySelector('.nav');
4    var lis = nav.children;
5    // 2. 注册鼠标指针经过和鼠标指针离开事件
6    for (var i = 0; i < lis.length; i++) {
7      lis[i].onmouseover = function () {
8        this.children[1].style.display = 'block'; // ul 为 li 的第 2 个子元素
9      };
10     lis[i].onmouseout = function () {
11       this.children[1].style.display = 'none';
12     };
13   }
14 </script>
```

上述代码中，第 3、4 行代码获取类名为 nav 下的 4 个 li。第 6 ~ 13 行代码使用 for 循环注册事件，其中第 7 ~ 9 行代码表示当鼠标指针经过时，设置当前 li 的第 2 个子元素 ul 显示；当鼠标指针离开时，则隐藏当前 li 的第 2 个子元素 ul 内容。浏览器预览效果如图 7-10 所示。

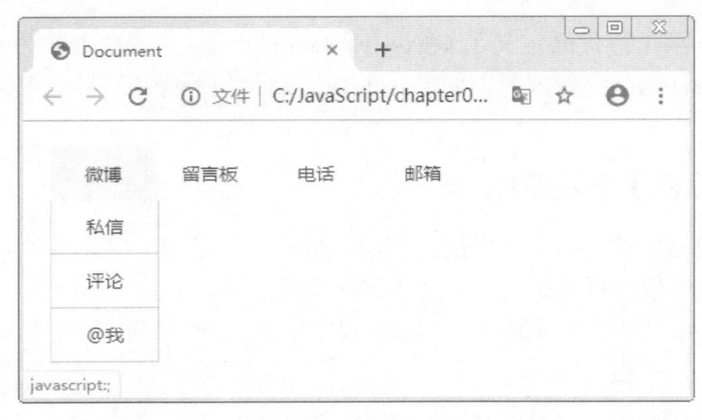

图 7-10　下拉菜单效果

7.5 节点操作

7.5.1 创建节点

在获取元素的节点后，还可以利用DOM提供的方法实现节点的添加，如创建一个li元素节点，为li元素节点创建一个文本节点等。

在DOM中，使用document.createElement('tagName')方法创建由tagName指定的HTML元素。因为这些元素在原先是不存在的，是根据实际开发需求动态生成的，所以也称为动态创建元素节点。

动态创建元素节点有3种常见方式，具体如下。

（1）document.write()

document.write()创建元素，如果页面文档流加载完毕，再调用会导致页面重绘。

（2）element.innerHTML

element.innerHTML是将内容写入某个DOM节点，不会导致页面全部重绘。

（3）document.createElement()

document.createElement()创建多个元素时效率稍微低一点，但是结构更加清晰。

7.5.2 添加和删除节点

在DOM中，提供了node.appendChild()和node.insertBefore()方法用于添加节点，node.removeChild(child)用于删除节点。接下来我们就来讲解这3种方法的使用。

1. appendChild()

appendChild()方法，将一个节点添加到指定父节点的子节点列表末尾，类似于CSS中的after伪元素。

2. insertBefore()

insertBefore(child, 指定元素)方法，将一个节点添加到父节点的指定子节点前面，类似于CSS中的before伪元素。

3. removeChild(child)

removeChild(child)用于删除节点，该方法从DOM中删除一个子节点，返回删除的节点。

7.5.3 【案例】简易留言板

本案例将利用节点的创建、添加和删除相关知识完成一个简易的留言板功能。在页面中实现单击“发布”按钮动态创建一个li，添加到ul里面。具体实现步骤如下。

（1）编写HTML页面。CSS样式可参考本书源码。

```
1  <body>
2    <textarea name="" id=""></textarea>
3    <button>发布</button>
4    <ul></ul>
5  </body>
```

上述代码中，第2行代码定义了一个textarea多行文本输入框，供用户输入留言。第3行中的button按钮用于单击发布留言。第4行中的ul用于展示留言模块。

（2）单击“发布”按钮，实现添加留言功能。

```
1  <script>
2    // 1. 获取元素
3    var btn = document.querySelector('button');
4    var text = document.querySelector('textarea');
5    var ul = document.querySelector('ul');
6    // 2. 注册事件
7    btn.onclick = function () {
8      if (text.value == '') {
9        alert('您没有输入内容');
10       return false;
11     } else {
12       // (1) 创建元素
13       var li = document.createElement('li');
14       li.innerHTML = text.value;
15       // (2) 添加元素
16       ul.insertBefore(li, ul.children[0]);
17     }
18   };
19 </script>
```

上述代码中，第 7 行代码给 button 按钮添加单击事件，用于添加留言。第 8 ~ 11 行代码使用 if 条件语句进行判断，如果用户输入为空，提醒用户进行输入，否则执行 else 代码块。第 13、14 行代码创建元素 li 并给创建好的元素 li 进行赋值。第 16 行代码把创建好的 li 放到第一个元素的前面。浏览器预览效果如图 7-11 所示。

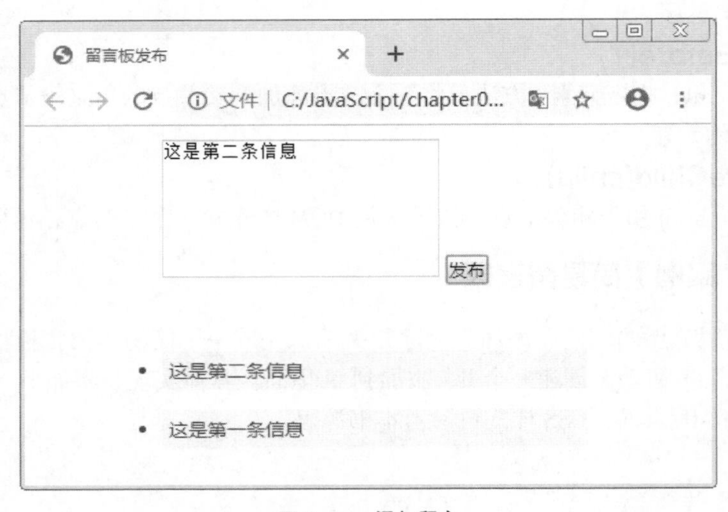

图 7-11　添加留言

（3）修改上述代码，实现删除留言功能。

要实现留言的删除，首先在添加 li 时，就需要给 li 中增加一个 a 链接，给所有的 a 链接注册单击事件，找到 a 的父节点 li，进行删除即可。

修改第（2）步中第 14 行的代码，改为如下代码。

```
li.innerHTML = text.value + '<a href="javascript:;">删除</a>';
```

在第（2）步第 16 行代码之后添加删除留言代码，如下所示。

```
1  var as = document.querySelectorAll('a');
2  for (var i = 0; i < as.length; i++) {
3    as[i].onclick = function () {
4      ul.removeChild(this.parentNode);
5    };
6  }
```

上述代码中，第 1 行代码获取所有的 a 元素。第 2 行代码利用 for 循环给 a 元素注册单击事件。第 4 行代码使用 node.removeChild(child) 方法删除当前 a 所在的 li。

浏览器预览效果如图 7-12 所示。

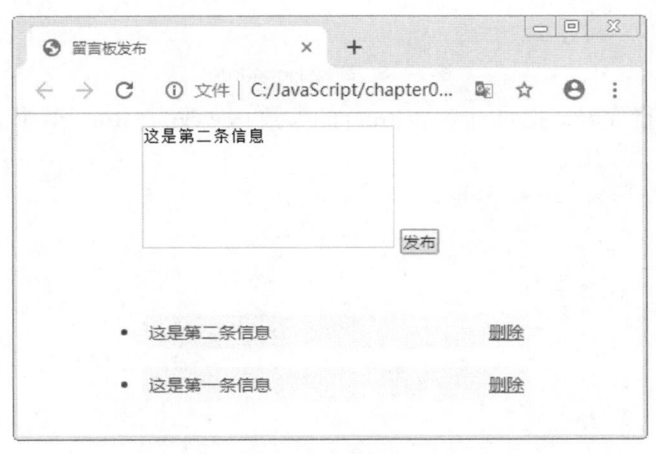

图 7-12　删除留言

7.5.4　复制节点

在 DOM 中，提供了 node.cloneNode() 方法，返回调用该方法的节点的一个副本，也称为克隆节点或者拷贝节点。语法为“需要被复制的节点 .cloneChild(true/false)”。如果参数为空或 false，则是浅拷贝，即只复制节点本身，不复制里面的子节点；如果括号参数为 true，则是深拷贝，即会复制节点本身及里面所有的子节点。示例代码如下。

```
1  <body>
2    <ul id="myList"><li>苹果</li><li>橙子</li><li>橘子</li></ul>
3    <ul id="op"></ul>
4    <button onclick="myFunction()">点我</button>
5    <script>
6      function myFunction() {
7        var item = document.getElementById('myList').firstChild;
8        var cloneItem = item.cloneNode(true);
9        document.getElementById('op').appendChild(cloneItem);
10     }
11   </script>
12 </body>
```

上述代码中，当单击“点我”按钮的时候，触发 myFunction() 函数，其中第 7 行代码获取 id 为 myList 列表中的第一个元素。第 8 行代码调用 cloneNode(true) 方法，复制第 7 行获取到的元素 item。第 9 行代码获取 id 为 op 的元素，并使用 appendChild() 方法将复制完成的 cloneItem 节点添加到 id 为 op 的元素中。效果如图 7-13 所示。

图 7-13　cloneNode(true)

修改上述第 8 行代码，把 cloneNode(true) 的参数 true 改为 false，效果如图 7-14 所示。

图 7-14　cloneNode(false)

由图 7-14 可知，当参数为 false 时只有一个空的 li 元素被复制。

7.6 事件进阶

在之前的学习中，我们讲解了事件的概念以及事件的三要素，让读者对于事件有了一个初步的认识。接下来大家将会学习事件的相关操作内容。

7.6.1 注册事件

在 JavaScript 中，注册事件（绑定事件）有两种方式，即传统方式注册事件和事件监听方式注册事件。下面我们分别进行讲解。

1. 传统方式

在 JavaScript 代码中，经常使用 on 开头的事件（如 onclick），为操作的 DOM 元素对象添加事件与事件处理程序。具体语法格式如下。

```
元素对象 . 事件 = 事件的处理程序 ;
// 示例
oBtn.onclick = function () {  }
```

在上述语法中，元素对象是指使用 getElementById() 等方法获取到的元素节点。使用这种方式注册事件的特点在于注册事件的唯一性，即同一个元素同一个事件只能设置一个处理函数，最后注册的处理函数将会覆盖前面注册的处理函数。

2. 事件监听方式

为了给同一个 DOM 对象的同一个事件添加多个事件处理程序，DOM 2 级事件模型中引入了事件流的概念，可以让 DOM 对象通过事件监听的方式实现事件的绑定。由于不同浏览器采用的事件流实现方式不同，事件监听的实现存在兼容性问题。通常根据浏览器的内核，可以把浏览器划分为两大类，一类是早期版本的 IE 浏览器（如 IE 6 ~ IE 8），一类是遵循 W3C 标准的浏览器（以下简称标准浏览器）。

接下来我们将根据不同类型的浏览器，分别介绍事件监听的实现方式。

（1）早期 IE 内核的浏览器

在早期版本的 IE 浏览器中，事件监听的语法格式如下。

```
DOM 对象 .attachEvent(type, callback);
```

在上述语法中，参数 type 指的是为 DOM 对象绑定的事件类型，它是由 on 与事件名称组成的，如 onclick。参数 callback 表示事件的处理程序。

（2）标准浏览器

标准浏览器，包括 IE 8 版本以上的 IE 浏览器，以及新版的 Firefox、Chrome 等浏览器。具体语法格式如下。

```
DOM 对象 .addEventListener(type, callback, [capture]);
```

在上述语法中，参数 type 指的是 DOM 对象绑定的事件类型，它是由事件名称设置的，如 click。参数 callback 表示事件的处理程序。参数 capture 默认值为 false，表示在冒泡阶段完成事件处理，将其设置为 true 时，表示在捕获阶段完成事件处理。

以上介绍的两种类型的浏览器，在实现事件监听时除了语法不同外，事件处理程序的触发顺序也不相同。早期版本 IE 浏览器的示例代码如下。

```
<div id="t">test</div>
<script>
 var obj = document.getElementById('t');
 // 添加第 1 个事件处理程序
 obj.attachEvent('onclick',function(){
   console.log('one');
 });
 // 添加第 2 个事件处理程序
 obj.attachEvent('onclick',function(){
   console.log('two');
 });
</script>
```

标准浏览器的示例代码如下。

```
<div id="t">test</div>
<script>
 var obj = document.getElementById('t');
 // 添加第 1 个事件处理程序
 obj.addEventListener('click', function(){
```

```
    console.log('one');
  });
  // 添加第 2 个事件处理程序
  obj.addEventListener('click', function(){
    console.log('two');
  });
</script>
```

以上两种方式用于为 <div> 标签的单击事件添加两个处理程序，第 1 个处理程序在控制台输出 one，第 2 个处理程序在控制台输出 two。接下来我们在 test.html 文件中保存早期版本 IE 浏览器的相关事件监听代码，在 IE 11 的开发人员工具中，通过 IE 8 兼容模式来测试，效果如图 7-15 左图所示。同理，在 Chrome 浏览器中访问，效果如图 7-15 右图所示。

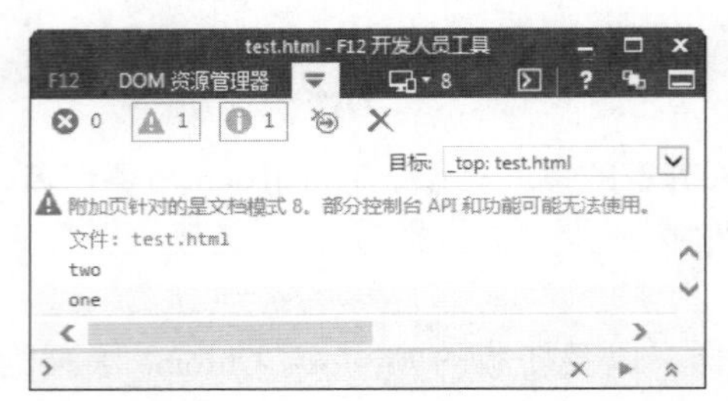

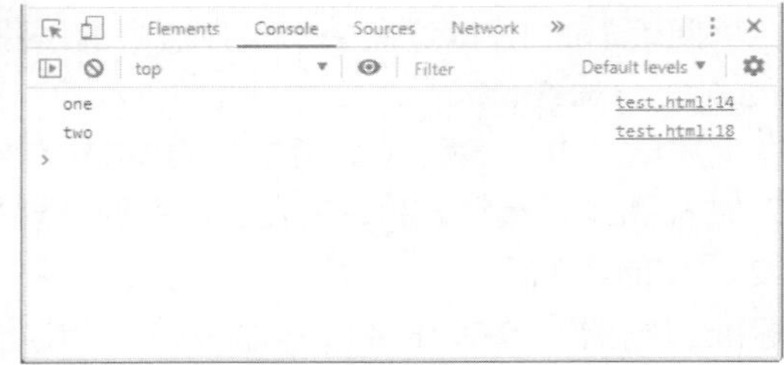

图 7-15　对比 IE 8 与 Chrome 事件监听的触发输出

从图 7-15 可以看出，同一个对象的相同事件，早期版本 IE 浏览器的事件处理程序按照添加的顺序倒序执行，因此输出结果依次为 two 和 one；而标准浏览器的事件处理程序按照添加顺序正序执行，因此输出的结果依次为 one 和 two。

7.6.2　删除事件

在保证事件监听的处理程序是一个有名的函数时，开发中可根据实际需求移出 DOM 对象的事件监听。同样，事件监听的移出也需考虑兼容性问题，具体语法格式如下。

```
DOM 对象 .onclick = null;                          // 传统方式删除事件
DOM 对象 .detachEvent(type, callback);             // 早期版本 IE 浏览器
DOM 对象 .removeEventListener(type, callback);     // 标准浏览器
```

在上述语法中，参数 type 值的设置要与添加事件监听的事件类型相同，参数 callback 表示事件处理程序的名称，即函数名。

7.6.3　DOM 事件流

事件发生时，会在发生事件的元素节点与 DOM 树根节点之间按照特定的顺序进行传播，这个事件传播的过程就是事件流。

在浏览器发展历史中，网景（Netscape）公司团队的事件流采用事件捕获方式，指的是事件流传播的顺序应该是从 DOM 树的最上层开始出发一直到发生事件的元素节点。而微软（Microsoft）公司的事件流采用事件冒泡方式，指的是事件流传播的顺序应该是从发生事件的元素节点到 DOM 树的根节点。

W3C 对网景公司和微软公司提出的方案进行了中和处理，规定了事件发生后，首先实现事件捕获，但不会对事件进行处理；然后进行到目标阶段，执行当前元素对象的事件处理程

序，但它会被看成是冒泡阶段的一部分；最后实现事件的冒泡，逐级对事件进行处理。具体过程的对比如图 7-16 所示。

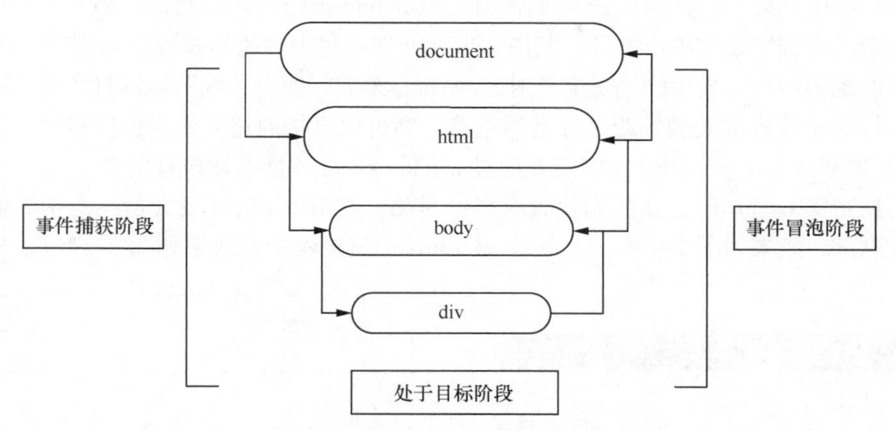

图 7-16　W3C 规定的事件流方式

7.7　事件对象

7.7.1　什么是事件对象

当一个事件发生后，跟事件相关的一系列信息数据的集合都放到这个对象里面，这个对象就是 event。只有有了事件，event 才会存在，它是系统自动创建的，不需要传递参数。

事件对象是事件一系列相关数据的集合，例如，鼠标单击的事件对象，就包含了鼠标的相关信息，如鼠标指针坐标等。如果是键盘事件，事件对象中就包含键盘事件的相关信息，例如，用户按下了哪个键，事件对象中就会包括按下键的键值等相关信息。

7.7.2　事件对象的使用

虽然所有浏览器都支持事件对象 event，但是不同的浏览器获取事件对象的方式不同。在标准浏览器中会将一个 event 对象直接传入到事件处理程序中，而早期版本的 IE 浏览器（IE 6 ~ IE 8）中，仅能通过 window.event 才能获取事件对象，语法格式如下。

```
var 事件对象 = window.event                  // 早期 IE 内核浏览器
DOM 对象 . 事件 = function (event) {}        // W3C 内核浏览器
```

上述代码中，因为在事件触发时就会产生事件对象，并且系统会以实参的形式传给事件处理函数。所以，在事件处理函数中需要用一个形参来接收事件对象 event。

接下来我们以获取 button 按钮单击事件的事件对象为例进行代码演示，示例代码如下。

```
1  <button id="btn">获取 event 对象 </button>
2  <script>
3    var btn = document.getElementById('btn');
4    btn.onclick = function(e) {
5      var event = e || window.event;      // 获取事件对象的兼容处理
6      console.log(event);
```

```
7     };
8  </script>
```

上述代码中，第 3 行代码根据 id 属性值获取 button 按钮的元素对象。第 4 ~ 7 行代码通过动态绑定式为按钮添加单击事件。其中，事件处理函数中传递的参数 e(参数名称只要符合变量定义的规则即可) 表示的就是事件对象 event。第 5 行通过“或”运算符实现不同浏览器间获取事件对象兼容的处理。若是标准浏览器，则可以直接通过 e 获取事件对象；若是早期版本的 IE 浏览器（IE 6 ~ IE 8）则需要通过 window.event 才能获取事件对象。

最后执行第 6 行代码，在控制台查看事件对象。在 IE 11 的开发人员工具中，通过 IE 8 兼容模式测试，效果如图 7-17(a) 所示。在 Chrome 浏览器中的效果如图 7-17(b) 所示。

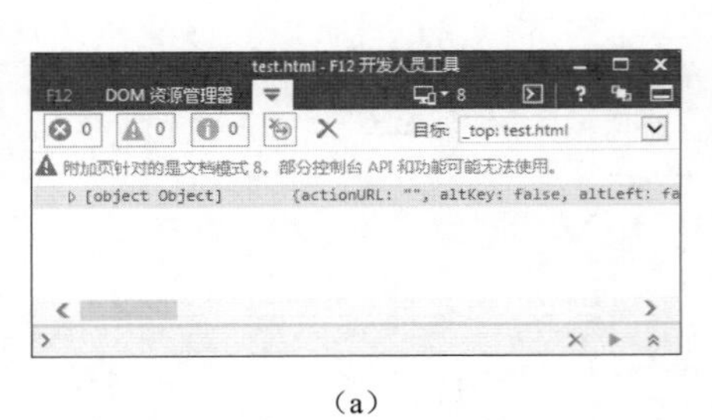

(a)

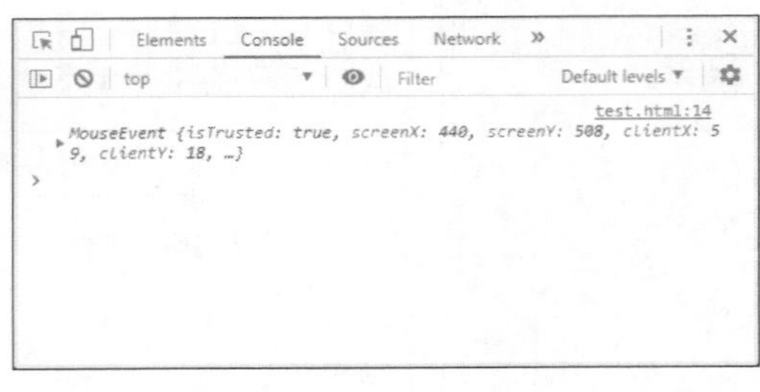

(b)

图 7-17 获取事件对象

由图 7-17 可知，Chrome 浏览器单击事件触发的是鼠标对象 MouseEvent，展开该对象即可看到当前对象含有的所有属性和方法。

7.7.3 事件对象的常用属性和方法

在事件发生后，事件对象 event 中不仅包含着与特定事件相关的信息，还会包含一些所有事件都有的属性和方法。所有事件基本上都包括的常用的属性和方法如表 7-1 所示。

表 7-1 事件对象的常用属性和方法

属性	说明	浏览器
e.target	返回触发事件的对象	标准浏览器
e.srcElement	返回触发事件的对象	非标准 IE 6 ~ IE 8 使用
e.type	返回事件的类型	所有浏览器
e.stopPropagation()	阻止事件冒泡	标准浏览器
e.cancelBubble	阻止事件冒泡	非标准 IE 6 ~ IE 8 使用
e.preventDefault()	阻止默认事件（默认行为）	标准浏览器
e.returnValue	阻止默认事件（默认行为）	非标准 IE 6 ~ IE 8 使用

在表 7-1 中，type 是标准浏览器和早期版本 IE 浏览器的事件对象的公有属性，通过该属性可以获取发生事件的类型，如 click、mouseover 等（不带 on）。

在讲解了事件对象常用的属性和方法后，下面我们将针对常见的使用场景进行讲解。

1. 对比 e.target 和 this 的区别

在事件处理函数中，e.target 返回的是触发事件的对象，而 this 返回的是绑定事件的对象。简而言之，e.target 是哪个元素触发事件了，就返回哪个元素；而 this 是哪个元素绑定了这个事件，就返回哪个元素。

考虑到 e.target 在 IE 9 以上才支持，所以编写以下代码，处理兼容性问题。

```
1  div.onclick = function(e) {
2    e = e || window.event;
3    var target = e.target || e.srcElement;
4    console.log(target);
5  };
```

值得一提的是，this 和 e.currentTarget 的值相同，但考虑到 e.currentTarge 有兼容性问题（IE 9 以上支持），所以在实际开发中推荐使用 this。

2. 阻止默认行为

在 HTML 中，有些元素标签拥有一些特殊的行为。例如，单击 <a> 标签后，会自动跳转到 href 属性指定的 URL 链接；单击表单的 submit 按钮后，会自动将表单数据提交到指定的服务器端页面处理。因此，我们把标签具有的这种行为称为默认行为。

但是在实际开发中，为了使程序更加严谨，希望确定含有默认行为的标签符合要求后，才能执行默认行为时，可利用事件对象的 preventDefault() 方法和 returnValue 属性，禁止所有浏览器执行元素的默认行为。需要注意的是，只有事件对象的 cancelable 属性设置为 true，才可以使用 preventDefault() 方法取消其默认行为。

下面我们以禁用 <a> 标签的链接为例进行演示，具体代码如下。

```
1  <body>
2    <a href="http://www.baidu.com">百度</a>
3    <script>
4      var a = document.querySelector('a');
5      a.addEventListener('click', function (e) {
6        e.preventDefault();          // DOM 标准写法，早期版本浏览器不支持
7      });
8      // 推荐使用传统的注册方式
9      a.onclick = function (e) {
10       e.preventDefault();          // 标准浏览器使用 e.preventDefault() 方法
11       e.returnValue;               // 早期版本浏览器（IE 6 ~ IE 8）使用 returnValue 属性
12     };
13   </script>
14 </body>
```

上述代码中，第 4 行代码获取 a 链接对象。第 5 ~ 7 行代码使用 addEventListener 注册单击事件。第 6 行通过 e.preventDefault() 方法阻止 a 链接进行跳转，但是在早期版本浏览器中不支持该写法，所以在第 9 ~ 12 行使用传统注册方式绑定 click 单击事件。其中，第 10 行针对标准浏览器使用 preventDefault() 方式，第 11 行针对低版本浏览器使用 returnValue 属性。

值得一提的是，针对于传统注册方式绑定事件，也可以使用 return false 来阻止默认事件。优点在于没有兼容性问题，缺点是 return 后面的代码不执行，而且只限于传统的注册方式。

3. 阻止事件冒泡

如果在开发中想要阻止事件冒泡，则可以利用事件对象调用 stopPropagation() 方法和设置 cancelBubble 属性，实现禁止所有浏览器的事件冒泡行为。

例如，为单击事件的事件处理程序添加参数 e，用于获取事件对象，并且在控制台输出前添加以下代码。

```
if (window.event) {                              // 早期版本的浏览器
  window.event.cancelBubble = true;
} else {                                         // 标准浏览器
  e.stopPropagation();
}
```

上述第 1 行代码用于判断当前是否为早期版本的 IE 浏览器，如果是，则利用事件对象调用 cancelBubble 属性阻止事件冒泡；否则利用事件对象 e 调用 stopPropagation() 方法完成事件冒泡的阻止设置。

4. 事件委托

在现实生活中，有时快递员为了节省时间，会把快递放到某快递代收机构，然后让客户自行去领取，这种把事情委托给别人的方式，就是代为处理。事件委托（或称为事件代理）也是如此。事件委托的原理是，不给每个子节点单独设置事件监听器，而是把事件监听器设置在其父节点上，让其利用事件冒泡的原理影响到每个子节点。简而言之，就是不给子元素注册事件，给父元素注册事件，让处理代码在父元素的事件中执行。这样做的优点在于，只操作了一次 DOM，提高了程序的性能。

下面我们通过案例演示事件委托的使用，示例代码如下。

```
1  <body>
2    <ul>
3      <li> 我是第 1 个 li</li>
4      <li> 我是第 2 个 li</li>
5      <li> 我是第 3 个 li</li>
6      <li> 我是第 4 个 li</li>
7      <li> 我是第 5 个 li</li>
8    </ul>
9    <script>
10     var ul = document.querySelector('ul');
11     ul.addEventListener('click', function (e) {
12       e.target.style.backgroundColor = 'pink';
13     });
14   </script>
15 </body>
```

上述代码中，第 10 ~ 13 行代码采用事件委托原理，首先获取到 ul 父元素，并且在第 11 行给父元素绑定单击事件，实现单击子元素 li 时，给当前项改变背景色。

7.8 鼠标事件

7.8.1 鼠标事件的常用方法

鼠标是计算机的一种输入设备，也是计算机显示系统纵横坐标定位的指示器，所以鼠标事件是 Web 开发中最常用的一类事件。例如，鼠标指针滑过时，切换 Tab 栏显示的内容；利用鼠标拖曳状态框，调整显示位置等，这些常见的网页效果都会用到鼠标事件。下面我们来列举几个常见的鼠标事件，如表 7–2 所示。

表 7–2　鼠标事件

事件名称	事件触发时机
onclick	单击鼠标左键时触发
onfocus	获得鼠标指针焦点触发
onblur	失去鼠标指针焦点触发
onmouseover	鼠标指针经过时触发
onmouseout	鼠标指针离开时触发
onmousedown	当按下任意鼠标按键时触发
onmouseup	当释放任意鼠标按键时触发
onmousemove	在元素内当鼠标指针移动时持续触发

表 8–4 中列举的这些鼠标事件的使用都非常简单，读者可以自行尝试使用。在项目开发中，有时还会用到 contextmenu 和 selectstart 这两个事件，下面我们分别进行详解。

1. 禁止鼠标右击菜单

contextmenu 主要控制应该何时显示上下文菜单，主要应用于程序员取消默认的上下文菜单，示例代码如下。

```
document.addEventListener('contextmenu', function (e) {
  e.preventDefault();
});
```

2. 禁止鼠标选中

selectstart 事件是鼠标开始选择文字时就会触发，如果禁止鼠标选中，需要禁止该事件的默认行为，示例代码如下。

```
document.addEventListener('selectstart', function (e) {
  e.preventDefault();
});
```

7.8.2　鼠标事件对象

之前我们学习了 event 事件对象，它代表事件的状态，是跟事件相关的一系列信息的集合，现阶段主要使用的是鼠标事件对象 MouseEvent。

在项目开发中还经常涉及一些常用的鼠标属性，用来获取当前鼠标指针的位置信息。常用的属性如表 7–3 所示。

表 7–3　鼠标事件位置属性

位置属性（只读）	描述
clientX	鼠标指针位于浏览器页面当前窗口可视区的水平坐标（*X* 轴坐标）
clientY	鼠标指针位于浏览器页面当前窗口可视区的垂直坐标（*Y* 轴坐标）
pageX	鼠标指针位于文档的水平坐标（*X* 轴坐标），IE 6 ~ IE 8 不兼容
pageY	鼠标指针位于文档的垂直坐标（*Y* 轴坐标），IE 6 ~ IE 8 不兼容

续表

位置属性（只读）	描述
screenX	鼠标指针位于屏幕的水平坐标（*X* 轴坐标）
screenY	鼠标指针位于屏幕的垂直坐标（*Y* 轴坐标）

从表 7-3 可知，IE 6 ~ IE 8 浏览器中不兼容 pageX 和 pageY 属性。因此，项目开发时需要对 IE 6 ~ IE 8 浏览器进行兼容处理，具体示例如下。

```
var pageX = event.pageX || event.clientX + (document.body.scrollLeft || document.documentElement.scrollLeft);
var pageY = event.pageY || event.clientY + (document.body.scrollTop || document.documentElement.scrollTop);
```

从以上代码可知，鼠标指针在文档中的坐标等于鼠标指针在当前窗口中的坐标加上滚动条卷去的文本长度，需要用到 document.body 或者 document.documentElement 下的 scrollLeft 和 scrollTop 属性。

7.8.3 【案例】图片跟随鼠标指针移动

本案例将在不考虑兼容性的情况下，简单实现图片跟随鼠标指针移动的效果。在这里需要使用鼠标移动事件 mousemove，每次鼠标移动，都会获得最新的鼠标指针坐标，把这个 *x* 和 *y* 坐标作为图片的 top 和 left 值就可以实现图片的移动。

编写 HTML 页面，示例代码如下。

```
1  <style>
2    img {
3      position: absolute;
4      top: 2px;
5    }
6  </style>
7  <body>
8    <img src="images/angel.gif" alt="">
9    <script>
10     var pic = document.querySelector('img');
11     document.addEventListener('mousemove', function(e) {
12       var x = e.pageX;
13       var y = e.pageY;
14       pic.style.left = x - 50 + 'px';
15       pic.style.top = y - 40 + 'px';
16     });
17   </script>
18 </body>
```

上述代码中，第 1 ~ 6 行代码给 img 图片设置定位，因为图片要移动，不占位置，所以这里使用绝对定位即可。第 11 行由于图片是在页面中移动，所以要为 document 添加 mousemove 事件，在事件处理程序中，获取鼠标的 *X*、*Y* 坐标，然后把 *X*、*Y* 坐标作为图片的 top 和 left 值。需要注意的是，要给 left 和 top 属性添加 px 单位。浏览器预览效果如图 7-18 所示。

图 7-18　跟随鼠标指针移动的图片

7.9　键盘事件

7.9.1　键盘事件的常用方法

键盘事件是指用户在使用键盘时触发的事件。例如，用户按 Esc 键关闭打开的状态栏，按 Enter 键直接完成光标的上下切换等。下面列举几个常用的键盘事件，如表 7-4 所示。

表 7-4　键盘事件

事件名称	事件触发时机
keypress	某个键盘按键被按下时触发。不识别功能键，如 Ctrl、Shift、箭头等
keydown	某个键盘按键被按下时触发
keyup	某个键盘按键被松开时触发

需要注意的是，keypress 事件保存的按键值是 ASCII 码，keydown 和 keyup 事件保存的按键值是虚拟键码，keydown 和 keypress 如果按住不放的话，会重复触发该对应事件。keyup 和 keydown 事件不区分字母大小写，而 keypress 区分字母大小写。

在发生 keydown 和 keypress 事件时，event 事件对象的 keycode 属性会包含一个值，该值与键盘上的特定值对应。keycode 的值与 ASCII 码对应的值相同，例如，keycode 值为 13 表示 Enter 键，keycode 值为 9 表示 Tab 键。读者可参考 MDN 等手册进行查看，此处不再详细列举。

7.9.2　键盘事件对象

键盘事件也有相应的键盘事件对象 KeyBoardEvent，该对象是跟键盘事件相关的一系列信息的集合。根据键盘事件对象中的 keyCode 属性可以得到相应的 ASCII 码值，进而可以判断用户按下了哪个键。

为了让大家更好地理解键盘事件的使用，下面我们通过案例的形式进行展示。检测用户是否按下了 s 键，如果按下 s 键，就把光标定位到搜索框里面，示例代码如下。

```
1  <body>
2    <input type="text">
```

```
3    <script>
4      var search = document.querySelector('input');
5      document.addEventListener('keyup', function (e) {
6        if (e.keyCode === 83) {
7          search.focus();
8        }
9      });
10   </script>
11 </body>
```

上述代码中，第 5 行代码绑定了鼠标弹起事件，当输入完毕后再进行检测。第 6 ~ 8 行代码使用键盘事件对象里面的 keyCode 判断用户按下的是否是 s 键，如果是，则让搜索框获取焦点，帮助用户进行输入。

7.9.3 【案例】文本框提示信息

在现实生活中，我们经常会使用快递单号查询功能，查看商品的物流信息状态。有时在用户输入单号时，网站为了让用户看清楚输入的内容，会在文本框上方显示一个提示栏，将用户输入的数字放大，如图 7-19 所示。

图 7-19　文本框提示效果

本案例为当用户在文本框中输入内容时，文本框上面自动显示大号字的内容。如果用户输入为空，需要隐藏大号字内容。本案例的具体实现步骤如下。

（1）编写 HTML 代码完成页面布局。CSS 样式请参考本书源码。

```
1  <body>
2    <div class="search">
3      <div class="con"></div>
4      <label> 快递单号：
5         <input type="text" placeholder=" 请输入您的快递单号 " class="num">
6      </label>
7    </div>
8  </body>
```

上述代码中，第 3 行代码定义了类名为 con 的 div 元素，用来显示用户输入的大号字内容。第 5 行的 <input> 标签用来显示用户输入内容。

（2）检测用户输入，给表单添加键盘事件，示例代码如下。

```
1  <script>
2    var con = document.querySelector('.con');
3    var numInput = document.querySelector('.num');
```

```
4    numInput.addEventListener('keyup', function () {
5      if (this.value == '') {
6        con.style.display = 'none';
7      } else {
8        con.style.display = 'block';
9        con.innerText = this.value;
10     }
11   });
12 </script>
```

上述代码中，第2、3行代码获取con和num_input对象。第4行代码为给numInput表单对象添加keyup事件，在用户输入完毕之后，进行内容检测。第5～10行代码为通过if语句进行判断，如果输入内容为空，则隐藏con元素，否则显示con元素，同时把快递单号里面的值（value）获取过来赋值给con盒子（innerText）作为内容。

（3）失去焦点，隐藏con元素。

在第（2）步的第11行之后，编写如下代码，实现文本框失去焦点，隐藏con元素。

```
1 num_input.addEventListener('blur', function() {
2   con.style.display = 'none';
3 });
```

（4）获得焦点，显示con元素。

在第（3）步代码之后，编写如下代码，实现文本框获取焦点，显示con元素。

```
1 num_input.addEventListener('focus', function () {
2   con.style.display = 'block';
3 });
```

完成上述代码后，通过浏览器访问测试即可。

本章小结

本章主要讲解了DOM的一些常用操作，以及事件的进阶内容。通过本章的学习，读者应掌握如何进行排他操作、属性操作、节点操作，学会如何创建节点、添加节点、删除节点、复制节点。在事件进阶部分，要掌握事件对象、鼠标事件对象、键盘事件对象及各事件的常用方法和属性，能够通过鼠标及键盘操作元素。

课后练习

一、填空题

1. 排他思想的实现步骤是________与________。
2. HTML5新增了通过________方式设置自定义属性。
3. HTML5中通过________获取自定义属性。
4. ________属性可以获取元素的所有子元素节点，它是一个可读属性。

5. DOM 根据 HTML 中各节点的不同作用，将文档中的注释单独划分为________。

二、判断题

1. 使用 document.createElement() 可以创建元素节点。 ( )
2. 键盘事件对象是 KeyBoardEvent。 ( )
3. 低版本的 IE 浏览器（IE 6 ～ IE 8）中，可以通过 event 获取事件对象。 ( )
4. appendChild() 方法表示将一个节点添加到指定父节点的子节点列表前面。 ( )
5. cloneNode() 方法表示返回调用该方法的节点的一个副本，也称为克隆节点。 ( )

三、选择题

1. 下列选项中，可以实现创建元素的是（ ）。

   A. element.push('<p> 你好 </p>') B. element.pop('<p> 你好 </p>')
   C. element.innerHtml = '<p> 你好 </p>' D. document.createElement("p")

2. 关于添加元素，下列描述错误的是（ ）。

   A. innerHTML 会覆盖原来的元素
   B. appendChild 是在父元素内部追加
   C. insertBefore 是在父元素内部指定的位置添加
   D. createElement 创建的元素立即会添加到页面中

3. 关于事件对象，描述错误的是（ ）。

   A. 事件对象的属性中保存了与事件相关的一系列信息
   B. 事件触发时就会产生事件对象
   C. 事件对象的获取有兼容性问题
   D. 通过事件对象不可以阻止事件冒泡和默认行为

4. 下列选项中，可以正确获取到兼容了各个浏览器的事件对象的是（ ）。

   A. document.onclick = function (event) { var e = window.event || event; }
   B. document.onclick = function (event) { var e = window.evt || event; }
   C. document.onclick = function (event) { var e = window.event || evt; }
   D. document.onclick = function (event) { var e = window.evt || evt; }

5. 关于事件监听，描述错误的是（ ）。

   A. 可以给同一元素同一事件注册多个监听器
   B. addEventListener() 有浏览器兼容问题
   C. addEventListener() 方法有两个参数
   D. 低版本的 IE 可以使用 attachEvent 代替 addEventListener

四、简答题

1. 请简单介绍排他操作的一般实现步骤。
2. 请解释说明 childNodes 和 children 的区别。

五、编程题

完成动态生成表格案例，具体要求如下。

① 使用数组把学生数据模拟出来。

② 动态创建行、单元格。

③ 为单元格填充数据。

④ 提供“删除”链接，可删除所在的行。

案例的实现效果如图 7-20 所示。

姓名	科目	成绩	操作
张三	JavaScript	100	删除
李四	JavaScript	90	删除
刘五	JavaScript	90	删除

图 7-20 动态生成表格

第8章

BOM

★了解什么是 BOM
★掌握 window 对象的常见事件
★掌握两组定时器的使用
★了解 location、navigator、history 对象的使用

JavaScript 语言由三部分组成，分别是 ECMAScript、BOM、DOM。在前面内容中我们已经学习了 ECMAScript 和 DOM 两部分的内容，接下来本章将重点讲解 BOM 的使用。

8.1 BOM 简介

在实际开发中，使用 JavaScript 开发 Web 程序时，经常需要对浏览器进行访问及其他的操作，实现浏览器与页面之间的动态交互效果。为此，BOM 提供了很多用于访问浏览器的对象。本节将详细讲解 BOM 的组成。

8.1.1 什么是 BOM

浏览器对象模型（Brower Object Model，BOM）提供了独立于内容而与浏览器窗口进行交互的对象，其核心对象是 window。

BOM 由一系列相关的对象构成，并且每个对象都提供了很多方法和属性。但是 BOM 缺乏标准，JavaScript 语法的标准化组织是 ECMA，DOM 的标准化组织是 W3C，而 BOM 最初是 Netscape 网景浏览器标准的一部分。

8.1.2 BOM 与 DOM 的区别

DOM 是文档对象模型，把文档当作一个对象来看待，它的顶级对象是 document，我们主要学习的是操作页面元素。DOM 是 W3C 标准规范。

BOM 是浏览器对象模型，是把浏览器当作一个对象来看待，它的顶级对象是 window，我们主要学习的是浏览器窗口交互的一些对象。BOM 是浏览器厂商在各自浏览器上定义的，兼容性较差。

8.1.3　BOM 的构成

BOM 提供了很多的对象。这些对象用于访问浏览器，被称为浏览器对象。各内置对象之间按照某种层次组织起来的模型统称为浏览器对象模型，如图 8-1 所示。

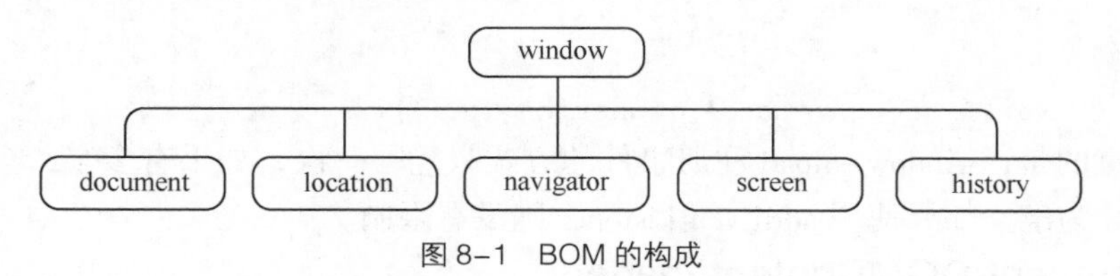

图 8-1　BOM 的构成

在图 8-1 中，BOM 的核心对象是 window，其他的对象称为 window 的子对象，它们是以属性的方式添加到 window 对象中的。

window 对象是浏览器顶级对象，具有双重角色，既是 JavaScript 访问浏览器窗口的一个接口，又是一个全局对象，定义在全局作用域中的变量、函数都会变成 window 对象的属性和方法。示例代码如下。

```
1  <script>
2    // 全局作用域中的变量是 window 对象的属性
3    var num = 10;
4    console.log(num);              // 结果为： 10
5    console.log(window.num);       // 结果为： 10
6    // 全局作用域中的函数是 window 对象的方法
7    function fn() {
8      console.log(11);
9    }
10   fn();                          // 结果为： 11
11   window.fn();                   // 结果为： 11
12 </script>
```

在前面的知识中，之所以省略 var 也可以直接为一个未声明的变量赋值，是因为这个变量自动转换为了 window 对象的属性。前面学习的 alert()、prompt() 实际上都属于 window 对象的方法，在调用的时候省略了前面的“window.”。由于 window 对象中本来就有一个 name 属性，所以在全局作用域下声明的变量不推荐使用 name 作为变量名，以避免和 window 对象的 name 属性冲突。

8.2　window 对象的常见事件

8.2.1　窗口加载事件

1. window.onload

window.onload 是窗口（页面）加载事件，当文档内容（包括图像、脚本文件、CSS 文件等）完全加载完成会触发该事件，调用该事件对应的事件处理函数。

JavaScript 代码是从上往下依次执行的，如果要在页面加载完成后执行某些代码，又想要把这些代码写到页面任意的地方，可以把代码写到 window.onload 事件处理函数中。因为 onload 事件是等页面内容全部加载完毕再去执行处理函数的。

onload 页面加载事件有两种注册方式，分别如下。

```
// 方式 1
window.onload = function () {};
// 方式 2
window.addEventListener('load', function () {});
```

需要注意的是，window.onload 注册事件的方式只能写一次，如果有多个，会以最后一个 window.onload 为准。如果使用 addEventListener 则没有限制。

2. document.DOMContentLoaded

document.DOMContentLoaded 加载事件会在 DOM 加载完成时触发。这里所说的加载不包括 CSS 样式表、图片和 flash 动画等额外内容的加载，因此，该事件的优点在于执行的时机更快，适用于页面中图片很多的情况。当页面图片很多时，从用户访问到 onload 事件触发可能需要较长的时间，交互效果就不能实现，这样会影响到用户的体验效果，在这时使用 document.DOMContentLoaded 事件更为合适，只要 DOM 元素加载完即可执行。需要注意的是，该事件有兼容性问题，IE 9 以上才支持。

8.2.2　调整窗口大小事件

当调整 window 窗口大小的时候，就会触发 window.onresize 事件，调用事件处理函数。该事件有两种注册方式，如下所示。

```
// 方式 1
window.onresize = function () {};
// 方式 2
window.addEventListener('resize', function () {});
```

接下来我们通过案例进行演示。利用页面加载事件和调整窗口大小事件完成响应式布局，示例代码如下。

```
1  <body>
2    <script>
3      window.addEventListener('load', function () {
4        var div = document.querySelector('div');
5        window.addEventListener('resize', function () {
6          if (window.innerWidth <= 800) {
7            div.style.display = 'none';
8          } else {
9            div.style.display = 'block';
10         }
11       });
12     });
13   </script>
14   <div style="width:200px;height:100px;background-color:pink;"></div>
15 </body>
```

上述代码中，第 5 行代码绑定了 resize 调整窗口大小事件。第 6 ~ 10 行代码根据 if 条件语句进行判断，使用 window.innerWidth 获取当前屏幕的宽度，当屏幕小于等于 800 时隐藏 div 元素，否则显示该元素。

8.3 定时器

8.3.1 定时器方法

在浏览网页的过程中，我们经常可以看到轮播图效果，即每隔一段时间，图片就会自动切换一次；或者在商品页面看到商品倒计时功能，这些动画就用到了定时器。定时器就是在指定时间后执行特定操作，或者让程序代码每隔一段时间执行一次，实现间歇操作。

在 JavaScript 中，提供了两组方法用于定时器的实现，具体方法如表 8-1 所示。

表 8-1 定时器方法

方法	说明
setTimeout()	在指定的毫秒数后调用函数或执行一段代码
setInterval()	按照指定的周期（以毫秒计）来调用函数或执行一段代码
clearTimeout()	取消由 setTimeout() 方法设置的定时器
clearInterval()	取消由 setInterval() 设置的定时器

表 8-1 中，setTimeout() 和 setInterval() 方法都可以在一个固定时间段内执行代码，不同的是前者只执行一次代码，而后者会在指定的时间后自动重复执行代码。

在实际开发中，我们可以通过 setTimeout() 方法实现函数的一次调用，并且可以通过 clearTimeout() 来清除 setTimeout() 定时器。

setTimeout() 和 setInterval() 的语法格式如下。

```
setTimeout(调用的函数, [延迟的毫秒数])
setInterval(调用的函数, [延迟的毫秒数])
```

在上述语法中，第 1 个参数表示到达第 2 个参数设置的等待时间后要执行的代码，也可以传入一个函数，或者函数名，第 2 个参数的时间单位以毫秒（ms）计。

下面我们以 setTimeout() 为例进行代码演示，具体代码如下。

```
// 参数形式 1：用字符串表示一段代码
setTimeout('alert("JavaScript");', 3000);
// 参数形式 2：传入一个匿名函数
setTimeout(function () {
  alert('JavaScript');
}, 3000);
// 参数形式 3：传入函数名
setTimeout(fn, 3000);
function fn() {
  console.log('JavaScript');
}
```

在上述代码中，当参数为一个函数名时，这个函数名不需要加 () 小括号，否则就变成了立即执行这个函数，将函数执行后的返回值传入。如果延迟的毫秒数省略时，默认为 0。

在实际开发中，考虑到一个网页中可能会有很多个定时器，所以建议用一个变量保存定时器的 id(唯一标识)。若想要在定时器启动后，取消该定时器操作，可以将 setTimeout() 的返回值（定时器 id）传递给 clearTimeout() 方法。示例代码如下。

```
// 在设置定时器时，保存定时器的唯一标识
var timer = setTimeout(fn, 3000);
// 如果要取消定时器，可将唯一标识传递给 clearTimeout() 方法
clearTimeout(timer);
```

8.3.2 【案例】3 秒后自动关闭广告

本案例将会使用 setTimeout() 实现 3 秒后自动关闭广告的效果，具体代码如下。

```
1  <body>
2    <script>
3       console.log('广告显示');
4      var timer = setTimeout(fn, 3000);
5      function fn() {
6        console.log('广告关闭了');
7      }
8    </script>
9  </body>
```

上述代码中，第 4 行代码定义了一个 timer 变量用于保存 setTimeout 定时器，定时器的功能为 3000ms 后执行 fn 函数。第 5 ~ 7 行代码定义处理函数 fn，并打印“广告关闭了”。

8.3.3 【案例】60 秒内只能发送一次短信

本案例将会利用 setInterval() 和 clearInterval() 方法完成一个发送短信的案例，要求 60 秒内只能发送一次短信。其开发思路为，在页面中放一个文本框和一个“发送”按钮，在文本框中输入手机号码，然后单击“发送”按钮，就可以发送短信，但是短信发送后，该按钮在 60 秒以内不能再次点击，防止重复发送请求短信。并且在按钮单击之后，按钮上的文字会变为“还剩 x 秒再次单击”。

根据上述需求，编写代码完成本案例的功能，具体代码如下。

```
1  <body>
2    手机号码：<input type="number"> <button>发送</button>
3    <script>
4      var btn = document.querySelector('button');
5      var time = 60;     // 定义剩下的秒数
6      btn.addEventListener('click', function () {
7        btn.disabled = true;
8        var timer = setInterval(function () {
9          if (time == 0) {
10           clearInterval(timer);
11           btn.disabled = false;
```

```
12            btn.innerHTML = '发送';
13          } else {
14            btn.innerHTML = '还剩下' + time + '秒';
15            time--;
16          }
17        }, 1000);
18      });
19    </script>
20  </body>
```

上述代码中，第5行代码定义了剩下的秒数。第6行代码给按钮绑定单击事件，按钮被单击之后在第7行将disabled属性设置为true可以禁用按钮。按钮里面的内容需要变化，所以在else中通过innerHTML修改按钮内容，并且在第15行设置time变量不断递减。如果time为0，执行if语句，停止定时器，复原按钮初始状态。

完成案例代码后，在浏览器中预览效果，如图8-2所示。

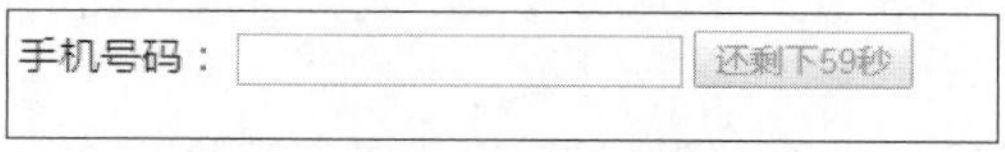

图8-2　发送短信后的效果

多学一招：this指向问题

this的指向在函数定义的时候是确定不了的，只有函数执行的时候才能确定this到底指向谁。一般情况下this的最终指向的是调用它的对象。为了使读者更好地理解，下面我们通过3个具体的场景来讲解this的指向问题。

（1）在全局作用域或者普通函数中，this指向全局对象window。示例代码如下。

```
console.log(this);     // this 指向的是 window
function fn() {
  console.log(this);
}
window.fn();              // this 指向的是 window
```

在定时器方法的第1个参数的函数中，this指向的也是window对象。

（2）在方法中，谁调用的方法，this就指向谁。示例代码如下。

```
var o = {
  sayHi: function () {
    console.log(this);
  }
};
o.sayHi(); // sayHi 中的 this 指向的就是 o 这个对象
```

（3）构造函数中的this指向的是新创建的实例。示例代码如下。

```
function Fun() {
  console.log(this);
}
var fun = new Fun();       // Fun 中的 this 指向的是新创建的实例，即 fun
```

8.4 JavaScript 执行机制

JavaScript 的定时器可以完成一些异步操作。例如，同时设置多个定时器，每个定时器都在 3 秒后执行一段代码，则 3 秒后，这些定时器中的代码都会执行。JavaScript 的定时器虽然没有 Java 中的多线程那样强大，但在开发中也能满足大部分的需求。本节将针对 JavaScript 的执行机制进行讲解。

8.4.1 单线程

JavaScript 语言的一大特点就是单线程，也就是说，同一个时间只能做一件事。这是因为 JavaScript 这门脚本语言诞生的使命所致，即 JavaScript 是为处理页面中用户的交互，以及操作 DOM 而诞生的。比如，对某个 DOM 元素进行添加和删除操作，不能同时进行，应该先进行添加，之后再删除。

单线程就意味着，所有任务需要排队，前一个任务结束，才会执行后一个任务，这样所导致的问题是，如果 JavaScript 执行的时间过长，就会造成页面的渲染不连贯，导致页面渲染加载有阻塞的感觉。

为了使读者更好地理解，下面我们通过一段代码来演示。

```
1  console.log(1);
2  setTimeout(function () {
3    console.log(3);
4  }, 5000);
5  console.log(2);
```

执行上述代码，在控制台会看到程序先输出了 1、2，等待 5 秒后输出 3。由此可见，当调用 setTimeout() 方法后，该方法会立即执行完成，然后执行后面的代码，在控制台中输出 2。而为 setTimeout() 传入的函数，它会在 5 秒后执行。像这样的操作就称为异步操作。这个异步执行的函数称为回调函数，它的调用时机是由定时器来决定的。

8.4.2 同步和异步

为了更好地利用多核 CPU 的计算能力，HTML5 提出 Web Worker 标准，允许 JavaScript 脚本创建多个线程。于是 JavaScript 出现了同步和异步的概念。

所谓同步，就是前一个任务结束后再执行后一个任务，程序的执行顺序与任务的排列顺序是一致的、同步的。比如做饭的同步做法，烧水煮饭，等水开了之后，再去切菜，炒菜。

所谓异步，就是在做一件事件的同时，可以去处理其他的事情。还以做饭为例，异步做法是，在烧水煮饭的同时去切菜炒菜。

同步任务都是在主线程上执行的，会形成一个执行栈，而异步任务是通过回调函数实现的。一般来说，异步任务有 3 种类型，第 1 种是普通事件，如 click、resize 等；第 2 种是资源加载，如 load、error 等；第 3 种是定时器，如 setInterval()、setTimeout()。

8.4.3 执行机制

当定时器的时间设为 0 的时候，就会产生一个问题，到底是为定时器传入的回调函数优先执行，还是 setTimeout() 后面的代码优先执行呢？示例代码如下。

```
1 console.log(1);
2 setTimeout(function () {
3   console.log(3);
4 }, 0);
5 for (var i = 0, str = ''; i < 900000; i++) {
6   str += i;       // 利用字符串拼接运算拖慢执行时间
7 }
8 console.log(2);
```

上述代码执行后，输出顺序为 1、2、3。显然，为定时器传入的回调函数是最后执行的。为了降低偶然性，第 5 ~ 7 行的代码拖慢了执行时间，但最终结果仍然是 3 最后输出。

在 JavaScript 中，同步任务是优先执行的，它们会被放入执行栈中执行，而异步任务（回调函数）则被放入任务队列中，如图 8-3 所示。

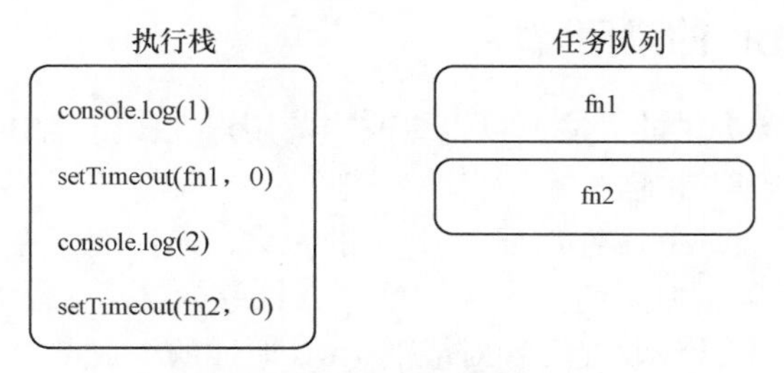

图 8-3　执行栈和任务队列

在图 8-3 中，一旦执行栈中的所有同步任务执行完毕，系统就会按次序读取任务队列中的异步任务，于是被读取的异步任务就会结束等待状态，进入执行栈，开始执行。

因为 JavaScript 的主线程会不断地重复获得任务、执行任务、再获取任务、再执行，所以这种机制被称为事件循环（Event Loop）。

8.5　location 对象

location 对象比较特别，它既是 window 对象的属性，同时也是 document 对象的属性，window.location 等同于 document.location，它们是引用了同一个对象。location 对象不仅提供了与当前显示文档相关的信息，而且还提供了用户获取和设置窗体的 URL。本节将详细讲解 location 对象的使用。

8.5.1　URL 的组成

location 对象与 URL 相关，因此在学习 location 对象前，我们先来看一下 URL 的组成。

在 Internet 上访问的每一个网页文件，都有一个访问标记符，用于唯一标识它的访问位置，以便浏览器可以访问到，这个访问标记符称为统一资源定位符（Uniform Resource Locator，URL）。

在 URL 中，包含了网络协议、服务器的主机名、端口号、资源名称字符串、参数以及锚点，具体示例如下。

```
// 示例 1
protocol://host[:port]/path/[?query]#fragment
```

```
// 示例2
http://www.example.com:80/web/index.html?a=3&b=4#res
```

下面我们通过表 8-2 对 URL 的各部分进行解释说明。

表 8-2 URL 组成说明

各部分	说明
protocol	网络协议，常用的如 http、ftp、mailto 等
host	服务器的主机名，如 www.example.com
port	端口号，可选，省略时使用协议的默认端口，如 http 默认端口为 80
path	路径，如“/web/index.html”
query	参数，为键值对的形式，通过“&”符号分隔，如“a=3&b=4”
fragment	锚点，如“#res”，表示页面内部的锚点

8.5.2 location 的常用属性

BOM 中 location 对象提供的方法，可以更改当前用户在浏览器中访问的 URL，实现新文档的载入、重载以及替换等功能。

location 对象提供的 search 属性返回 URL 中的参数，通常用于在向服务器查询信息时传入一些查询条件，如页码，搜索的关键字、排序方式等。除了 search 属性外，location 对象还提供了其他的属性，用于获取或设置对应的 URL 地址的组成部分，如服务器主机名、端口号、URL 协议以及完整的 URL 地址等。具体如表 8-3 所示。

表 8-3 location 对象的属性

属性	说明
location.search	返回（或设置）当前 URL 的查询部分（“?”之后的部分）
location.hash	返回一个 URL 的锚部分（从“#”开始的部分）
location.host	返回一个 URL 的主机名和端口
location.hostname	返回 URL 的主机名
location.href	返回完整的 URL
location.pathname	返回 URL 的路径名
location.port	返回一个 URL 服务器使用的端口号
location.protocol	返回一个 URL 协议

8.5.3 【案例】获取 URL 参数

在实现登录功能时，需要在登录页面（login.html）进行表单提交。如果用户输入正确，则提交到 index.html 首页，并且需要把输入的用户名传递过去，这样首页中就可以获取并使用该用户名。了解了产品需求之后，接下来我们开始编写业务逻辑代码。

（1）创建 login.html 登录页面，搭建表单结构，示例代码如下。

```
1  <form action="index.html">
2    用户名：<input type="text" name="uname">
3    <input type="submit" value="登录">
4  </form>
```

上述代码中，使用 action 属性把表单提交到 index.html 页面。第 3 行 input 表单元素 type

属性设置为“submit”，表示当单击“登录”按钮时，表单自动提交。

（2）创建 index.html 首页，示例代码如下。

```
1  <body>
2    <div></div>
3    <script>
4      console.log(location.search);                  // 结果为：?uname=andy
5      // 1. 去掉 search 中的问号 "?"
6      var params = location.search.substr(1);
7      console.log(params);                           // 结果为：uname=andy
8      // 2. 把字符串分割为数组
9      var arr = params.split('=');
10     console.log(arr);                              // 结果为：["uname", "andy"]
11     var div = document.querySelector('div');
12     // 3. 把数据写入 div 中
13     div.innerHTML = arr[1] + '欢迎您';
14   </script>
15 </body>
```

上述代码中，第 2 行的 div 元素用于展示从 login.html 页面传递过来的参数。第 4 行使用 location.search 返回 URL 地址中的参数。第 6 行的代码用来去掉字符串中第 1 个字符，也就是把参数字符串最前面的问号“?”去掉。第 9 行的代码利用 split() 方法把字符串分隔成数组。第 13 行的代码为使用 innerHTML 把数据写入 div 中。

8.5.4 location 的常用方法

location 对象提供的用于改变 URL 地址的方法，所有主流的浏览器都支持，具体如表 8–4 所示。

表 8–4 location 对象的方法

方法	说明
assign()	载入一个新的文档
reload()	重新加载当前文档
replace()	用新的文档替换当前文档，覆盖浏览器当前记录

在表 8–4 中，assign() 方法是比较常用的方式，使用 location.assign() 就可以立即打开一个新的浏览器位置，并生成一条新的历史记录。接收的参数为 URL 地址。

reload() 方法的唯一参数，是一个布尔类型值，将其设置为 true 时，它会绕过缓存，从服务器上重新下载该文档，类似于浏览器中的“刷新页面”按钮。

replace() 方法的作用就是使浏览器位置发生改变，并且禁止在浏览器历史记录中生成新的记录，它只接受一个要导航到的 URL 参数，而且在调用 replace() 方法后，用户不能返回到前一个页面。

8.6 navigator 对象

navigator 对象包含有关浏览器的信息，但是每个浏览器中的 navigator 对象中都有一套自己的属性。下面列举了主流浏览器中存在的属性和方法，如表 8-5 所示。

表 8-5 navigator 对象的属性和方法

分类	名称	说明
属性	appCodeName	返回浏览器的内部名称
	appName	返回浏览器的完整名称
	appVersion	返回浏览器的平台和版本信息
	cookieEnabled	返回指明浏览器中是否启用 Cookie 的布尔值
	platform	返回运行浏览器的操作系统平台
	userAgent	返回由客户端发送到服务器的 User-Agent 头部的值
方法	javaEnabled()	指定是否在浏览器中启用 Java

表 8-5 中，最常用的属性是 userAgent，下面我们通过示例演示让大家更清楚地了解该属性的使用，示例代码如下。

```
1  <script>
2    var msg = window.navigator.userAgent;
3    console.log(msg);
4  </script>
```

上述代码中，使用 window.navigator.userAgent 来返回不同客户端发送到服务器的 User-Agent 头部的值。以 Chrome、Firefox、IE 浏览器为例，输入结果如下。

（1）Chrome

```
  Mozilla/5.0 (Windows NT 6.1; Win64; x64) AppleWebKit/537.36 (KHTML, like Gecko)
Chrome/77.0.3865.75 Safari/537.36
```

（2）Firefox

```
  Mozilla/5.0 (Windows NT 6.1; Win64; x64; rv:69.0) Gecko/20100101 Firefox/69.0
```

（3）IE

```
  Mozilla/5.0 (compatible; MSIE 9.0; Windows NT 6.1; WOW64; Trident/7.0; SLCC2;
.NET CLR 2.0.50727; .NET CLR 3.5.30729; .NET CLR 3.0.30729; Media Center PC 6.0;
.NET4.0C; .NET4.0E; InfoPath.3)
```

8.7 history 对象

BOM 中提供的 history 对象，可以对用户在浏览器中访问过的 URL 历史记录进行操作。出于安全方面的考虑，history 对象不能直接获取用户浏览过的 URL，但可以控制浏览器实现“后退”和“前进”的功能。具体相关的属性和方法如表 8-6 所示。

表 8-6 history 对象的属性和方法

分类	名称	说明
属性	length	返回历史列表中的网址数
方法	back()	加载 history 列表中的前一个 URL
	forward()	加载 history 列表中的下一个 URL
	go()	加载 history 列表中的某个具体页面

在表8–6中，go()方法可根据参数的不同设置，完成历史记录的任意跳转。当参数值是一个负整数时，表示“后退”指定的页数；当参数值是一个正整数时，表示“前进”指定的页数。

本章小结

本章首先介绍了BOM是JavaScript组成的一部分，讲解了BOM的构成，以及其各属性的作用。然后通过案例的形式讲解了定时器的应用，重点讲解了window对象、location对象、history对象的定义、常用的属性和方法。通过本章的学习，读者可以使用BOM对象中的属性和方法实现窗口和URL导航及定时器的相关操作。

课后练习

一、填空题

1. 在BOM中，所有对象的父对象是________。
2. 页面中所有内容加载完之后触发的事件是________。
3. history对象的________属性可获取历史列表中的URL数量。
4. ________事件是在DOM结构加载完触发的。

二、判断题

1. 全局变量可以通过window对象进行访问。 (　　)
2. 修改location对象的href属性可获取或设置URL。 (　　)
3. 使用clearTimeout()和clearInterval()可以清除定时器。 (　　)
4. 使用history对象的go()方法可以实现页面前进或后退。 (　　)

三、选择题

1. 下列选项中，不是window对象的属性的是（　　）。
   A. pageX　　B. location　　C. history　　D. navigator
2. 下面关于BOM对象的描述，错误的是（　　）。
   A. go(−1)与back()皆表示向历史列表后退一步
   B. 通过confirm()实现的“确认”对话框，单击“确认”按钮时返回true
   C. go(0)表示刷新当前网页
   D. 以上选项都不正确
3. 下列描述错误的是（　　）。
   A. onload和DOMContentLoaded都是页面加载事件，没有区别
   B. DOMContentLoaded有浏览器兼容问题
   C. 定义在全局作用域中的变量是window对象的属性
   D. window对象的方法在调用时可以省略不写window

四、编程题

编写程序，实现电子时钟自动走动的效果，并提供一个按钮控制电子时钟是否停止走动。

第9章

JavaScript 的网页特效

学习目标

★了解网页特效的基本概念
★掌握元素偏移量 offset 系列的使用
★掌握可视区 client 系列的使用
★掌握滚动 scroll 系列的使用
★掌握常见网页特效的应用方法

随着网页技术的不断发展，用户对网页特效的要求也越来越高，许多网站的页面效果越来越绚丽。本章主要学习 JavaScript 网页特效中的三大系列，主要包括 offset 系列、client 系列和 scroll 系列，通过学习基础的知识，帮助读者实现模态框拖曳、放大镜等交互效果，来提高用户的体验。本章主要通过案例方式对 JavaScript 网页特效进行详细讲解。

9.1 元素偏移量 offset 系列

9.1.1 offset 概述

offset 的含义是偏移量，使用 offset 的相关属性可以动态地获取该元素的位置、大小等。offset 系列的相关属性如表 9-1 所示。

表 9-1 offset 系列属性

属性	说明
offsetLeft	返回元素相对其带有定位的父元素左边框的偏移
offsetTop	返回元素相对其带有定位的父元素上方的偏移
offsetWidth	返回自身的宽度（包括 padding、边框和内容区域的宽度）。注意返回数值不带单位
offsetHeight	返回自身的高度（包括 padding、边框和内容区域的高度）。注意返回数值不带单位
offsetParent	返回作为该元素带有定位元素的父级元素（如果父级都没有定位则返回 body）

表 9-1 中，给出了 offset 系列的属性及说明，在获取元素的位置和大小时，返回的是数值，

没有单位，获取到的元素高度和宽度包括 padding、边框和内容区域的宽度。

在 offset 中没有提供 offsetRight 和 offsetBottom 属性，只有 offsetLeft 和 offsetTop 两个属性来获取位置。在使用时该元素的父元素一定要设置定位 position。如果没有设置定位，则返回的是 body。

下面我们通过案例演示如何利用 offset 系列相关属性获取鼠标指针在盒子内的坐标。鼠标指针在盒子内的坐标是以盒子左上角位置为坐标原点，具体分析如图 9-1 所示。

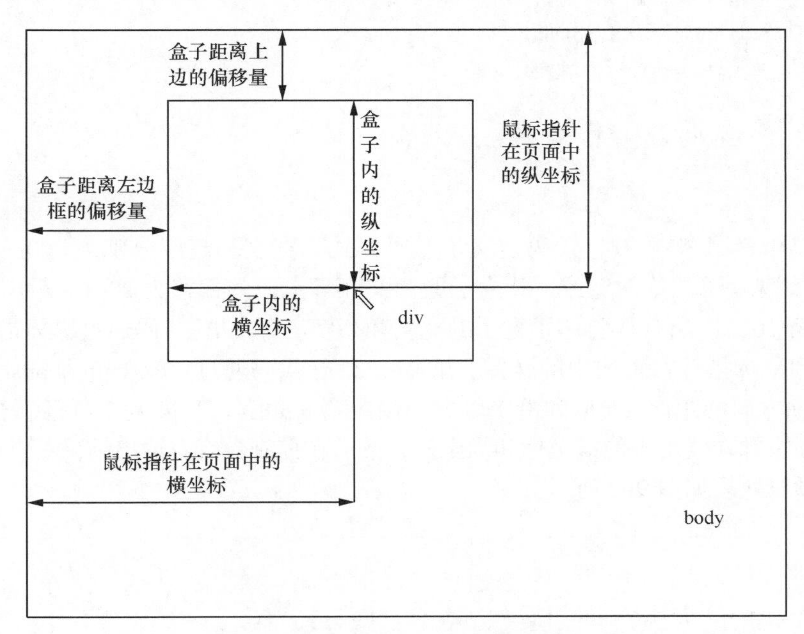

图 9-1　鼠标指针在盒子内的坐标示意图

从图 9-1 可以看出，通过鼠标指针在 body 中横纵坐标分别减去盒子距离左边框的偏移量和盒子距离上边的偏移量，可以得到鼠标指针在盒子内部的横纵坐标。

下面我们通过代码来获取鼠标指针在盒子内部的横纵坐标，示例代码如下。

```
1  <!-- 定义盒子样式 -->
2  <style>
3    #box {
4      background-color: pink;
5      width: 200px;
6      height: 200px;
7      position: absolute;
8      left: 50px;
9      top:20px;
10   }
11 </style>
12 <div id="box"></div>
13 <script>
14   var box = document.getElementById('box');
15    // 打印盒子的宽度和高度
```

```
16     console.log(box.offsetWidth);
17     console.log(box.offsetHeight);
18   // 绑定鼠标指针移动事件
19   box.onmousemove = function(e) {
20     // 获取盒子的偏移量
21     var left = box.offsetLeft;
22     var top = box.offsetTop;
23     // 计算鼠标指针在盒子内部的坐标
24     var x = e.pageX - left;
25     var y = e.pageY - top;
26     console.log('x坐标：' + x + ' y坐标：' + y);
27   };
28 </script>
```

上述代码中，第 3 ~ 10 行代码定义了盒子样式，宽度和高度分别为 200px，并且设置 position 属性实现盒子的绝对定位，让盒子距离父元素上边的偏移为 20px，距离左边框的偏移为 50px。第 16、17 行代码打印了盒子的宽度和高度。第 19 行代码通过鼠标指针移动事件的对象获取到鼠标指针在页面中的坐标。第 21、22 行代码通过 offsetLeft 和 offsetTop 分别获取元素沿 X 轴方向的距离 left 值和沿 *Y* 轴方向的距离 top 值。第 24 ~ 26 行代码根据计算公式计算出鼠标指针在盒子中的横坐标和纵坐标，然后在控制台查看输出结果。

浏览器预览效果如图 9-2 所示。

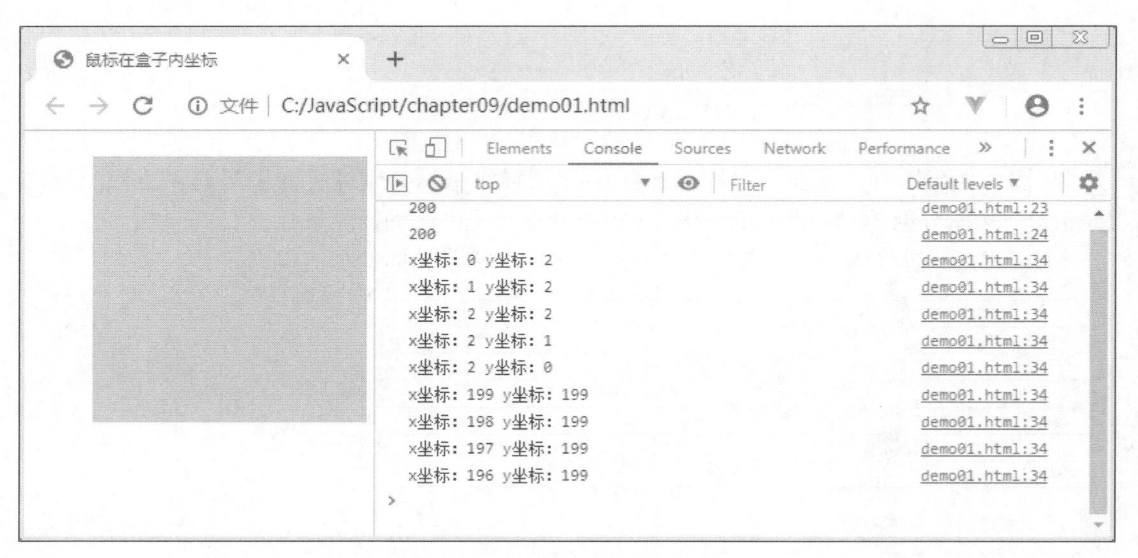

图 9-2 鼠标指针在盒子内的坐标

如图 9-2 所示，首先打印元素的宽度和高度，然后当鼠标指针移动到盒子左上角时，打印结果接近于 (0,0)；当鼠标指针移动到盒子右下角时，打印出的结果接近于 (199,199)。

9.1.2 offset 与 style 的区别

offset 系列和 style 属性都可以获得元素样式的属性和位置，那么两者有什么区别呢？接下来我们就对 offset 系列和 style 属性的区别进行深入分析，具体如表 9-2 所示。

表 9-2　offset 与 style 的区别

Offset	style
offset 可以得到任意样式表中的样式值	style 只能得到行内样式表中的样式值
offset 系列获得的数值是没有单位的	style.width 获得的是带有单位的字符串
offsetWidth 包含 padding、border、width 的值	style.width 获得的是不包含 padding、border 的值
offsetWidth 等属性是只读属性，只能获取不能赋值	style.width 是可读写属性，可以获取也可以赋值

需要注意的是，offset 系列是只读属性，只能获取元素的宽度，不能像 style 那样通过赋值修改元素样式。想到获取元素的大小位置，使用 offset 更为合适；而想要给元素更改值，则需要使用 style 来改变。

9.1.3 【案例】模态框拖曳效果

模态框拖曳效果是常见的网页特效之一，在实现模态框拖曳效果时，需要读者使用 offset 系列的相关属性实现模态框的移动效果。为了帮助读者快速上手，下面我们通过案例展示、案例分析到案例实现的全过程进行详细讲解。

1. 案例展示

打开案例页面后，会看到图 9-3 所示的“单击，登录会员…”区域。单击该区域后，会弹出一个“登录会员”模态框，如图 9-4 所示。

图 9-3　登录会员页面

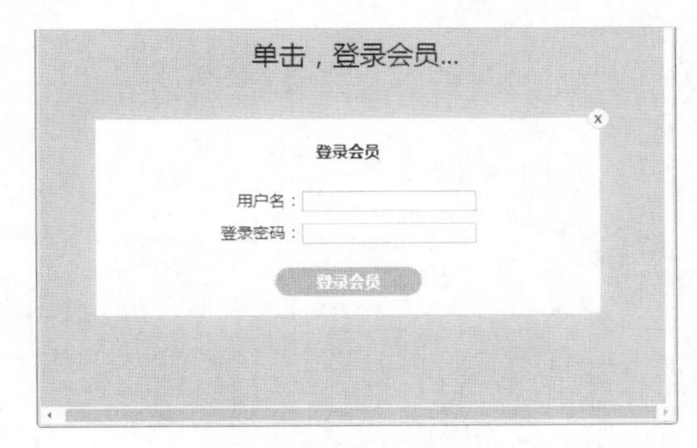

图 9-4　模态框

在图 9-3 所示页面中，模态框是表单结构，在模态框上单击鼠标并拖动鼠标，模态框会跟随鼠标指针进行移动。当鼠标左键抬起时，模态框会停止到鼠标指针当前位置。单击右上角的“关闭”按钮，模态框隐藏。

2. 案例分析

为了快速地实现模态框的拖曳效果，我们通过绘制设计图来分析鼠标指针在遮罩层上的纵坐标和横坐标，以及模态框在遮罩层上的 left 和 top 值，设计图如图 9-5 所示。

在图 9-5 中，模态框在遮罩层中的 left 值是当鼠标指针在遮罩层上移动时，鼠标指针的横坐标减去当鼠标指针按下时鼠标指针在 modal 模态框上横坐标。同理，根据纵坐标求出模态框的 top 值，最终将计算得到的 left 值和 top 值赋值给设置了绝对定位的模态框，最终，实现模态框跟随鼠标指针移动效果。

3. 案例实现

在实现模态框拖曳效果之前，我们先来实现简单的页面效果。遮罩层和模态框结构的 HTML 代码如下。

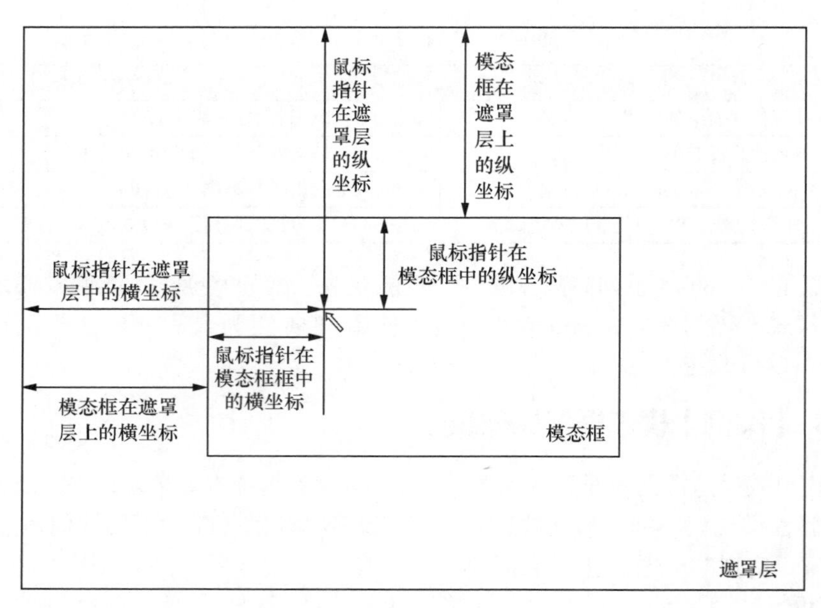

图 9-5 模态框设计图

```
1  <!-- 遮罩层 -->
2  <div class="login-bg"></div>
3  <!-- 模态框 -->
4  <div class="modal">
5    <form>
6      <div class="item1">登录会员</div>
7      <div class="item2">
8        <div class="username">
9          <label for="username">用户名：</label>
10         <input type="text" name="username">
11       </div>
12       <div>
13         <label for="password">登录密码：</label>
14         <input type="text" name="password">
15       </div>
16     </div>
17     <div class="item1">
18       <div class="vip">登录会员</div>
19     </div>
20   </form>
21   <!-- 模态框关闭按钮 -->
22   <div class="close">x</div>
23 </div>
24 <!-- 单击弹出遮罩层 -->
25 <div class="login-header">单击，登录会员...</div>
```

上述代码中，结构分为 3 部分，第 1 部分是第 2 行的遮罩层，第 2 部分是第 4 ~ 23 行的模态框，第 3 部分是第 25 行单击弹出遮罩层的部分。

编写 CSS 样式代码，具体代码如下。

```
1  <style>
2    /* 第 3 部分，单击弹出遮罩层部分样式 */
3    .login-header {
4      width: 100%;
5      text-align: center;
6      font-size: 20pt;
7      position: absolute;
8    }
9    /* 第 2 部分，模态框样式 */
10   .modal { /* 模态框页面居中显示 */
11     width: 500px;
12     height: 200px;
13     position: absolute;
14     left: 50%;
15     top: 50%;
16     transform: translate(-50%, -50%);
17     display: none;
18     box-shadow: 0px 0px 20px #ddd;
19     z-index: 999;
20     cursor: move;
21   }
22   .modal form { /* 表单结构 */
23     display: flex;
24     flex-direction: column;
25     height: 100%;
26     width: 100%;
27   }
28   .modal form .item1 { /* 表单标题 */
29     flex: 1;
30     display: flex;
31     justify-content: center;
32     align-items: center;
33     font-weight: bold
34   }
35   .modal form .item2 { /* 表单输入框 */
36     margin: 0 auto;
37     width: 70%;
38     display: flex;
39     flex: 1;
40     flex-direction: column;
41     justify-content: space-around;
42     align-items: center;
43   }
44   .username {
45     margin-left: 16px;
46   }
```

```
47    .vip {
48      border: 1px solid #ccc;
49      border-radius: 20px;
50      padding: 3px 40px;
51      background-color: orange;
52      color: #fff;
53    }
54    .close {    /* 关闭按钮 */
55      position: absolute;
56      right: -10px;
57      top: -10px;
58      border: 1px solid #ccc;
59      width: 20px;
60      height: 20px;
61      text-align: center;
62      line-height: 17px;
63      border-radius: 50%;
64      background-color: white
65    }
66    /* 第 1 部分，遮罩层样式 */
67    .login-bg {
68      position: absolute;
69      left: 0;
70      top: 0;
71      width: 100%;
72      height: 100%;
73      background-color: #ccc;
74      display: none;
75    }
76  </style>
```

上述代码中，第 3 ~ 8 行代码设置了“单击，登录会员…”部分的样式，在页面中居中显示。第 10 ~ 65 行代码设置了模态框样式，其中第 10 ~ 21 行代码设置模态框居中显示，22 ~ 53 行代码设置模态框中的登录表单样式，第 54 ~ 65 行代码设置模态框右上角位置的“关闭”按钮样式。第 67 ~ 75 行代码设置了遮罩层样式。

编写 JavaScript 逻辑代码，具体代码如下。

```
1   <script>
2     // 获取元素对象
3     var modal = document.querySelector('.modal');
4     var close = document.querySelector('.close');
5     var login = document.querySelector('.login-header');
6     var bg = document.querySelector('.login-bg');
7     // 单击弹出遮罩层和模态框
8     login.addEventListener('click', function () {
9       modal.style.display = 'block';
10      bg.style.display = 'block';
11      modal.style.backgroundColor = 'white';
```

```
12    });
13    // 单击关闭模态框
14    close.addEventListener('click', function () {
15      modal.style.display = 'none';
16      bg.style.display = 'none';
17    });
18    // 拖动模态框
19    modal.addEventListener('mousedown', function (e) {
20      // 当鼠标指针按下，获取鼠标指针在模态框中的坐标；
21      var x = e.pageX - modal.offsetLeft;
22      var y = e.pageY - modal.offsetTop;
23      // 定义事件回调函数
24      var move = function (e) {
25        modal.style.left = e.pageX - x + 'px';
26        modal.style.top = e.pageY - y + 'px';
27      };
28      // 鼠标指针按下，触发鼠标指针移动事件
29      document.addEventListener('mousemove', move);
30      // 鼠标左键抬起，移除鼠标指针移动事件
31      document.addEventListener('mouseup', function (e) {
32        document.removeEventListener('mousemove', move);
33      });
34    });
35 </script>
```

上述代码中，第 8 ~ 12 行代码给 login 注册单击事件，当事件触发时显示遮罩层和模态框。第 14 ~ 17 行代码给 close 注册单击事件，当事件触发时隐藏遮罩层和模态框。第 19 行代码注册鼠标按下事件，当事件触发时通过第 21 和 22 行代码动态获取鼠标指针在模态框中的坐标。第 24 ~ 27 行代码为当鼠标指针移动的时候，鼠标指针在页面中的坐标减去鼠标指针在模态框中的坐标就是模态框的 left 和 top 值。第 31 行代码注册了鼠标抬起事件，当事件触发时移除鼠标指针移动事件，让模态框不再跟随鼠标指针移动。

9.1.4 【案例】放大镜效果

放大镜效果是电商网站中一种常用的网页特效，制作过程并不复杂。在实现放大镜效果时需要灵活运用 offset 系列的相关属性获取元素的位置、大小等。

1. 案例展示

在电商网站的商品详情页中，鼠标指针移动到商品图上时，会在商品的右侧出现商品放大镜效果。以商品手机为例，放大镜效果如图 9-6 所示。

图 9-6 所示页面中，最左侧区域展示了需要实现放大镜效果的手机图片，当鼠标指针移动到手机图片所在区域时，会出现遮罩层覆盖在图片的上方，并且在图片预览区域的右侧自动弹出与放大镜覆盖的区域保持一致的图片效果，还对图片进行了一定比例的放大。当在图片上移动鼠标指针时，右侧与原图片对应的区域被放大，这种效果类似于使用放大镜，所以称之为放大镜效果。

2. 案例分析

遮罩层是在图片预览区域上的元素，可以跟随鼠标指针移动，遮罩层跟随鼠标指针移动的效果与鼠标指针坐标同步，所以鼠标指针在盒子内部的坐标就是遮罩层的位置坐标。

图 9-6 手机放大镜效果

在使用 offset 系列的相关属性时，可以通过 offsetLeft 和 offsetTop 属性获取到鼠标指针在盒子内部的坐标，当鼠标指针移动时，坐标值会追踪鼠标指针的移动而不断发生更新。下面我们通过使用鼠标指针在盒子内部的坐标值来实现遮罩层跟随鼠标指针移动。

为了获取遮罩层在图片预览区域的位置，下面我们通过设计图来分析，如图 9-7 所示。

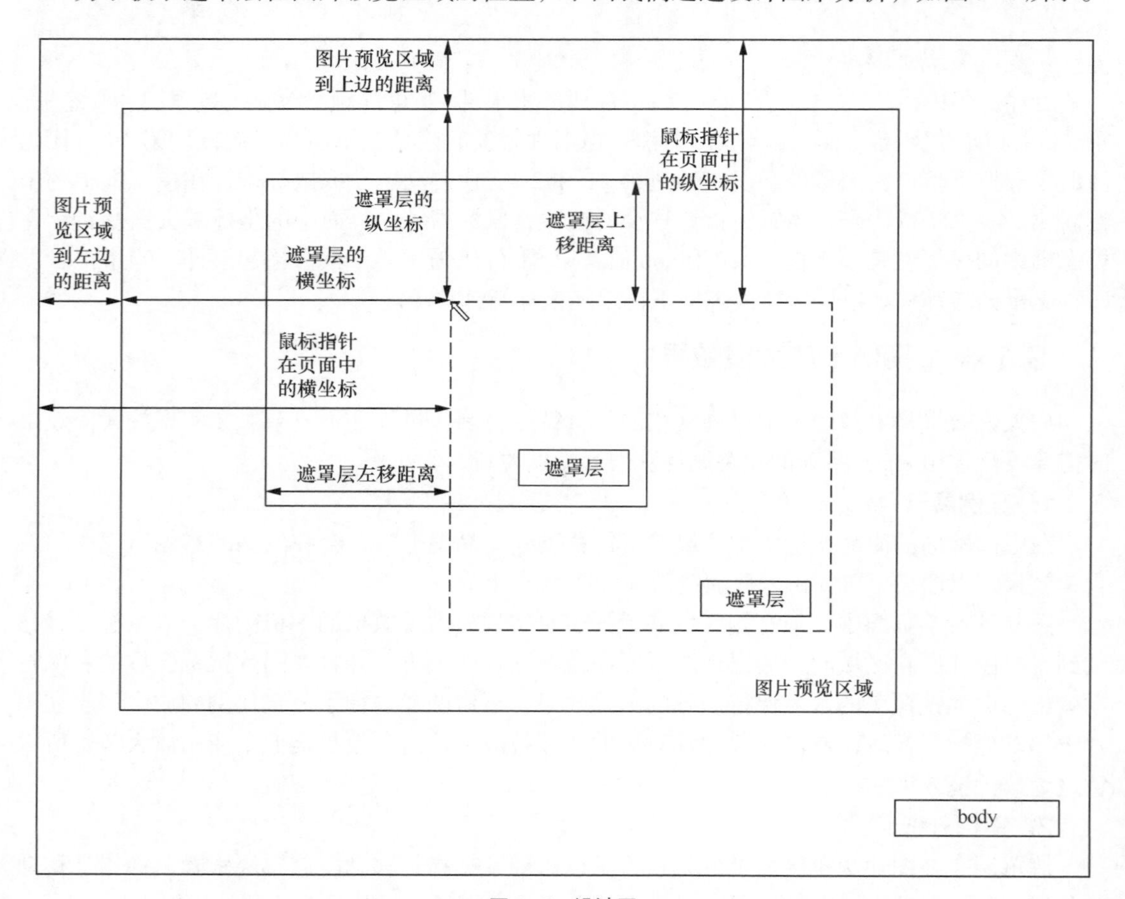

图 9-7 设计图

图 9–7 中，鼠标指针移动事件可以获取到鼠标指针在页面中的坐标。用鼠标指针在页面中的坐标减去图片预览区到左边的距离可以计算出遮罩层的横坐标。用同样的方法可计算出遮罩层的纵坐标。默认情况下鼠标指针停留在遮罩层的左上角位置，为了达到更美观的效果，可通过设置遮罩层的位置向 *X* 轴反方向移动元素本身的宽度的一半获取遮罩层的横坐标，而向 *Y* 轴反方向移动元素本身高度的一半获取遮罩层的纵坐标。

仔细分析图 9–7 的右侧大图会发现，当遮罩层移动时，右侧大图跟着遮罩层区移动，且遮罩层移动距离与遮罩层移动的最大距离的比值等于右侧大图移动距离与大图最大移动距离的比值。下面我们通过代码具体讲解案例实现过程。

3. 案例实现

为了实现放大镜效果功能，首先应在页面中完成页面结构和样式的编写，然后借助 JavaScript 实现页面交互效果。编写 HTML 结构代码，具体代码如下。

```
1  <!-- 图片预览区域 -->
2  <div class="preview_img">
3    <!-- 图片 -->
4    <img src="phone.png" alt="">
5    <!-- 放大镜 -->
6    <div class="mask"></div>
7    <!-- 展示放大后图片效果 -->
8    <div class="big">
9      <img src="bigphone.png" alt="" class="bigIMg">
10   </div>
11 </div>
```

上述代码中，第 4 行代码使用 img 标签定义了手机原图。第 6 行代码定义了遮罩层元素展示要放大的图片区域。第 9 行代码定义了放大后的图片。图片资源请参考项目源代码。

编写 CSS 样式代码，示例代码如下。

```
1  <style>
2    /* 图片预览区域 */
3    .preview_img {
4      position: absolute;
5      border: 1px solid #ccc
6    }
7    /* 放大镜 */
8    .mask {
9      display: none;
10     width: 200px;
11     height: 200px;
12     background-color: red;
13     opacity: 0.5;
14     position: absolute;
15   }
16   /* 大图片外部盒子 */
17   .big {
```

```
18      display: none;
19      width: 500px;
20      height: 600px;
21      position: absolute;
22      left: 600px;
23      top: 0;
24      border: 2px solid #ccc;
25      overflow: hidden;
26    }
27    /* 大图片 */
28    .bigIMg {
29      position: absolute;
30    }
31  </style>
```

上述代码中，第 8 ~ 15 行代码设置了遮罩层默认隐藏；设置了 position 属性值为 absolute 实现元素定位；将透视遮罩层覆盖区域的透明度设置为 0.5。第 17 ~ 26 行代码设置大图片外部盒子的默认隐藏，当鼠标指针在图片预览区域移动时，让外部盒子显示，通过 position 属性将元素定位在图片预览区域的右侧。第 28 ~ 30 行代码设置大图片为绝对定位，让大图片在其外部盒子里根据 left 值和 top 值进行移动。

编写 JavaScript 逻辑代码，示例代码如下。

```
1   <script>
2     // 获取元素对象
3     var mask = document.querySelector('.mask');
4     var preview = document.querySelector('.preview_img');
5     var big = document.querySelector('.big');
6     var bigIMg = document.querySelector('.bigIMg');
7     // 当鼠标指针移动的时候
8     preview.onmousemove = function (event) {
9       mask.style.display = 'block';
10      // 获得遮挡层移动的距离
11      var maskX = event.clientX - preview.offsetLeft - mask.offsetWidth / 2;
12      var maskY = event.clientY - preview.offsetTop - mask.offsetHeight / 2;
13      // 遮挡层最大的移动距离
14      var maskMaxX = preview.offsetWidth - mask.offsetWidth;
15      var maskMaxY = preview.offsetHeight - mask.offsetHeight;
16      // 限制遮挡层的移动范围
17      if (maskX < 0) {
18        maskX = 0;
19      } else if (maskX > maskMaxX) {
20        maskX = maskMaxX;
21      }
22      if (maskY < 0) {
23        maskY = 0;
24      } else if (maskY >= maskMaxY) {
25        maskY = maskMaxY;
```

```
26      }
27      // 让放大镜跟随鼠标指针移动
28      mask.style.left = maskX + 'px';
29      mask.style.top = maskY + 'px';
30      big.style.display = 'block';
31      // 大图片最大移动距离
32      var bigIMgMax = bigIMg.offsetWidth - big.offsetWidth;
33      // 大图片的移动距离 = 遮挡层移动距离 × 大图片的最大移动距离 / 遮挡层最大移动距离
34      var bigIMgX = maskX * bigIMgMax / maskMaxX;
35      var bigIMgY = maskY * bigIMgMax / maskMaxY;
36      // 大图片移动的距离
37      bigIMg.style.left = -bigIMgX + 'px';
38      bigIMg.style.top = -bigIMgY + 'px';
39    };
40    // 鼠标指针移出图片时关闭放大镜效果
41    preview.onmouseleave = function () {
42      big.style.display = 'none';
43      mask.style.display = 'none';
44    };
45  </script>
```

上述代码中，在获取元素对象之后，第 8 行代码通过 onmousemove 注册鼠标指针移动事件。第 9 行代码为当鼠标指针移动时设置遮罩层显示，通过事件对象获取鼠标指针在页面中坐标位置。第 11、12 行代码获取遮罩层移动距离，即 maskX 和 maskY。第 14 ~ 26 行代码说明遮罩层横坐标和纵坐标的最大值就是图片预览区域的宽度和高度分别减去遮罩层的宽度和高度，即 maskMaxX 和 maskMaxY。当遮罩层超出图片预览区域的右边界时，就让 maskX 等于 maskMaxX；当遮罩层超出图片预览区域的下边界时，就让 maskY 等于 maskMaxY；当遮罩层超出左边界和上边界时，设置 maskX 和 maskY 分别为 0。第 28 ~ 30 行代码让放大镜显示并跟随鼠标指针移动。第 32 ~ 39 行代码计算大图的移动距离 bigIMgX 和 bigIMgY，通过设置图片的 left 和 top 值分别为 -bigIMgX 和 -bigIMgY，让大图片展示效果与遮罩层部分保持同步。第 41 ~ 44 行代码为当鼠标指针移出图片预览区域时，遮罩层和大图片隐藏。

浏览器预览效果如图 9-8 所示。

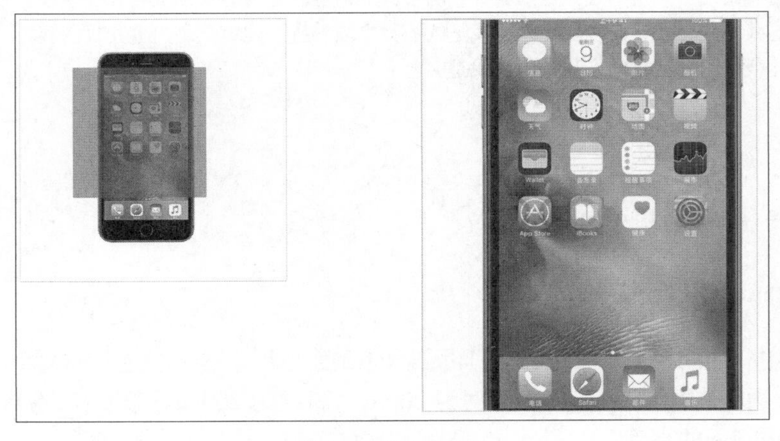

图 9-8　放大镜效果

图 9-8 展示的是当鼠标指针移动到左侧图片上时，在右侧展示了与之对应的放大展示效果，读者可以通过在左图上移动鼠标指针体验放大镜效果。

9.2 元素可视区 client 系列

client 的中文意思是客户端，通过使用 client 系列的相关属性可以获取元素可视区的相关信息。例如，可以动态地得到元素的边框大小、元素大小等。client 系列的相关属性如表 9-3 所示。

表 9-3 client 系列属性

属性	说明
clientLeft	返回元素左边框的大小
clientTop	返回元素上边框的大小
clientWidth	返回自身的宽度（包含 padding），内容区域的宽度（不含边框）。注意返回数值不带单位
clientHeight	返回自身的高度（包含 padding），内容区域的高度（不含边框）。注意返回数值不带单位

表 9-3 给出了 client 系列的属性及说明，其中 clientLeft 和 clientTop 获取的是左边框和上边框的大小，获取到的元素高度和宽度包括 padding 和内容区域。

下面我们通过简单代码获取元素的上边框和左边框，HTML 代码如下。

```
1  <style>
2    div {
3      width: 200px;
4      height: 200px;
5      background-color: pink;
6      border: 10px solid red;
7    }
8  </style>
9  <div>
10   我是内容我是内容我是内容我是内容我是内容我是内容我是内容我是内容我是内容
11   我是内容我是内容我是内容我是内容我是内容我是内容我是内容我是内容我是内容
12   我是内容我是内容我是内容我是内容我是内容我是内容我是内容我是内容我是内容
13   我是内容我是内容我是内容我是内容我是内容我是内容我是内容我是内容我是内容
14   我是内容我是内容我是内容我是内容我是内容
15 </div>
16 <script>
17   var div = document.querySelector('div');
18   console.log(div.clientHeight);
19   console.log(div.clientTop);
20   console.log(div.clientLeft);
21 </script>
```

上述代码中，第 18 ~ 20 行代码打印元素的高度、上边框和左边框的大小。第 2 ~ 7 行代码设置元素边框初始值为 10px，宽度为 200px，高度为 200px。第 9 ~ 15 行代码设置 div 元素的内容超出 div 的高度。

浏览器预览结果如图 9-9 所示。

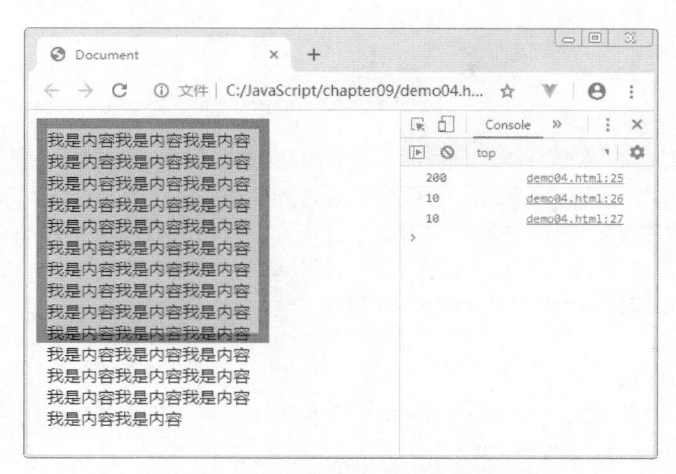

图 9-9　可视区域高度和边框

图 9-9 中，200 是盒子高度大小，10 为盒子的上边框和左边框的大小，当盒子里的内容超出盒子高度时，其高度值不变，实际上获取的高度为可视区域的高度值。

9.3　元素滚动 scroll 系列

9.3.1　scroll 概述

scroll 的含义是滚动，使用 scroll 系列的相关属性可以动态地获取该元素的滚动距离、大小等。scroll 系列的相关属性如表 9-4 所示。

表 9-4　scroll 系列属性

属性	说明
scrollLeft	返回被卷去的左侧距离，返回数值不带单位
scrollTop	返回被卷去的上方距离，返回数值不带单位
scrollWidth	返回自身的宽度，不含边框。注意返回数值不带单位
scrollHeight	返回自身的高度，不含边框。注意返回数值不带单位

由表 9-4 可见，scroll 系列的使用与 offset 系列类似，都可以用来获取元素的高度和宽度，但是不含边框。scrollLeft 和 scrollTop 获取的不再是元素偏移量，而是元素沿滚动条滚动的距离。

下面我们通过代码实现一个简单滚动条效果，具体 HTML 代码如下。

```
1  <style>
2    div {
3      width: 200px;
4      height: 200px;
5      background-color: pink;
6      overflow: auto;
```

```
7       border: 10px solid red;
8     }
9   </style>
10  <body>
11    <div>
12      我是内容我是内容我是内容我是内容我是内容我是内容我是内容我是内容我是内容
13      我是内容我是内容我是内容我是内容我是内容我是内容我是内容我是内容我是内容
14      我是内容我是内容我是内容我是内容我是内容我是内容我是内容我是内容我是内容
15      我是内容我是内容我是内容我是内容我是内容我是内容我是内容我是内容我是内容
16      我是内容我是内容我是内容我是内容我是内容
17    </div>
18    <script>
19      var div = document.querySelector('div');
20      console.log(div.scrollHeight);
21    </script>
22  </body>
```

上述代码中，第 2 ~ 8 行代码设置盒子宽度和高度及边框，并设置元素的 overflow 为 auto 生成滚动条。第 11 ~ 17 行代码定义 div 元素，在 div 元素内部写入内容，使内容超出 div 元素的高度。第 19 ~ 20 行代码首先通过 querySelector 获取到 div 元素对象，然后打印出当前元素的高度。

浏览器预览效果如图 9-10 所示。

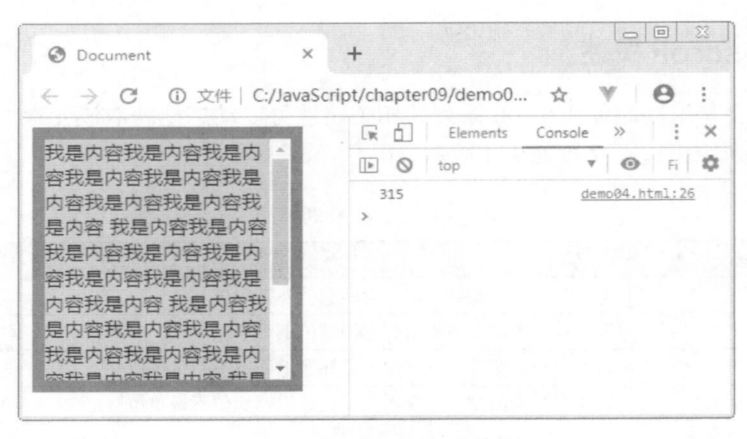

图 9-10　div 元素滚动条高度

由图 9-10 可见，通过 scrollHeight 属性得到了 div 盒子中内容的高度，且不包含边框的大小。接下来修改代码，给盒子添加 padding 内边距。

```
div {
  padding: 10px;
}
```

修改完成后，刷新页面，浏览器预览效果如图 9-11 所示。

由图 9-11 可见，在内容高度的基础上添加了 padding 的上下边距 10px，得到了 335。需要注意的是，将样式属性 overflow 设置为 auto，当盒子内部的内容大于盒子的高度和宽度后，就会自动生成滚动条，此时 scrollHeight 获取到的是内容真正的高度。

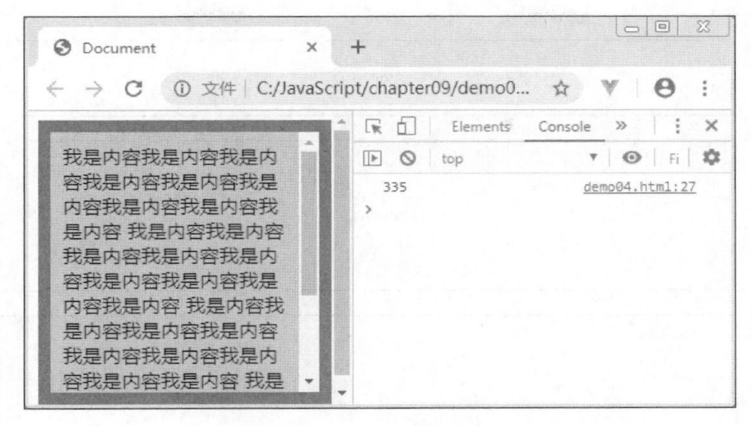

图 9-11　滚动条高度

9.3.2 【案例】固定侧边栏效果

网站中的右边侧边栏固定效果是一种常用的网页特效，在实现侧边栏固定效果时，需要通过 scroll 系列的相关属性获取滚动条卷去的距离、大小等。下面我们就开始对本案例进行分析和讲解。

1. 案例展示

页面侧边栏固定的效果如图 9-12 所示。

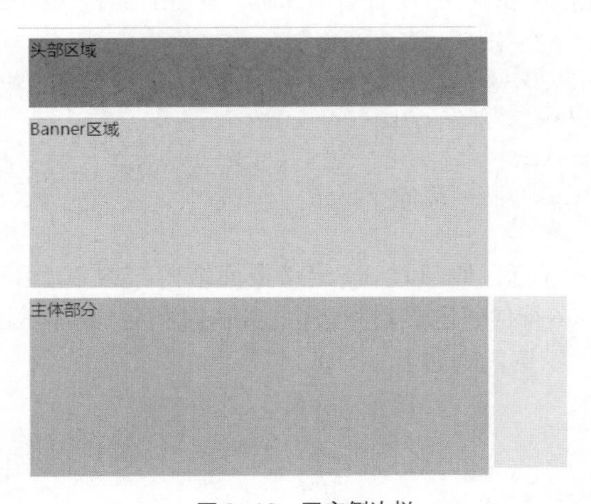

图 9-12　固定侧边栏

图 9-12 中，侧边栏在页面的右下角位置，当页面向上移动时，侧边栏会跟随页面一起移动。当滚动条移动到主体部分时，侧边栏会固定在当前的位置。

2. 案例分析

在本案例中，整个页面可以划分为三大部分，包括头部区域、Banner 区域和 main 主体部分。在主体部分的右侧是侧边栏结构，页面结构设计图如图 9-13 所示。

图 9-13 主要展示了页面的基本结构，头部区域、Banner 区域和主体部分的高度之和就是页面的高度，只有在页面高度大于浏览器窗口的高度时才会自动生成滚动条。滚动条滚动距离是头部部分和 Banner 页面区域的高度之和。默认将滚动条定位在主体部分右侧的位置，当页面滚动到主体部分时让滚动条停止在顶部位置，否则，让滚动条停留在默认位置。

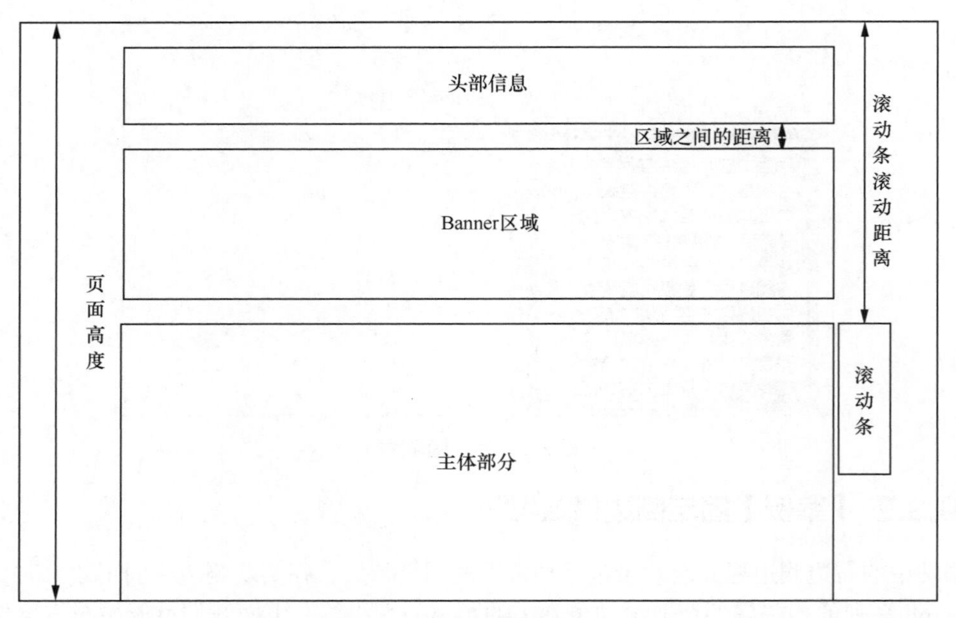

图 9-13 页面结构设计图

3. 案例实现

在实现侧边栏效果时，首先编写页面结构，该案例重点是为了实现右侧侧边栏效果，所以只需要写出实现右边侧边栏所需的页面结构即可。HTML 结构代码如下。

```
1  <div class="header w">头部区域</div>
2  <div class="banner w">Banner 区域</div>
3  <div class="main w">主体部分</div>
4  <div class="slider-bar">
5    <span class="goBack">返回顶部</span>
6  </div>
```

上述代码中，第 1 ~ 3 行代码通过 div 定义页面结构，给 div 元素定义类名，通过类名来设置 div 的样式。第 4 ~ 6 行代码定义右侧边栏，并通过类名 slider-bar 控制右侧边栏的样式。

编写 CSS 样式代码，示例代码如下。

```
1  <style>
2    .w {
3      width: 70%;
4      margin: 0 auto;
5      margin-top: 10px;
6    }
7    .header {
8      height: 100px;
9      background-color: red;
10   }
11   .banner {
12     height: 200px;
13     background-color: pink;
14   }
```

```
15    .main {
16      height: 1267px;
17      background-color: orange;
18    }
19    .slider-bar {
20      width: 70px;
21      height: 200px;
22      background-color: yellow;
23      position: absolute;
24      left: 85%;
25      top: 330px;
26    }
27    .goBack {
28      display: none;
29      position: absolute;
30      bottom: 0;
31    }
32 </style>
```

上述代码中，第 2 ~ 6 行代码设置头部区域、Banner 区域和主体部分的样式为宽度 70%，居中显示，间隙为 10px。第 7 ~ 18 行代码设置头部区域、Banner 区域和主体部分的高度分别为 100px、200px 和 1267px，背景色分别为红色、粉色和橙色。第 19 ~ 26 行代码设置右侧边栏大小、背景色和位置；第 27 ~ 31 行代码默认让“返回顶部”隐藏。

浏览器中预览效果如图 9-14 所示。

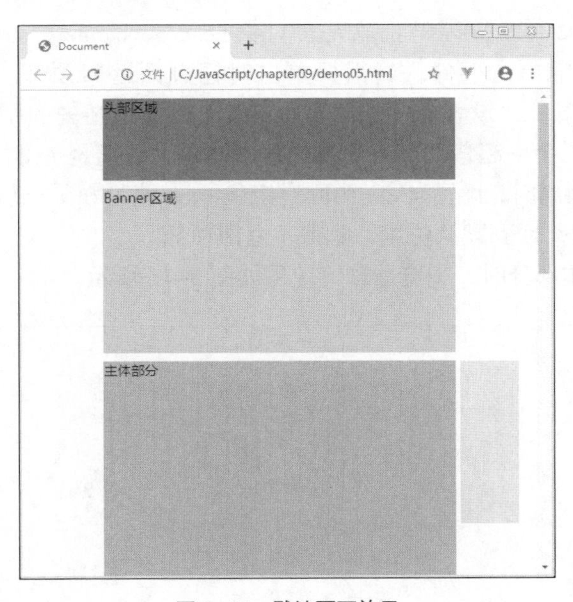

图 9-14　默认页面效果

编写 JavaScript 逻辑代码，示例代码如下。

```
1  <script>
2    var goBack = document.querySelector('.goBack');
```

```
3     var slider = document.querySelector('.slider-bar');
4     var banner = document.querySelector('.banner');
5     var header = document.querySelector('.header');
6     // 给返回顶部注册单击事件返回顶部
7     goBack.onclick = function () {
8       window.scrollTo(0, 0);
9     };
10    // 给页面绑定 scroll 滚动条事件
11    document.onscroll = function () {
12      // 获取页面左侧和顶部卷去的距离
13      slider.style.top = window.pageYOffset;
14      if (window.pageYOffset > (header.scrollHeight + banner.scrollHeight + 30)) {
15        goBack.style.display = 'block';
16        slider.style.position = 'fixed';
17        slider.style.left = '85%';
18        slider.style.top = '0px';
19      } else {
20        slider.style.position = 'absolute';
21        slider.style.left = '85%';
22        slider.style.top = header.scrollHeight + banner.scrollHeight + 30 + 'px';
23        goBack.style.display = 'none';
24      }
25    };
26 </script>
```

上述代码中，第 2 ~ 5 行代码获取元素对象 header、banner、slider 和 goBack。第 7 ~ 9 行代码给 goBack 绑定单击事件，当鼠标单击时让页面返回顶部。第 11 ~ 25 行代码给 document 绑定滚动条事件，设置右侧边栏的 top 值为滚动条卷去的距离 window.pageYoffset，当页面滚动时右侧边栏会一起移动。右侧边栏移动的最大距离是头部区域、Banner 区域的高度，当大于最大移动距离时，设置 slider 为固定定位，top 值为 0px，显示“返回顶部”；否则，设置 slider 为绝对定位，回到默认位置，隐藏“返回顶部”。

当页面移动到主体部分时，浏览器预览效果如图 9-15 所示。

图 9-15　返回顶部

小提示：

如果获取的是页面卷去的距离，要使用 window.pageYoffset 和 window.pageXoffset；而获取某一元素卷去的距离，要使用 element.scrollTop 和 element.scrollLeft。

本章小结

本章主要讲解了什么是网页特效，offset 系列、client 系列和 scroll 系列的属性，以及它们的简单使用，在对这 3 个系列进行讲解的同时，完成了一些常见的网页特效，包括模态框拖曳、放大镜效果和固定侧边栏效果。在开发网页特效时，前期可以先分析案例效果并绘制设计图，然后根据分析的结果实现代码逻辑。读者在掌握了这 3 个系列的案例后，还可以尝试开发其他类型的案例，将所学知识灵活运用。

课后练习

一、填空题

1. 通过________来获取元素到设置了定位的父元素顶部的距离。
2. ________用来获取带有定位的父元素。
3. offsetWidth 包含 padding、border、________的值。

二、判断题

1. scrollTop 和 scrollLeft 是获取被滚动出去的距离。 (   )
2. offset 系列是只读属性。 (   )
3. style 可以得到任意样式表中的样式值。 (   )

三、选择题

1. 以下关于 offset 系列属性和 style 属性的说法，正确的是（   ）。
   A. 通过 style 属性获取到的样式结果是字符串型，通过 offset 系列获取到的属性值是数字型
   B. offset 系列属性和 style 属性一样，都可以获取到元素的行内样式
   C. style 属性只能获取元素的行内样式，offset 系列属性能获取到元素的所有样式
   D. 以上说法都不正确
2. 下列关于 offsetWidth 和 offsetHeight 的说法，正确的是（   ）。
   A. 这两个属性用来表示内容的大小，不包括边框和内边距
   B. 通过 offsetWidth 可以设置元素的宽度
   C. 这两个属性值的结果是字符串类型的数据，默认单位是 px
   D. 这两个属性是只读属性
3. 下列关于 offsetParent 的说法，正确的是（   ）。
   A. offsetParent 获取到的是元素的父元素
   B. offsetParent 属性和 parentNode 属性的含义一样

C. offsetParent 属性用来获取离这个元素最近的绝对定位父元素

D. 以上说法都错误

四、简答题

1. 请简述 offset 系列属性有哪些。
2. 请简述 offset 和 style 的区别。
3. 请简述 offsetParent 和 parentNode 的区别。

第 10 章 jQuery（上）

学习目标

★了解 jQuery 的基本概念

★掌握 jQuery 选择器的使用

★掌握使用 jQuery 操作元素样式的方法

★掌握使用 jQuery 实现动画效果的方法

jQuery 是一款优秀的 JavaScript 库，它通过 JavaScript 的函数封装，简化了 HTML 与 JavaScript 之间的操作，使得 DOM 对象、事件处理、动画效果等操作的实现语法更加简洁，同时提高了程序的开发效率，消除很多跨浏览器的兼容问题。本章将针对 jQuery 的使用进行详细讲解。

10.1 初识 jQuery

10.1.1 什么是 jQuery

2006 年 1 月，在纽约 BarCamp 国际研讨会上，John Resig（约翰·瑞思格）首次发布了 jQuery，它是一个开源的 JavaScript 类库，吸引了世界各地众多 JavaScript 高手的关注，目前由 Dava Methvin（达瓦·梅斯文）带领团队进行开发。

jQuery 是一个快速、简洁的 JavaScript 库，其设计宗旨是“write less，do more”，倡导用更少的代码，做更多的事情。jQuery 封装了 JavaScript 常用的功能代码，使用 jQuery 可以快速地完成 JavaScript 中的 DOM 操作等常见的开发需求。jQuery 的出现，极大地帮助前端开发人员提高了开发速度。jQuery 简单易学，对于初学者来说，只要学习了 jQuery 的一些常用的函数（方法）就能快速上手。

jQuery 具有如下特点。

- jQuery 是一个轻量级的脚本，其代码非常小巧。
- 语法简洁易懂，学习速度快，文档丰富。
- 支持 CSS 1 ~ CSS3 定义的属性和选择器。

· 跨浏览器，支持的浏览器包括 IE 6 ~ IE 11 和 FireFox、Chrome 等。
· 实现了 JavaScript 脚本和 HTML 代码的分离，便于后期编辑和维护。
· 插件丰富，可以通过插件扩展更多功能。

10.1.2 获取 jQuery

从 jQuery 的官方网站可以获取最新版本的 jQuery 文件，如图 10-1 所示。

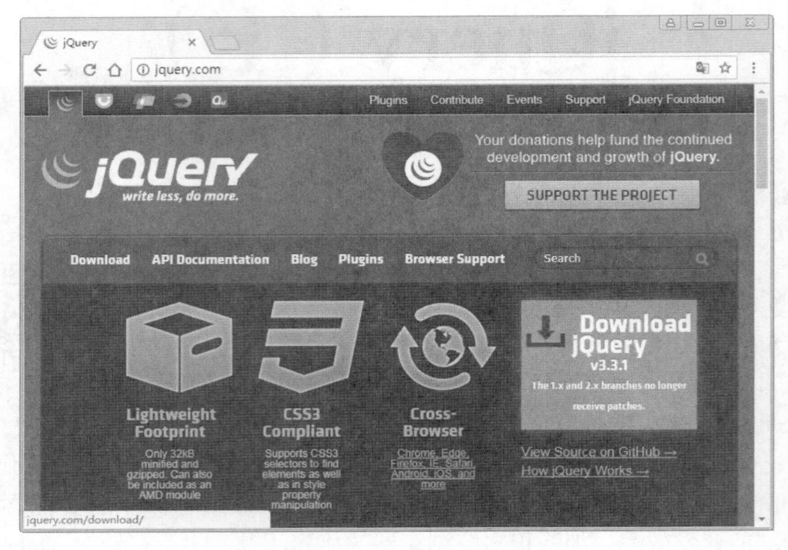

图 10-1 jQuery 官方网站

从图 10-1 可以看出，jQuery 1.x 和 2.x 系列已经停止更新，单击“Download jQuery”按钮可以下载最新的 jQuery 3.x 系列版本。它们之间的区别在于，jQuery 1.x 系列的经典版本保持了对早期浏览器的支持，最终版本是 jQuery 1.12.4；jQuery 2.x 系列的版本不再支持 IE 6 ~ IE 8 浏览器，从而更加轻量级，最终版本是 jQuery 2.2.4；而 jQuery3.x 系列的版本只支持最新的浏览器。

本书以 jQuery 3.3.1 版本为例进行讲解。进入下载页面后，获取 jQuery 所有版本的下载链接地址，如图 10-2 所示。

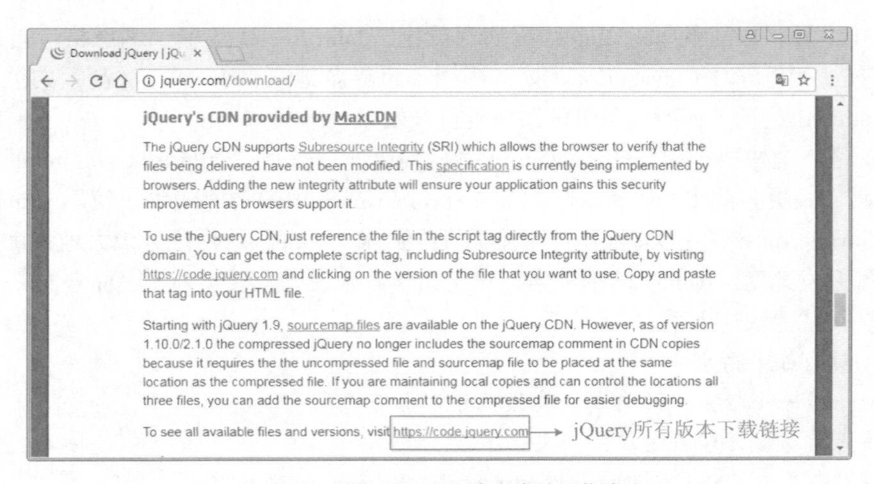

图 10-2 获取 jQuery 所有版本的下载地址

在下载页面会看到 jQuery 文件的类型主要包括未压缩（uncompressed）的开发版和压缩（minified）后的生产版。压缩指的是去掉代码中所有换行、缩进和注释等以减少文件的体积，从而更有利于网络传输，如图 10-3 所示。

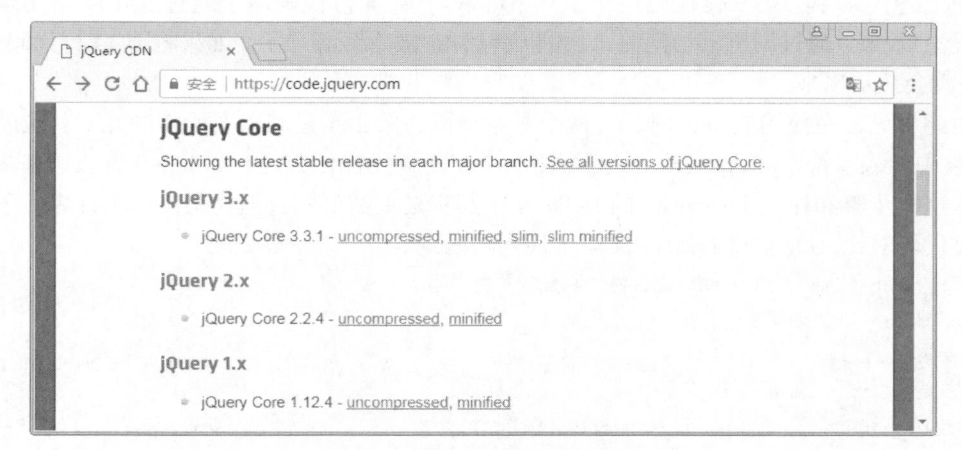

图 10-3　jQuery 下载页面

在图 10-3 所示页面中，选择 3.3.1 的压缩版（minified），将代码保存成本地文件即可，将文件命名为 jquery-3.3.1.min.js。

将 jQuery 文件下载后，在 HTML 中使用 <script> 标签引入即可。另外，一些 CDN（内容分发网络）也提供了 jQuery 文件，可以无须下载直接引入。示例代码如下。

```
<!-- 方式 1：引入本地下载的 jQuery -->
<script src="jquery-3.3.1.min.js"></script>
<!-- 方式 2：通过 CDN（内容分发网络）引入 jQuery -->
<script src="https://code.jquery.com/jquery-3.3.1.min.js"></script>
```

10.1.3　使用 jQuery

在引入 jQuery 后，就可以使用 jQuery 提供的功能了。下面我们通过代码演示 jQuery 的简单使用，具体代码如下。

```
1  <!DOCTYPE html>
2  <html>
3    <head>
4      <meta charset="UTF-8">
5      <title>使用 jQuery</title>
6      <style>
7        div { width: 200px; height: 200px; background-color: pink; }
8      </style>
9      <script src="jquery-3.3.1.min.js"></script>
10   </head>
11   <body>
12     <div></div>
13     <script>
14       $("div").hide();    // 隐藏 div 元素
```

```
15      </script>
16    </body>
17 </html>
```

在上述代码中，第 9 行代码用于引入 jQurey。第 14 行代码用于通过 jQuery 来实现隐藏 div 元素的效果。通过浏览器访问测试，可以看到 div 被隐藏起来了。如果将第 14 行代码注释，则 div 就会显示出来。

由此可见，在使用 jQuery 时，有两个基本步骤，第 1 步是获取要操作的元素，也就是在 $() 函数中传入字符串 div，表示 div 元素；第 2 步是调用操作方法，如 hide() 方法用来将元素隐藏。这个步骤和原生 JavaScript 的 DOM 操作其实是很类似的，但代码简洁了许多。下面我们通过代码对比 jQuery 和 JavaScript 原生代码的区别。

```
// jQuery 代码（为了方便对比，将代码分成两行书写）
var div = $("div");                              // 获取元素
div.hide();                                      // 对元素进行操作
// JavaScript 原生代码
var div = document.querySelector('div');         // 获取元素
div.style.display = 'none';                      // 对元素进行操作
```

在使用 jQuery 时需要注意代码的书写位置，jQuery 代码需要写在要操作的 DOM 元素的后面，确保 DOM 元素已经加载后，才可以用 jQuery 进行操作。如果将 jQuery 代码写在 DOM 元素前面，则代码不会生效，示例代码如下。

```
1  <body>
2    <script>
3      $("div").hide();
4    </script>
5    <div></div>
6  </body>
```

上述代码将要操作的 div 元素写在了第 5 行，通过浏览器访问，会发现 div 没有被隐藏起来，说明 jQuery 没有找到 div 元素。

如果一定要将 jQuery 代码写在 DOM 元素的前面，则可以利用如下语法来实现。

```
// 语法 1(简写形式)
$(function() {
  // 页面 DOM 加载后执行的代码
});
// 语法 2(完整形式)
$(document).ready(function() {
  // 页面 DOM 加载完成后执行的代码
});
```

上述代码是 jQuery 提供的加载事件，将页面 DOM 加载完成后要执行的代码提前写到函数中，传给 jQuery，由 jQuery 在合适的时机去执行。上述两种语法可任选其一，由于第 1 种语法比较简洁，在开发中推荐使用第 1 种。

下面我们通过代码演示 jQuery 加载事件的使用，具体代码如下。

```
1  <body>
2    <script>
```

```
3      $(function() {
4        $("div").hide();
5      });
6    </script>
7    <div></div>
8  </body>
```

通过浏览器访问，会发现 div 成功被隐藏起来了。

需要注意的是，虽然 jQuery 的加载事件和 DOM 中的 window.onload 类似，但也有不同之处，具体对比如表 10-1 所示。

表 10-1　页面加载事件对比

对比项	window.onload	$(document).ready()
执行时机	必须等待网页中的所有内容加载完成后（包括外部元素，如图片）才能执行	网页中的所有 DOM 绘制完成后就执行（可能关联内容并未加载完成）
编写个数	不能编写多个	能够编写多个，依次执行
简化写法	无	$()

从表 10-1 可以看出，jQuery 中的 ready 与 JavaScript 中的 onload 相比，不仅可以在页面加载后立即执行，还允许注册多个事件处理程序。

10.1.4　jQuery 对象

将 jQuery 引入后，在全局作用域下会新增“$”和“jQuery”两个全局变量，这两个变量引用的是同一个对象，称为 jQuery 顶级对象。在代码中可以使用 jQuery 代替 $，但一般为了方便，通常都直接使用 $。下面我们通过代码演示 $ 和 jQuery 的使用。

```
// 使用"$"
$(function () {
  $("div").hide();
});
```

```
// 使用"jQuery"
jQuery(function () {
  jQuery("div").hide();
});
```

jQuery 顶级对象类似一个构造函数，用来创建 jQuery 实例对象（简称 jQuery 对象），但它不需要使用 new 进行实例化，它内部会自动进行实例化，返回实例化后的对象。jQuery 的功能有很多，但使用方式很简单，一种方式是为构造函数传入不同的参数，来完成不同的功能，另一种方式是调用 jQuery 的静态方法。示例代码如下。

```
// 创建 jQuery 对象，语法为 "$(参数)"
console.log($("div"));              // 创建 div 元素的 jQuery 对象
// 调用静态方法，语法为 "$.方法名()"
console.log($.trim(" a "));         // 利用 trim() 方法去掉字符串两端的空白字符
```

在实际开发中，经常会在 jQuery 对象和 DOM 对象之间进行转换。DOM 对象是用原生 JavaScript 的 DOM 操作获取的对象，jQuery 对象是通过 jQuery 方式获取到的对象。这两种对象的使用方式不同，不能混用，示例代码如下。

```
// DOM 对象
var myDiv = document.querySelector('div');
myDiv.hide();                                    // 错误写法
// jQuery 对象
```

```
var div = $("div");
div.style.display = "none";        // 错误写法
```

jQuery 对象实际上是对 DOM 对象进行了包装，也就是将 DOM 对象保存在了 jQuery 对象中，因此通过 jQuery 可以获取 DOM 对象，有两种方式，如下所示。

```
// 从 jQuery 对象中取出 DOM 对象
$("div")[0];                       // 方式 1
$("div").get(0);                   // 方式 2
// 取出 DOM 对象后就可以用 DOM 方式操作元素
$("div")[0].style.display = "none";
```

在上述代码中，由于一个 jQuery 对象中可以包含多个 DOM 对象，所以在取出 DOM 对象时需要加上索引（从 0 开始），0 表示第 1 个 DOM 对象。

DOM 对象也可以转换成 jQuery 对象，其方式是将 DOM 对象作为 $() 函数的参数传入，该函数就会返回 jQuery 对象，示例代码如下。

```
var myDiv = document.querySelector('div');     // 获取 DOM 对象
var div = $(myDiv);                            // 转换成 jQuery 对象
div.hide();                                    // 调用 jQuery 对象的方法
```

10.2 jQuery 选择器

在前面演示的代码中，使用 $("div") 可以获取 div 元素，这种方式就是通过 jQuery 选择器来获取元素，语法为 $(" 选择器 ")。在 $() 函数中传入的字符串“div”就是一个选择器。由于原生 JavaScript 获取元素的方式有很多，而且兼容性情况也不一致，jQuery 为我们提供了更强大的选择器。本节将对 jQuery 的选择器进行详细讲解。

10.2.1 基本选择器

jQuery 的基本选择器和 CSS 选择器非常类似，常用的基本选择器如表 10-2 所示。

表 10-2 基本选择器

名称	用法	描述
id 选择器	$("#id")	获取指定 id 的元素
全选选择器	$("*")	匹配所有元素
类选择器	$(".class")	获取同一类 class 的元素
标签选择器	$("div")	获取相同标签名的所有元素
并集选择器	$("div,p,li")	选取多个元素
交集选择器	$("li.current")	交集元素

为了使读者更好地理解，下面我们通过代码进行演示。

```
1  <div class="nav">我是 nav div</div>
2  <script>
3    console.log($(".nav"));
4  </script>
```

上述代码执行后，即可看到获取结果，如图 10-4 所示。

```
▼w.fn.init [div.nav, prevObject: w.fn.init(1)]
  ▶0: div.nav
   length: 1
  ▶prevObject: w.fn.init [document]
  ▶__proto__: Object(0)
>
```

图 10-4　使用选择器获取元素

从图 10-4 可以看出，索引为 0 的元素就是页面中的 DOM 对象，length 属性表示匹配到符合条件的 DOM 对象个数，若没有匹配到合适的结果则为 0。其中，类选择器、标签选择器等可以获取多个元素，id 选择器只能获取 1 个元素。

10.2.2　层级选择器

层级选择器可以完成多层级元素之间的获取，具体如表 10-3 所示。

表 10-3　层级选择器

名称	用法	描述
子代选择器	$("ul > li")	获取子级元素
后代选择器	$("ul li")	获取后代元素

下面我们通过代码演示层级选择器的使用。

```
1  <ul>
2    <li>我是 ul 的 li</li>
3    <li>我是 ul 的 li</li>
4  </ul>
5  <script>
6    console.log($("ul li"));        // 获取 ul 中的 li
7  </script>
```

多学一招：隐式迭代

在使用 jQuery 选择器获取元素后，如果不考虑获取到的元素数量，直接对元素进行操作，则在操作时会发生隐式迭代。隐式迭代是指，当要操作的元素实际有多个时，jQuery 会自动对所有的元素进行操作，示例代码如下。

```
1  <div>第 1 个 div</div>
2  <div>第 2 个 div</div>
3  <div>第 3 个 div</div>
4  <div>第 4 个 div</div>
5  <script>
6    console.log($("div"));
7    // 使用 css() 方法修改元素 CSS 样式，将背景色设为 pink
8    $("div").css("background", "pink");   // 对所有的 div 进行相同操作
9  </script>
```

在使用 jQuery 之前，若要用原生 JavaScript 实现上述操作，需要先获取到一个元素集合，然后对集合进行遍历，取出每一个元素，再执行操作。而 jQuery 具有隐式迭代的效果，开发

人员不需要手动进行遍历，jQuery 会根据元素的数量自动进行处理。

10.2.3 筛选选择器

筛选选择器用来筛选元素，通常和别的选择器搭配使用，具体如表 10–4 所示。

表 10–4 筛选选择器

名称	用法	描述
:first	$("li:first")	获取第一个 li 元素
:last	$("li:last")	获取最后一个 li 元素
:eq(index)	$("li:eq(2)")	获取 li 元素，选择索引为 2 的元素
:odd	$("li:odd")	获取 li 元素，选择索引为奇数的元素
:even	$("li:even")	获取 li 元素，选择索引为偶数的元素

下面我们通过代码演示筛选选择器的使用。

```
1  <ul>
2    <li> 我是第 1 个 li，索引为 0</li>
3    <li> 我是第 2 个 li，索引为 1</li>
4    <li> 我是第 3 个 li，索引为 2</li>
5  </ul>
6  <script>
7    $("ul li:first").css("color", "red");
8    $("ul li:eq(2)").css("color", "blue");
9  </script>
```

在上述代码中，第 7 行代码用来将 ul 中的第 1 个 li 的颜色设为“red”。第 8 行代码用来将 ul 中索引为 2 的 li（对应第 3 个 li）的颜色设为“blue”。运行结果如图 10–5 所示。

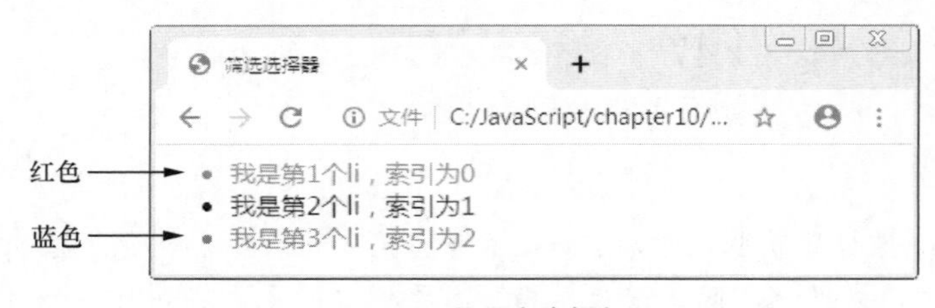

图 10–5 设置文本颜色

多学一招：筛选方法

在实际开发中，有时需要对一个已经用选择器获取到的集合进行筛选，此时可以使用筛选方法。常用的筛选方法如表 10–5 所示。

表 10–5 筛选方法

方法	用法	说明
parent()	$("li").parent()	查找父级元素
children(selector)	$("ul").children("li")	查找子级元素
find(selector)	$("ul").find("li")	查找后代
siblings(selector)	$(".first").siblings("li")	查找兄弟节点
nextAll([expr])	$(".first").nextAll()	查找当前元素之后所有的同辈元素

续表

方法	用法	说明
prevAll([expr])	$(".last").prevAll()	查找当前元素之前所有的同辈元素
hasClass(class)	$("div").hasClass("protected")	检查当前的元素是否含有特定的类，返回 true 或 false
eq(index)	$("li").eq(2)	相当于 $("li:eq(2)")

下面我们通过代码演示筛选方法的使用。

```
1  <div class="father">
2    <div class="son">子元素</div>
3  </div>
4  <script>
5    console.log($(".son").parent());
6    console.log($(".father").find("div"));
7  </script>
```

在上述代码中，第 5 行代码用于获取 class 为 son 的元素的父元素。第 6 行代码用于先获取 class 为 father 的元素，然后查找该元素中所有的 div 后代元素。

10.2.4 【案例】下拉菜单

在学习 DOM 时，我们曾经编写过一个下拉菜单的案例。学习了 jQuery 后，我们可以用 jQuery 来重新实现这个案例，以对比 jQuery 开发和原生 JavaScript 开发的区别。

（1）编写 HTML 代码完成页面布局。CSS 样式可以参考本书配套源码。

```
1  <body>
2    <ul class="nav">
3      <li>
4        <a href="#">微博</a>
5        <ul>
6          <li><a href="">私信</a></li>
7          <li><a href="">评论</a></li>
8          <li><a href="">@我</a></li>
9        </ul>
10     </li>
11      ...（此处省略 3 个 li）
12   </ul>
13 </body>
```

（2）为了实现案例，需要为页面中的 li 元素绑定事件。在 jQuery 中，为元素绑定事件的基本语法如下。

```
$("选择器").事件名(function() {
  // 执行的代码
});
```

接下来编写代码，实现鼠标指针经过时显示下拉菜单，鼠标指针离开时隐藏下拉菜单。控制元素的显示和隐藏使用 show() 和 hide() 方法来实现，具体代码如下。

```
1  <script>
2    // 鼠标指针经过
3    $(".nav > li").mouseover(function() {
```

```
4       // $(this) 表示当前元素，show() 显示元素，hide() 隐藏元素
5       $(this).children("ul").show();
6     });
7     // 鼠标指针离开
8     $(".nav > li").mouseout(function() {
9       $(this).children("ul").hide();
10    });
11 </script>
```

在上述代码中，第 5 行和第 9 行的 $(this) 表示触发事件的当前元素的 jQuery 对象，this 是 DOM 对象，需要使用 $(this) 转换为 jQuery 对象。

10.2.5 排他思想

在开发中，经常需要通过排他思想来完成多选一的效果。例如，为当前元素设置一个特定的样式，并为其他兄弟元素清除样式，示例代码如下。

```
1  <button>按钮 1</button>
2  <button>按钮 2</button>
3  <button>按钮 3</button>
4  <script>
5    $("button").click(function() {
6      $(this).css("background", "pink");
7      $(this).siblings("button").css("background", "");
8  });
9  </script>
```

在上述代码中，第 6 行代码表示为当前元素设置背景色为 pink。第 7 行代码表示为当前元素的其他兄弟元素去掉背景色。

10.2.6 【案例】精品展示

在电商网站首页设计中，通常都包括精品展示功能。精品展示功能通常用来推送目前热卖的商品，并支持快速切换商品。本案例将带领读者使用 jQuery 代码实现一个精品展示的案例，效果如图 10-6 所示。

图 10-6 精品展示

在图 10-6 所示页面中，鼠标指针滑到左边的菜单上，右边的图片区域就会显示对应的商品图。具体开发思路是，将左边的菜单使用 ul 和 li 来实现，为每个 li 添加鼠标指针滑过事件，当事件触发时，获取当前元素的索引 index，然后控制对应索引的图片显示或隐藏。

本案例的页面 HTML 代码如下。CSS 样式代码请参考本书配套源码。

```
1  <div class="wrapper">
2    <ul id="left">
3      <li><a href="#">女靴</a></li>
4      <li><a href="#">雪地靴</a></li>
5      <li><a href="#">冬裙</a></li>
6      ……（此处添加左侧菜单项）
7    </ul>
8    <div id="content">
9      <div>
10       <a href="#"><img src="images/1.jpg" width="200" height="250"></a>
11     </div>
12     <div>
13       <a href="#"><img src="images/2.jpg" width="200" height="250"></a>
14     </div>
15     <div>
16       <a href="#"><img src="images/3.jpg" width="200" height="250"></a>
17     </div>
18     ……（此处添加右侧对应的图片）
19   </div>
20 </div>
```

利用 jQuery 实现鼠标指针滑到菜单项，切换对应的图片，具体代码如下。

```
1  <script>
2    // 鼠标指针经过左侧的 li
3    $("#left li").mouseover(function() {
4      var index = $(this).index();    // 得到当前 li 的索引
5      console.log(index);
6      // 让右侧盒子相应索引的图片显示出来
7      $("#content div").eq(index).show();
8      // 将其他图片隐藏起来
9      $("#content div").eq(index).siblings().hide();
10 });
11 </script>
```

通过上述代码可以看出，使用 jQuery 可以非常轻松地完成简单的页面交互效果。

多学一招：链式编程

在 jQuery 开发中，经常会用到链式编程。使用链式编程是为了节省代码量，让代码看起来更优雅。其原理是，在调用上一个方法后，如果返回的结果是一个对象，就可以接着调用该对象的方法。下面我们通过代码来演示链式编程的实现原理。

```
1  var obj = {
2    fn1: function() {
3      console.log('fn1');
```

```
4       return {                          // fn1() 调用完成后可以链式调用 fn2() 方法
5         fn2: function() {
6           console.log('fn2');
7         }
8       };
9     }
10 };
11 // 链式调用测试
12 obj.fn1().fn2();
```

在上述代码中，第 2 行的 fn1() 方法返回了一个对象，这个返回的对象中有一个 fn2() 方法。所以，在调用完成 fn1() 方法后，可以链式调用 fn2() 方法。另外，如果希望同一个对象的方法可以被链式调用，可以使用 return this 返回对象自身。

接下来我们用链式编程改造精品展示的案例，在 li 的 mouseover 事件中，用一行代码完成当前索引元素的显示和其他兄弟元素的隐藏，具体代码如下。

```
1 $("#left li").mouseover(function() {
2   var index = $(this).index();
3   // 用一行代码完成当前索引元素的显示和其他兄弟元素的隐藏
4   $("#content div").eq(index).show().siblings().hide();
5 });
```

在上述第 4 行代码中，由于 show() 方法调用完成后，返回的是自身对象，所以可以链式调用 siblings() 方法。

10.2.7 其他选择器

jQuery 中的选择器种类非常多，对于初学者来说，并没有必要全部掌握，只记住常用的选择器即可。当需要使用其他不熟悉的选择器时，可以通过查阅文档查看具体的解释。为了方便读者查阅，接下来我们简单介绍一些其他在开发中可能会用到的选择器。

1. 获取同级元素

使用“+”或“~”可以获取同级元素，如表 10-6 所示。

表 10-6 获取同级元素

选择器	功能描述	示例
prev + next	获取当前元素紧邻的下一个同级元素	$("div + .title") 获取紧邻 <div> 的下一个 class 名为 title 的兄弟节点
prev ~ siblings	获取当前元素后的所有同级元素	$(".bar ~ li") 获取 class 名为 bar 的元素后的所有同级元素节点 <li>

2. 筛选元素

在 jQuery 中还有一些选择器可以筛选元素，如表 10-7 所示。

表 10-7 筛选元素

选择器	功能描述	示例
:gt(index)	获取索引大于 index 的元素	$("li:gt(3)") 获取索引大于 3 的所有 <li> 元素
:lt(index)	获取索引小于 index 的元素	$("li:lt(3)") 获取索引小于 3 的所有 <li> 元素
:not(seletor)	获取除指定的选择器外的其他元素	$("li:not(li:eq(3))") 获取除索引为 3 外的所有 <li> 元素

续表

选择器	功能描述	示例
:focus	匹配当前获取焦点的元素	$("input:focus") 匹配当前获取焦点的 <input> 元素
:animated	匹配所有正在执行动画效果的元素	$("div:not(:animated)") 匹配当前没有执行动画的 <div> 元素
:target	选择由文档 URI 的格式化识别码表示的目标元素	若 URI 为 http://example.com/#foo，则 $("div:target") 将获取 <div id="foo"> 元素
:contains(text)	获取内容包含 text 文本的元素	$("li:contains('js')") 获取内容中包含 "js" 的 <li> 元素
:empty	获取内容为空的元素	$("li:empty") 获取内容为空的 <li> 元素
:has(selector)	获取内容包含指定选择器的元素	$("li:has('a')") 获取内容中包含 <a> 元素的所有 <li> 元素
:parent	选取带有子元素或包含文本的元素	$("li:parent") 选取带有子元素或包含文本的 li 元素
:hidden	获取所有隐藏元素	$("li:hidden") 获取所有隐藏的 <li> 元素
:visible	获取所有可见元素	$("li:visible") 获取所有可见的 <li> 元素

3. 属性选择器

jQuery 中还提供了根据元素的属性获取指定元素的方式。例如，含有 class 属性值为 current 的 <div> 元素。常用的属性选择器如表 10–8 所示。

表 10–8　属性选择器

选择器	功能描述	示例
[attr]	获取具有指定属性的元素	$("div[class]") 获取含有 class 属性的所有 <div> 元素
[attr=value]	获取属性值等于 value 的元素	$("div[class='current']") 获取 class 等于 current 的所有 <div> 元素
[attr!=value]	获取属性值不等于 value 的元素	$("div[class!='current']") 获取 class 不等于 current 的所有 <div> 元素
[attr^=value]	获取属性值以 value 开始的元素	$("div[class^='box']") 获取 class 属性值以 box 开始的所有 <div> 元素
[attr$=value]	获取属性值以 value 结尾的元素	$("div[class$='er']") 获取 class 属性值以 er 结尾的所有 <div> 元素
[attr*=value]	获取属性值包含 value 的元素	$("div[class*='–']") 获取 class 属性值中含有 "–" 符号的所有 <div> 元素
[attr~=value]	获取元素的属性值包含一个 value，以空格分隔	$("div[class~='box']") 获取 class 属性值等于 "box" 或通过空格分隔并含有 box 的 <div> 元素，如 "t box"
[attr1][attr2]…[attrN]	获取同时拥有多个属性的元素	$("input[id][name$='usr']") 获取同时含有 id 属性和属性值以 usr 结尾的 name 属性的 <input> 元素

4. 子元素选择器

利用子元素选择器可以对子元素进行筛选，常用的子元素选择器如表 10–9 所示。

表 10–9　子元素选择器

选择器	功能描述
:nth–child(index/even/odd/ 公式)	索引 index 默认从 1 开始，匹配指定 index 索引、偶数、奇数或符合指定公式（如 2*n*，*n* 默认从 0 开始）的子元素
:first–child	获取第一个子元素
:last–child	获取最后一个子元素
:only–child	如果当前元素是唯一的子元素，则匹配

续表

选择器	功能描述
:nth-last-child(index/even/odd/ 公式)	选择所有它们父元素的第 *n* 个子元素。计数从最后一个元素开始到第一个
:nth-of-type(index/even/odd/ 公式)	选择同属于一个父元素之下，并且标签名相同的子元素中的第 *n* 个子元素
:first-of-type	选择所有相同的元素名称的第一个子元素
:last-of-type	选择所有相同的元素名称的最后一个子元素
:only-of-type	选择所有没有兄弟元素，且具有相同的元素名称的元素
:nth-last-of-type(index/even/odd/ 公式)	选择属于父元素的特定类型的第 *n* 个子元素，计数从最后一个元素到第一个

5. 表单选择器

jQuery 还提供了针对表单元素的选择器，用来方便表单开发，如表 10-10 所示。

表 10-10　表单选择器

选择器	功能描述
:input	获取页面中的所有表单元素，包含 <select> 以及 <textarea> 元素
:text	选取页面中的所有文本框
:password	选取所有的密码框
:radio	选取所有的单选按钮
:checkbox	选取所有的复选框
:submit	获取 submit 提交按钮
:reset	获取 reset 重置按钮
:image	获取 type="image" 的图像域
:button	获取 button 按钮，包括 <button></button> 和 type="button"
:file	获取 type="file" 的文件域
:hidden	获取隐藏表单项
:enabled	获取所有可用表单元素
:disabled	获取所有不可用表单元素
:checked	获取所有选中的表单元素，主要针对 radio 和 checkbox
:selected	获取所有选中的表单元素，主要针对 select

需要注意的是，$("input") 与 $(":input") 虽然都可以获取表单项，但是它们表达的含义有一定的区别，前者仅能获取表单标签是 <input> 的控件，后者则可以同时获取页面中所有的表单控件，包括表单标签是 <select> 以及 <textarea> 的控件。

10.3 jQuery 样式操作

jQuery 提供了用于样式操作的两种方式，分别是 css() 方法和设置类样式的方法，前者通过 css() 方法直接操作元素的样式，如 width、height 等，后者通过给元素添加或删除类名来操作元素的样式。下面我们分别进行详细讲解。

10.3.1　修改样式

jQuery 可以使用 css() 方法来修改简单元素样式；也可以操作类，修改多个样式。下面我们首先对 css() 方法进行详细讲解。

1. 获取样式

css() 方法接收参数时只写样式名，则返回样式值。下面我们通过代码演示。

```
1  <style>
2    div { width: 200px; height: 200px; background-color: 'pink'; }
3  </style>
4  <div></div>
5  <script>
6    console.log($("div").css("width")); // 结果为：200px
7  </script>
```

上述代码中，第 2 行代码设置 div 元素样式宽度为 200px，高度为 200px，背景色为 pink。第 4 行代码定义 div 元素。第 6 行代码用来获取 div 元素的宽度并在控制台中输出结果。

2. 设置单个样式

css() 接收的参数是属性名和属性值，以逗号分隔，是设置一组样式，属性必须加引号，值如果是数字可以不用跟单位和引号。下面我们通过代码进行演示。

```
1  <script>
2    $("div").css("width", "300px");        // 设置 width 为 300px
3    console.log($("div").css("width"));   // 结果为：300px
4  </script>
```

上述代码中，第 2 行代码重新设置 div 元素的宽度为 300px。第 3 行代码输出结果 300px。

3. 设置多个样式

css() 方法的参数可以是对象形式，方便设置多组样式。样式名和样式值用冒号隔开，样式名可以不用加引号。下面我们通过代码演示。

```
1  $("div").css({
2    width: 400,
3    height: 400,
4    backgroundColor: "red" // 属性名可以不加引号，但需要用驼峰法书写
5  });
```

上述代码中，设置了 div 元素宽度为 400px，高度为 400px，背景色为红色。

10.3.2　类操作

类操作就是通过操作元素的类名进行元素样式操作，当元素样式比较复杂时，如果通过 css() 方法实现，需要在 CSS 里编写很长的代码，既不美观也不方便。而通过写一个类名，把类名加上或去掉就会显得很方便。下面我们通过代码演示类的添加、删除和切换。

1. 准备工作

先准备一个 HTML 网页，然后用 jQuery 代码对网页进行操作。HTML 代码如下。

```
1  <style>
2    .current { background-color: red; }
3  </style>
4  <div>添加类名</div>
5  <div class="current">删除类名</div>
6  <div class="current">切换类名</div>
```

上述代码中，第 2 行代码定义了 current 类的样式为背景色为红色。第 5 行和第 6 行代码定义了两个类名为 current 的 div 元素。

2. addClass() 添加类

addClass() 方法向被选元素添加一个或多个类名，基本语法如下所示。

```
$(selector).addClass(className)
```

上述代码中，className 表示要添加的类名。示例代码如下。

```
1  <script>
2    $("div").click(function() {
3      $(this).addClass("current");
4    });
5  </script>
```

上述代码执行后，单击页面中的“添加类名”按钮，就会在 div 元素上添加 current 类名，背景色修改为红色。

如果添加多个类，使用空格分隔类名，示例代码如下。

```
$(this).addClass("current current1 …");
```

3. removeClass() 移除类

removeClass() 方法从被选元素移除一个或多个类，基本语法如下所示。

```
$(selector).removeClass(className)
```

上述代码中，className 参数可以传入一个或多个类名，使用空格来分隔，如果省略该参数，表示移除所有的类名。下面我们通过代码演示。

```
1  <script>
2    $("div").click(function() {
3        $(this).removeClass("current");
4    });
5  </script>
```

上述代码执行后，单击页面中的“删除类名”按钮，在 div 元素上的 current 类名会被移除，背景色消失。

4. toggleClass() 切换类

toggleClass() 方法用来为元素添加或移除某个类，如果类不存在，就添加该类，如果类存在，就移除该类。基本语法如下所示。

```
$(selector).toggleClass(className, switch)
```

上述代码中，className 表示添加或移除的一个或多个类名，多个类名用空格分隔；switch 参数用来规定只删除类或只添加类，设为 true 表示添加，设为 false 表示移除。

下面我们通过代码演示 toggleClass() 的使用。

```
1  <script>
2    $("div").click(function() {
```

```
3       $(this).toggleClass("current");
4     });
5   </script>
```

上述代码执行后，单击页面中的“切换类名”按钮，当 div 元素上存在 current 类名时，则被移除，否则就添加。可以实现字体背景色的切换效果。

10.3.3 【案例】Tab 栏切换

Tab 栏切换是一种常见的网页特效，可以提高用户体验。当用户单击页面标签时，会显示当前标签下的内容。例如，单击页面中的菜单，会弹出当前选项下的选项信息。下面我们通过代码进行演示。

1. 案例展示

本案例的页面效果如图 10-7 所示。

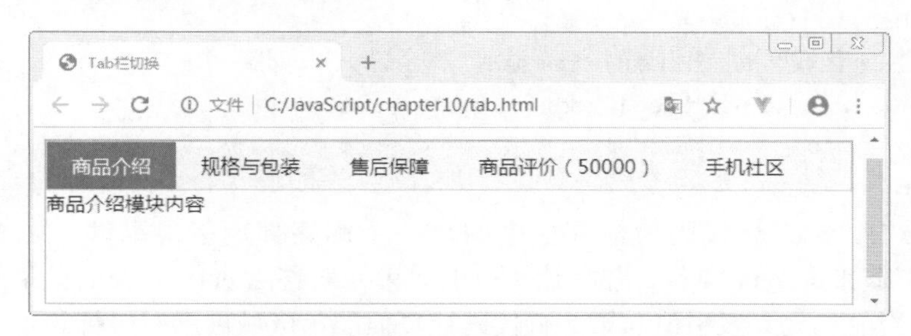

图 10-7 Tab 栏切换

2. 案例分析

分析图 10-7，得出本案例的具体实现思路，如下。

（1）编写页面结构。主要用到 div、ul 和 li 元素等，分别定义 Tab 栏列表结构和展示当前标签下的页面结构。

（2）编写样式。当单击当前标签时，当前标签背景色为红色。页面样式具体代码可以参考本书源代码。

（3）通过 jQuery 实现业务逻辑。当单击顶部标签栏中的 li 时，当前 li 添加 current 类，其余兄弟元素移除 current 类。并且同时得到当前 li 的索引值，让内容区域中相应索引值的 item 显示，其余 item 隐藏。

3. 案例实现

（1）创建 Tab.html 文件，编写代码如下。

```
1   <div class="tab">
2     <div class="tab_list">
3       <ul>
4         <li class="current">商品介绍</li>
5         <li>规格与包装</li>
6         <li>售后保障</li>
7         <li>商品评价（50000）</li>
8         <li>手机社区</li>
9       </ul>
10    </div>
11    <div class="tab_con">
```

```
12      <div class="item" style="display: block;">商品介绍模块内容</div>
13      <div class="item">规格与包装模块内容</div>
14      <div class="item">售后保障模块内容</div>
15      <div class="item">商品评价（50000）模块内容</div>
16      <div class="item">手机社区模块内容</div>
17    </div>
18  </div>
```

上述代码中，第 3 ~ 9 行代码定义了标签栏列表。第 11 ~ 17 行代码用来展示标签内容。

（2）利用 jQuery 实现标签栏切换，具体代码如下。

```
1  <script>
2    $(".tab_list li").click(function () {
3      $(this).addClass("current").siblings().removeClass("current");
4      var index = $(this).index();
5      console.log(index);
6      // 让内容区域里相应索引号的 item 显示，其余的 item 隐藏
7      $(".tab_con .item").eq(index).show().siblings().hide();
8    });
9  </script>
```

上述代码中，第 2 行代码为标签栏中的每一个标签绑定单击事件。第 3 行代码通过 addClass() 方法添加 current 类名，并且让所有的兄弟元素移除 current 类名。第 4 行代码通过 index() 获取到当前 li 元素索引值。第 7 行代码让页面展示区域展示对应标签下的内容，其中 eq(index) 表示获取对应列表，然后调用 show() 方法显示，并且让其兄弟元素都隐藏。

多学一招：jQuery类操作和className的区别

原生 JavaScript 中的 className 会替换元素原来的所有类名；jQuery 里面类操作只是针对指定类进行操作，不影响原先的类名。下面我们通过代码进行演示。

```
1  // 使用 className 操作类名
2  var one = document.querySelector('.one');
3  one.className = 'one';
4  one.className = 'two';                  // 此时元素将失去 one 类名
5  // 使用 jQuery 操作类名
6  $('.two').addClass('one');              // 此时元素同时拥有 one 和 two 类名
7  $('.two').removeClass('two');           // 此时元素的 two 类名被移除
```

10.4 jQuery 动画

在网页开发中，适当地使用动画可以使页面更加美观，进而增强用户体验。jQuery 中内置了一系列方法用于实现动画，当这些方法不能满足实际需求时，用户还可以自定义动画。本章将针对 jQuery 动画进行详细的讲解。

10.4.1 显示与隐藏效果

jQuery 中用于控制元素显示和隐藏效果的方法如表 10-11 所示。

表 10-11　控制元素显示和隐藏的方法

方法	说明
show([speed,[easing],[fn]])	显示被隐藏的匹配元素
hide([speed,[easing],[fn]])	隐藏已显示的匹配元素
toggle([speed],[easing],[fn])	元素显示与隐藏切换

在表 10-11 中，参数 speed 表示动画的速度，可设置为动画时长的毫秒值（如 1000），或预定的 3 种速度（slow、fast 和 normal）；参数 easing 表示切换效果，默认效果为 swing，还可以使用 linear 效果；参数 fn 表示在动画完成时执行的函数。

下面我们通过代码演示 show()、hide() 和 toggle() 的简单使用。

```
1  <style>
2    div { width: 150px; height: 300px; background-color: pink; }
3  </style>
4  <button> 显示 </button>
5  <button> 隐藏 </button>
6  <button> 切换 </button>
7  <div></div>
8  <script>
9    $("button").eq(0).click(function() {
10     $("div").show(1000, function() {
11       alert(" 已显示 ");
12     });
13   });
14   $("button").eq(1).click(function() {
15     $("div").hide(1000, function() {
16       alert(" 已隐藏 ");
17     });
18   });
19   $("button").eq(2).click(function() {
20     $("div").toggle(1000);
21   });
22 </script>
```

上述代码中，第 2 行代码设置 div 元素的样式宽度 150px，高度 300px，背景色 pink。第 4 ~ 6 行代码分别定义功能按钮。第 7 行代码定义 div 元素。第 9 ~ 13 行代码给页面中的第 1 个按钮绑定单击事件，实现单击“显示”按钮控制 div 元素的显示。第 14 ~ 18 行代码给页面中的第 2 个按钮绑定单击事件，实现单击“隐藏”按钮控制 div 元素的隐藏。第 19 ~ 21 行代码给页面中的第 3 个按钮绑定单击事件，实现单击“切换”按钮控制 div 元素的显示和隐藏。

在浏览器中运行，效果如图 10-8 所示。

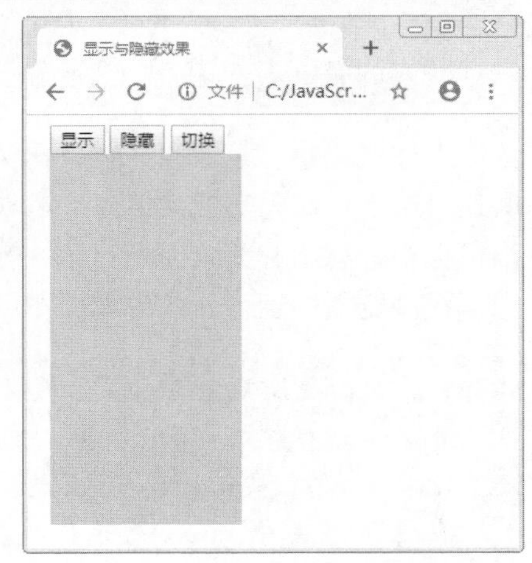

图 10-8　案例效果

10.4.2 滑动效果

jQuery 中用于控制元素上滑和下滑效果的方法如表 10–12 所示。

表 10–12 控制元素上滑和下滑的方法

方法	说明
slideDown([speed],[easing],[fn])	垂直滑动显示匹配元素（向下增大）
slideUp([speed,[easing],[fn]])	垂直滑动显示匹配元素（向上减小）
slideToggle([speed],[easing],[fn])	在 slideUp() 和 slideDown() 两种效果间切换

在表 10–12 中，参数 speed、easing 和 fn 与前面讲过的 show()、hide() 等方法的参数功能一致，后续将不再赘述。

为了读者更好地理解，接下来我们通过代码演示 slideUp() 和 slideDown() 方法的使用。前面学习 DOM 时，我们开发过一个下拉菜单的案例，在学习了 jQuery 以后，我们就可以使用 jQuery 更快速地完成这个案例。具体步骤如下。

编写 HTML 结构，具体代码如下。CSS 样式请参考配套源码。

```
1  <ul class="nav">
2    <li>
3      <a href="#">微博</a>
4      <ul>
5        <li><a href="">私信</a></li>
6        <li><a href="">评论</a></li>
7        <li><a href="">@我</a></li>
8      </ul>
9    </li>
10   ...（省略了结构代码，可以参考源代码）
11 </ul>
```

利用 jQuery 实现鼠标指针滑动切换效果，具体代码如下。

```
1 $(".nav > li").mouseover(function() {
2   $(this).children("ul").slideDown(200);
3 });
4 $(".nav > li").mouseout(function() {
5   $(this).children("ul").slideUp(200);
6 });
```

上述代码中，第 1 ~ 3 行代码为 li 元素添加鼠标指针移入事件，当鼠标指针移入 li 元素时通过第 2 行代码实现菜单向下滑动效果。第 4 ~ 6 行代码给 li 元素添加鼠标指针移出事件，当鼠标指针移出 li 元素时通过第 5 行实现菜单的向上滑动效果。

在浏览器中运行，效果如图 10–9 所示。

多学一招：hover()方法

jQuery 提供了 hover() 方法，可以直接代替鼠标指针移出和移入事件，语法如下。

```
$(selector).hover([over,] out)
```

在上述语法中，over 表示鼠标指针移到元素上要触发的函数（相当于 mouseenter），out 表示鼠标指针移出元素要触发的函数（相当于 mouseleave）。

图 10-9 下拉菜单

下面我们通过 hover() 方式实现下拉菜单滑动效果。

```
1  $(".nav > li").hover(function() {
2    $(this).children("ul").slideDown(200);
3  }, function() {
4    $(this).children("ul").slideUp(200);
5  });
```

上述代码用于在鼠标指针进入时，以动画效果显示下拉菜单，当鼠标指针离开时，以动画效果隐藏下拉菜单。

另外，还可以对上述代码进行简化，让鼠标指针经过和鼠标指针离开时都会触发动画效果，如下所示。

```
1  $(".nav > li").hover(function() {
2    $(this).children("ul").slideToggle(200);
3  });
```

上述代码使用 slideToggle() 方法来切换元素的动画效果。

10.4.3 停止动画

使用动画的过程中，如果在同一个元素上调用一个以上的动画方法，那么对这个元素来说，除了当前正在调用的动画，其他的动画将被放到效果队列中，这样就形成了动画队列。

动画队列中所有动画都是按照顺序执行的，默认只有当前一个动画执行完毕，才会执行后面的动画。为此，jQuery 提供了 stop() 方法用于停止动画效果。通过此方法，可以让动画队列后面的动画提前执行。

stop() 方法适用于所有的 jQuery 效果，包括元素的淡入淡出，以及自定义动画等。stop() 方法的语法如下所示。

```
$(selector).stop(stopAll, goToEnd);
```

上述语法中，stop() 方法的两个参数都是可选的。其中，stopAll 参数用于规定是否清除动画队列，默认是 false；goToEnd 参数用于规定是否立即完成当前的动画，默认是 false。

由于 stop() 方法的参数设置的不同，会有不同的作用。下面我们以 div 元素为例，演示 4 种常见的使用方式。示例代码如下。

```
$("div").stop();                    // 停止当前动画，继续下一个动画
$("div").stop(true);                // 清除 div 元素动画队列中的所有动画
$("div").stop(true, true);          // 停止当前动画，清除动画队列中的所有动画
$("div").stop(false, true);         // 停止当前动画，继续执行下一个动画
```

上述代码中，stop() 方法在不传递参数时，表示立即停止当前正在执行的动画，开始执行动画队列中的下一个动画。如果将第 1 个参数设置为 true，那么就会删除动画队列中剩余的动画，并且永远也不会执行。如果将第 2 个参数设置为 true，那么就会停止当前的动画，但参与动画的每一个 CSS 属性将被立即设置为它们的目标值。

前面在实现下拉菜单滑动效果时，如果用户频繁地操作，就会产生动画队列现象，影响用户体验。为了解决这个问题，下面我们通过 stop() 方法将代码进行改写。

```
$(".nav > li").hover(function () {
  $(this).children("ul").stop().slideToggle(200);
});
```

上述代码中，在调用 slideToggle() 之前调用 stop() 方法来阻止动画队列。

10.4.4 淡入淡出

jQuery 中用于控制元素淡入和淡出效果的方法如表 10-13 所示。

表 10-13 控制元素淡入和淡出的方法

方法	说明
fadeIn([speed],[easing],[fn])	淡入显示匹配元素
fadeOut([speed],[easing],[fn])	淡出隐藏匹配元素
fadeTo([[speed],opacity,[easing],[fn]])	以淡入淡出方式将匹配元素调整到指定的透明度
fadeToggle([speed,[easing],[fn]])	在 fadeIn() 和 fadeOut() 两种效果间切换

在表 10-13 中，fadeTo() 方法的参数 opacity 表示透明度数值，范围在 0 ~ 1 之间，0 代表完全透明，0.5 代表 50% 透明，1 代表完全不透明。

接下来我们通过具体代码来演示 fadeIn()、fadeOut() 和 fadeTo() 方法的使用。

（1）编写 HTML 结构，具体代码如下。

```
1  <style>
2    div{width:100px;height:100px;float:left;margin-left:5px;}
3   .box{width:425px;height:105px;padding-top:5px;border:1px solid #ccc;}
4   .red{background-color:red;}
5   .green{background-color:green;}
6   .yellow{background-color:yellow;}
7   .orange{background-color:orange;}
8  </style>
9  <div class="box">
10   <div class="red"></div><div class="green"></div>
11   <div class="yellow"></div><div class="orange"></div>
12 </div>
```

上述代码中设置了一组 <div> 颜色方块，通过 CSS 设置样式。

（2）为页面添加鼠标指针滑过时元素淡入淡出的动画效果，具体代码如下。

```
1  <script>
2    $(".box div").fadeTo(2000, 0.2);
3    $(".box div").hover(function() {
4      $(this).fadeTo(1, 1);
```

```
5     }, function() {
6       $(this).fadeTo(1, 0.2);
7     });
8   </script>
```

在上述代码中，第 2 行代码利用 fadeTo() 方法为所有颜色方块设置 2 秒钟完成半透明的淡入效果，最后的结果如图 10-10 所示。

图 10-10　初始效果

第 3 ~ 7 行代码用来为每个方块设置动画效果，当鼠标指针移入时，正常显示，鼠标指针移出时，设置成半透明的效果。例如，鼠标指针滑过绿色方块时，效果如图 10-11 所示。

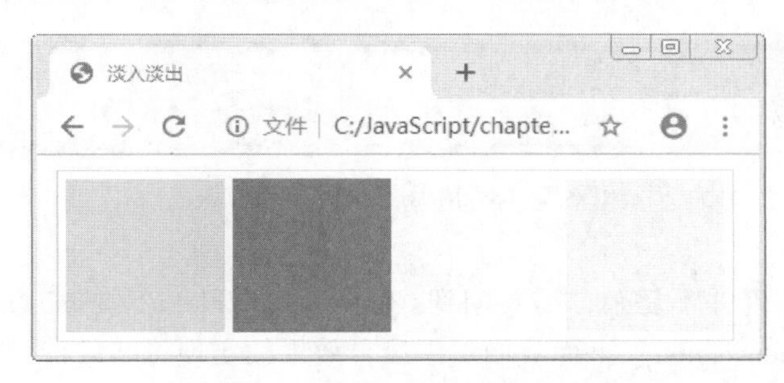

图 10-11　鼠标指针滑过方块时突出显示

10.4.5　自定义动画

为了满足动画实现的灵活性，解决单个方法实现动画的单一性，jQuery 中提供了 animate() 方法让用户可以自定义动画。语法如下所示。

```
$(selector).animate(params[, speed][, easing][, fn])
```

上述语法中，params 表示想要更改的样式，以对象形式传递，样式名可以不用带引号，但如果样式名中有“-”（如 border-left），需要用驼峰命名法（如 borderLeft）。其余参数的含义与前面讲过的动画方法相同，不再赘述。

下面我们通过代码演示如何利用 animate() 方法创建自定义动画。

```
1   <style>
2     div { width: 50px; height: 50px; background-color: pink;position:absolute;}
3   </style>
4   <button> 动起来 </button>
5   <div></div>
6   <script>
7     $("button").click(function() {
```

```
8       $("div").animate({ left: 500, top: 300, opacity: .4, width: 500 }, 500);
9     });
10 </script>
```

上述代码中，第 4 行代码定义按钮。第 5 行代码定义 div 元素。第 7 ~ 9 行代码给页面中的“动起来”按钮绑定单击事件，当单击鼠标时通过第 8 行代码将 div 元素运动到距离左侧 500px、距离顶部 300px 的位置，透明度为 0.4，宽度为 500px。

10.4.6 【案例】手风琴

1. 案例展示

本案例将会实现一个简单的手风琴效果，页面打开后，初始状态如图 10-12 所示。

图 10-12 初始状态

图 10-12 展示了不同颜色的方块，当鼠标指针滑过方块时，当前方块状态会发生变化。例如，将鼠标指针移动到黄色方块上后，浏览器中的运行效果如图 10-13 所示。

图 10-13 鼠标指针移入黄色方块

2. 案例分析

手风琴效果的实现并不复杂，需要用到 jQuery 中的 fadeIn() 和 fadeOut() 动画方法，以及鼠标指针进入事件 mouseenter。下面我们对手风琴效果的实现思路进行分析。

（1）编写手风琴效果的页面结构。小方块的宽度设置为 69px，高度为 69px，当鼠标指针滑过不同颜色的方块时，让方块的长度修改成 224px，高度为 69px。

（2）为不同的方块设置不同的背景颜色。小方块的背景颜色都是采用 16 进制颜色表示来加以区分；为了美观和更好的展示效果，大方块的背景颜色采用了接近于当前小方块的背景颜色。

（3）通过 jQuery 实现交互效果。当鼠标指针移动到小方块时，触发鼠标指针移入事件。利用选择器获取到页面中的小方块时，通过 fadeIn() 和 fadeOut() 方法控制方块的显示与隐藏。

3. 案例实现

（1）手风琴效果的页面结构非常简单，在页面结构中主要用到了 <ul>、<li> 和 <div> 等基本标签。下面我们通过代码来实现。

```
1  <div class="king">
2    <ul>
3      <li class="current">
4        <div class="small red1"></div>
5        <div class="big red2"></div>
6      </li>
7      <li>
```

```
8       <div class="small orange1"></div>
9       <div class="big orange2"></div>
10    </li>
11    <li>
12      <div class="small yellow1"></div>
13      <div class="big yellow2"></div>
14    </li>
15    <li>
16      <div class="small green1"></div>
17      <div class="big green2"></div>
18    </li>
19    <li>
20      <div class="small blue1"></div>
21      <div class="big blue2"></div>
22    </li>
23    <li>
24      <div class="small pink1"></div>
25      <div class="big pink2"></div>
26    </li>
27    <li>
28      <div class="small purple1"></div>
29      <div class="big purple2"></div>
30    </li>
31  </ul>
32 </div>
```

上述代码中，第1行代码是外层<div>标签，类名为king。第2 ~ 31行代码是<ul>标签定义的无序列表结构，列表中<li>标签代表小方块结构。其中，<li>标签的类名为current，表示初始状态。在<li>标签的内部定义了两个div元素，类名分别为big和small，big表示大方块，small表示小方块。并且通过颜色类名red和red1等方式设置了大小方块的背景颜色，来表示大小图片。

（2）页面结构编写完成之后，需要给页面添加样式，具体代码如下。

```
1  <style>
2     /* 清除元素的margin和padding */
3    * { margin: 0; padding: 0; }
4    /* 设置最外层盒子的样式 */
5    .king {
6      width: 852px;margin: 100px auto;
7       background: url(images/bg.png) no-repeat;
8      overflow: hidden; padding: 10px;
9    }
10    /* 取消列表的默认样式 */
11   .king ul { list-style: none; }
12    /* 设置列表的样式 */
```

```
13   .king li {
14     position: relative; float: left;
15     width: 69px; height: 69px; margin-right: 10px;
16   }
17   /* 设置初始状态 */
18   .king li.current { width: 224px; }
19   .king li.current .big { display: block; }
20   .king li.current .small { display: none; }
21   /* 设置大方块样式 */
22   .big {
23     width: 224px; height: 69px;
24     display: none; border-radius: 5px;
25   }
26   /* 设置小方块样式 */
27   .small {
28     position: absolute; top: 0; left: 0;
29     width: 69px; height: 69px; border-radius: 5px;
30   }
31   /* 设置大小方块的背景色 */
32   .red1 { background: #FF3333; }
33   .red2 { background: #CC0000; }
34       ...(省略了其他背景颜色的样式，具体可以查看源代码)
35 </style>
```

上述代码中，第 5 ~ 9 行代码设置了类名为 king 的元素的样式，宽度为 852px，居中；13 ~ 16 行代码设置无序列表中的 li 元素的样式，设为相对定位，宽度 69px，高度 69px，左浮动，右边距 10px。第 18 ~ 20 行代码设置初始状态，让类名为 current 下的小方块隐藏，大方块显示。第 22 ~ 25 行代码设置大方块的样式，宽度 224px，高度 69px，隐藏。第 27 ~ 30 行代码设置小方块的样式，绝对定位，左边距 0，上边距 0，宽度和高度都是 69px，圆角尺寸为 5px。第 32 ~ 34 行代码设置大小方块的背景颜色。

（3）编写逻辑代码。当鼠标指针移入当前 li 时，当前 li 宽度变为 224px，同时里面的小图片淡出，大图片淡入。页面的淡入和淡出动画效果可以灵活运用前面学习的 stop()、fadeIn() 和 fadeOut() 方法来实现。具体代码如下。

```
1  <script src="jquery.min.js"></script>
2  <script>
3    // 鼠标指针经过某个 li
4    $(".king li").mouseenter(function() {
5      // 当前小 li 宽度变为 224px，同时里面的小图片淡出，大图片淡入
6      $(this).stop().animate({
7        width: 224
8      }).find(".small").stop().fadeOut().siblings(".big").stop().fadeIn();
9    });
10 </script>
```

上述代码中，第 4 行代码获取类名为 king 元素下的 li，并且绑定鼠标指针移入事件。第

6行代码调用stop()用来停止当前正在进行的动画，通过链式调用animate()方法，让宽度过渡到224px，然后找到当前li元素中的类名为small的小方块，并且通过fadeOut()方法实现淡出效果。然后，获取到小方块的兄弟元素类名为“.big”的大方块，并且通过fadeIn()方法实现淡入效果。需要注意的是，在调用animate()、fadeIn()和fadeOut()方法之前，要调用stop()方法来停止动画，来消除动画队列。

（4）在当前li的宽度改变后，其余兄弟元素的状态同时需要发生改变。例如，将红色大方块修改为红色小方块，这一步的实现过程与上一步中的实现过程正好相反，主要是通过获取到当前li的所有兄弟li元素，并修改li宽度为69px，大图片淡出，小图片淡入。下面我们通过代码来实现，在上一步代码的基础上进行修改，具体如下。

```
1  $(".king li").mouseenter(function() {
2      ……（原有代码）
3    // 在原有代码基础上增加以下代码
4    // 其余兄弟 li 宽度变为 69px，小图片淡入，大图片淡出
5    $(this).siblings("li").stop().animate({
6      width: 69
7    }).find(".small").stop().fadeIn().siblings(".big").stop().fadeOut();
8  });
```

上述代码中，第5行代码通过$(this)获取到当前鼠标指针移入的小li元素，使用siblings("li")获取所有的兄弟li元素，并通过animate()动画函数让宽度过渡到69px。然后第7行代码找到当前li元素中的类名为small的小方块，并且通过fadeIn()方法实现淡入效果。最后，再获取到小方块的兄弟元素类名为“.big”的大方块，通过fadeOut()方法实现淡出效果。

（5）通过浏览器访问测试，当鼠标指针移入到黄色小方块时，黄色小方块会变成大方块，而红色大方块也会随之变化为小方块，这样就实现手风琴案例的预期效果了。

本章小结

本章首先介绍了什么是jQuery及其下载使用方法，如何使用jQuery选择器获取元素及操作元素属性，如何使用jQuery中常用的动画特效，包括元素的显示与隐藏、元素的淡入和淡出以及元素的上滑和下滑。然后介绍了自定义动画的方法，使用这些方法可以做出更复杂的动画。最后介绍了停止动画方法stop()的使用。学习本章内容后，读者需要掌握jQuery中选择器、样式操作方法和动画方法的使用，熟练制作出网页中常见的动画效果。

课后练习

一、填空题

1. 在筛选选择器中，通过________选择器获取第一个li元素。
2. jQuery动画中，通过________方法用来控制元素的淡入显示。
3. 在筛选选择器中，通过________选择器获取最后一个li元素。

4. jQuery 动画中，通过________方法显示被隐藏的匹配元素。

5. jQuery 操作类名的方法中，通过________方法向被选元素添加一个或多个类名。

二、判断题

1. jQuery 是一个快速、简洁的 JavaScript 库，其设计宗旨是“write less，do more”。 ( )

2. jQuery 文件的类型主要包括未压缩（uncompressed）的开发版和压缩（minified）后的生产版。 ( )

3. 将 jQuery 引入后，在全局作用域下会新增“$”和“jQuery”两个全局变量。 ( )

4. $("div") 可以获取 div 元素，这种方式就是通过 jQuery 选择器来获取元素。 ( )

5. 用 id 选择器获取指定 id 的元素，语法表示为 $(".id")。 ( )

三、选择题

1. 下列选项中，通过标签名获取元素的是（ ）。

A. $("#id") B. $(".class") C. $("div") D. $("*")

2. 下列筛选选择器中，用于获取 li 元素，并选择索引为奇数的元素的是（ ）。

A. $("li:first") B. $("li:last") C. $("li:odd") D. $("li:even")

3. jQuery 提供的用于停止动画效果的方法是（ ）。

A. stop() B. fadeTo() C. animate() D. show()

4. 下面选项中，可以实现从被选元素移除一个或多个类的是（ ）。

A. removeClass() B. toggleClass() C. toggle() D. addClass()

5. 下列关于 jQuery 的说法，错误的是（ ）。

A. jQuery 是一个轻量级的脚本，其代码非常小巧。

B. 不支持 CSS 1 ~ CSS3 定义的属性和选择器。

C. 实现了 JavaScript 脚本和 HTML 代码的分离，便于后期编辑和维护

D. 插件丰富，可以通过插件扩展更多功能

四、简答题

1. 请列举 jQuery 中基本选择器有哪些。

2. 请列举操作元素类名的方法有哪些。

五、编程题

1. 请使用 jQuery 设置页面中的 div 元素的宽度为 200px，高度 200px。

2. 请使用 jQuery 实现页面中的 div 元素向右运动 100px 后回到初始位置的动画效果。

第11章

jQuery（下）

学习目标

★掌握 jQuery 操作属性方法的使用

★掌握 jQuery 操作元素尺寸和位置方法的使用

★利用 jQuery 实现购物车功能

★利用 jQuery 实现电梯导航效果

★掌握 jQuery 事件的使用

在网页开发时，开发者会用到大量操作元素的方法。jQuery 提供了操作属性、元素位置和元素大小等大量方法，通过创建元素、添加元素和删除元素来实现元素的操作。为了方便事件处理，jQuery 还提供了 on() 方法用来绑定事件。本章将对 jQuery 的一些常用的操作方法进行详细讲解，并将这些方法应用到购物车、电梯导航、留言板案例中。

11.1 jQuery 属性操作

jQuery 提供了一些属性操作的方法，主要包括 prop()、attr() 和 data() 等。通过这些方法，能够实现不同的需求。下面我们分别进行详细讲解。

11.1.1 prop() 方法

prop() 方法用来设置或获取元素固有属性值。元素固有属性是指元素本身自带的属性，如 <a> 标签的 href 属性。具体语法示例如下。

```
$(selector).prop("属性名")                    // 获取属性值
$(selector).prop("属性", "属性值")             // 设置属性值
```

下面我们通过代码演示 prop() 方法的使用。

```
1  <a href="http://localhost" title="主页"></a>
2  <script>
3    console.log($("a").prop("href"));        // 输出结果：http://localhost
4    $("a").prop("title", "首页");             // 设置 title 的值为"首页"
5  </script>
```

在上述代码中，第 3 行代码用于获取 <a> 标签的 href 属性，输出到控制台中。第 4 行代码用于设置 <a> 标签的 title 属性，将属性值设为“首页”。

在开发中，还会经常使用 prop(' 属性 ') 获取表单元素的 checked 值，示例代码如下。

```
1  <input type="checkbox" checked>
2  <script>
3    // 获取表单元素的 checked 值
4    $("input").change(function() {
5      console.log($(this).prop("checked")); // 复选框选中时，输出结果为 true
6    });
7  </script>
```

上述代码中，第 1 行代码设置了 input 的 type 值为 checkbox，表示复选框。第 4 行代码给 input 绑定了 change 事件，当表单元素状态发生变化时触发。如果复选框处于选中状态，则输出结果为 true，否则输出 false。

11.1.2 attr() 方法

attr() 用来设置或获取元素的自定义属性，自定义属性是指用户给元素添加的非固有属性。例如，给 div 添加 index 属性，保存元素的索引值。具体语法如下。

```
$(selector).attr(" 属性名 ")                          // 获取属性值
$(selector).attr(" 属性 ", " 属性值 ")                 // 设置属性值
```

下面我们通过代码演示 attr() 方法的使用，如下所示。

```
1  <div index="1" data-index="2">我是 div</div>
2  <script>
3    console.log($("div").attr("index"));         // 输出结果：1
4    console.log($("div").attr("data-index"));    // 输出结果：2
5    $("div").attr("index", 3);                   // 设置 index 的属性值为 3
6    $("div").attr("data-index", 4);              // 设置 data-index 属性值为 4
7  </script>
```

在上述代码中，div 的 index 属性是一个普通的自定义属性，data-index 是 HTML5 的自定义属性（以“data-”开头），使用 attr() 方法都可以进行设置或获取。需要注意的是，自定义属性无法使用 prop() 设置和获取。

11.1.3 data() 方法

data() 方法用来在指定的元素上存取数据。数据保存在内存中，并不会修改 DOM 元素结构；一旦页面刷新，之前存放的数据都将被移除。具体语法如下。

```
$(selector).data(" 数据名 ")                          // 获取数据
$(selector).data(" 数据名 ", " 数据值 ")               // 设置数据
```

下面我们演示通过 data() 方法实现数据的操作，示例代码如下。

```
1  <div>我是 div</div>
2  <script>
3    $("div").data("uname", "andy");              // 设置数据
4    console.log($("div").data("uname"));         // 获取数据，输出结果：andy
5  </script>
```

上述代码运行后，uname 会保存到内存中，不会出现在 HTML 结构中。在开发者工具中查看元素，如图 11-1 所示。

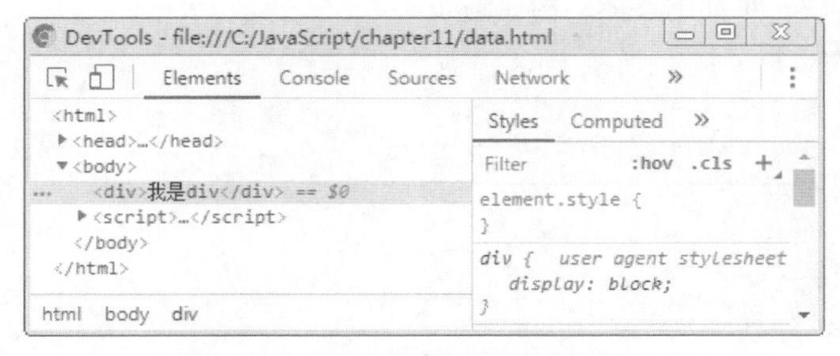

图 11-1　查看 div 元素

使用 data() 方法还可以读取 HTML5 自定义属性 data-index，示例代码如下。

```
1  <div index="1" data-index="2"> 我是 div</div>
2  <script>
3    console.log($("div").data("index")); // 输出结果：2
4  </script>
```

在上述代码中，第 3 行用来获取 data-index 属性，属性名中不需要“data-”前缀，并且返回的结果是数字型。

11.1.4 【案例】购物车商品全选

购物车是购物网站中常见的功能。在购物车页面中，一般会给用户提供“全选”的复选框，并且给每一件商品提供一个复选框，当用户单击“全选”复选框的时候，就把所有商品的复选框选中。本案例将实现购物车商品全选功能。

1. 案例展示

购物车的页面效果如图 11-2 所示。

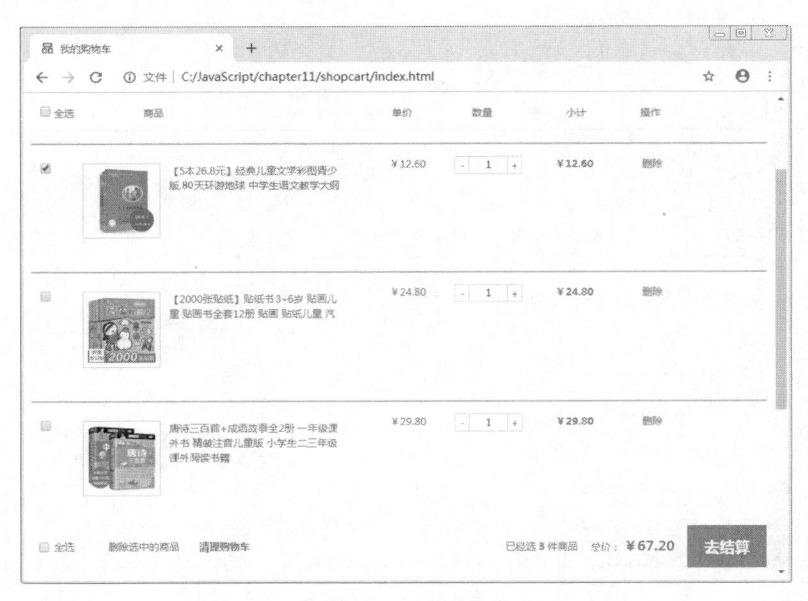

图 11-2　购物车页面

2. 案例实现

（1）为了实现购物车功能模块，首先编写基本页面结构。页面主要包括头部模块、商品列表模块和结算模块。页面的整体结构代码如下。

```
1  <div class="cart-warp">
2    <!-- 头部模块 -->
3    <div class="cart-thead"></div>
4    <!-- 商品列表模块 -->
5    <div class="cart-item-list"></div>
6    <!-- 结算模块 -->
7    <div class="cart-floatbar"></div>
8  </div>
```

（2）编写头部模块代码，具体代码如下。

```
1  <div class="cart-thead">
2    <div class="t-checkbox">
3      <input type="checkbox" name="" id="" class="checkall"> 全选
4    </div>
5    <div class="t-goods">商品</div>
6    <div class="t-price">单价</div>
7    <div class="t-num">数量</div>
8    <div class="t-sum">小计</div>
9    <div class="t-action">操作</div>
10 </div>
```

上述代码中，第 3 行代码定义了“全选”按钮。第 5 ~ 9 行代码定义了购物车头部信息页面结构。

（3）编写商品列表模块，示例代码如下。

```
1  <div class="cart-item-list">
2    <div class="cart-item">
3      <div class="p-checkbox">
4        <input type="checkbox" checked class="j-checkbox">
5      </div>
6      <div class="p-goods">
7        <div class="p-img">
8          <img src="upload/p1.jpg" alt="">
9        </div>
10       <div class="p-msg">商品名称</div>
11     </div>
12     <div class="p-price">￥12.60</div>
13     <div class="p-num">
14       <div class="quantity-form">
15         <a href="javascript:;" class="decrement">-</a>
16         <input type="text" class="itxt" value="1">
17         <a href="javascript:;" class="increment">+</a>
18       </div>
```

```
19      </div>
20      <div class="p-sum"> ￥12.60</div>
21      <div class="p-action"><a href="javascript:;"> 删除 </a></div>
22    </div>
23    ……（更多商品参考本书配套源代码）
24  </div>
```

上述代码中，第2 ~ 22行代码实现了一件商品的页面结构。其中第4行代码定义复选框，第6 ~ 11行代码定义商品图片和信息展示，第12 ~ 19行代码展示商品单价和商品数量控件，第20、21行代码展示商品小计和商品“删除”按钮。其他商品可以参考本书源代码。

（4）编写结算模块结构代码，具体代码如下。

```
1  <div class="cart-floatbar">
2    <div class="select-all">
3      <input type="checkbox" name="" id="" class="checkall"> 全选
4    </div>
5    <div class="operation">
6      <a href="javascript:;" class="remove-batch"> 删除选中的商品 </a>
7      <a href="javascript:;" class="clear-all"> 清理购物车 </a>
8    </div>
9    <div class="toolbar-right">
10     <div class="amount-sum"> 已经选 <em>1</em> 件商品 </div>
11     <div class="price-sum"> 总价： <em> ￥12.60</em></div>
12     <div class="btn-area"> 去结算 </div>
13   </div>
14 </div>
```

上述代码中，第2 ~ 4行代码定义了结算模块中的“全选”按钮，第5 ~ 8行代码定义了“删除选中的商品”和“清理购物车”按钮。第9 ~ 13行代码展示了商品总计和总额。

（5）在完成页面结构后，将逻辑代码单独保存到js目录下的car.js文件中，然后在页面中引入jQuery和car.js文件。具体代码如下。

```
1  <!-- 先引入 jquery -->
2  <script src="js/jquery.min.js"></script>
3  <!-- 再引入我们自己的 js 文件 -->
4  <script src="js/car.js"></script>
```

创建car.js文件，编写购物车功能的逻辑代码，将代码写在加载事件中，如下所示。

```
1  $(function() {
2    // 将代码写在此处
3  });
```

（6）页面中有上、下两个“全选”复选框，每个商品也有个复选框。当单击“全选”复选框时，所有商品的复选框都要选中。checked是复选框的固有属性，利用prop() 方法获取和设置该属性，然后把“全选”按钮状态赋值给商品的复选框就可以了。具体代码如下。

```
1  $(".checkall").change(function() {
2    $(".j-checkbox, .checkall").prop("checked", $(this).prop("checked"));
3  });
```

上述代码中，由于上下两个“全选”复选框需要同步状态，所以要把“全选”复选框加入到选择器中。prop() 方法接收checked作为第1个参数，第2个参数通过$(this).

prop('checked') 获取“全选”按钮的选中状态。

（7）如果用户把所有的商品复选框都手动选上，那么上下两个“全选”复选框也应该被选中。当用户每次单击商品复选框的时候，就要判断，如果商品复选框全部被选中，就把“全选”复选框选中，否则“全选”复选框不应选中。在 jQuery 中，可以使用 :checked 选择器查找被选中的表单元素，然后判断选中数量是否达到了所有商品的复选框个数。具体代码如下。

```
1 $(".j-checkbox").change(function () {
2   if ($(".j-checkbox:checked").length === $(".j-checkbox").length) {
3     $(".checkall").prop("checked", true);
4   } else {
5     $(".checkall").prop("checked", false);
6   }
7 });
```

上述代码中，第 2 行代码判断当前选中的商品复选框的数量与所有商品复选框的数量是否相等，相等时，执行第 3 行代码将“全选”复选框选中，否则执行第 5 行代码将“全选”复选框取消选中。

11.2 jQuery 内容操作

jQuery 提供了内容操作的方法，用来操作元素的内容。根据不同的需求，可以使用 html() 方法、text() 方法或 val() 方法。本节将进行详细讲解。

11.2.1 jQuery 中的内容操作方法

jQuery 中的操作元素内容方法，主要包括 html() 方法、text() 方法和 val() 方法。html() 方法用于获取或设置元素的 HTML 内容，text() 方法用于获取或设置元素的文本内容，val() 方法用来获取或设置表单元素的 value 值。具体使用说明如表 11-1 所示。

表 11-1 元素内容操作

语法	说明
html()	获取第一个匹配元素的 HTML 内容
html(content)	设置第一个匹配元素的 HTML 内容
text()	获取所有匹配元素包含的文本内容组合起来的文本
text(content)	设置所有匹配元素的文本内容
val()	获取表单元素的 value 值
val(value)	设置表单元素的 value 值

需要注意的是，val() 方法可以操作表单（select、radio 和 checkbox）的选中情况。当要获取的元素是 <select> 元素时，返回结果是一个包含所选值的数组；当要为表单元素设置选中情况时，可以传递数组参数。

为了让读者更好地理解元素内容相关方法的使用，下面我们通过具体代码进行演示。

```
1 <div>
2   <span> 我是内容 </span>
3 </div>
```

```
4  <input type="text" value="请输入内容">
5  <script>
6    // 1. 获取设置元素内容 html()
7    console.log($("div").html());          // 输出结果：<span>我是内容</span>
8    $("div").html("<span>hello</span>");   // 修改 div 的内容（HTML 会被解析）
9    // 2. 获取设置元素文本内容 text()
10   console.log($("div").text());          // 输出结果：hello
11   $("div").text("<span>123</span>");     // 设置 div 的文本内容（不解析 HTML）
12   // 3. 获取设置表单值 val()
13   console.log($("input").val());         // 输出结果：请输入内容
14   $("input").val("123");                 // 设置表单元素的值为 123
15 </script>
```

通过浏览器访问测试，运行结果如图 11-3 所示。

图 11-3　获取元素内容

从图 11-3 可以看出，使用 html() 方法获取的元素内容含有 HTML 标签（如 span）；而使用 text() 方法获取的是去除 HTML 标签的内容，是将该元素包含的文本内容组合起来的文本。因此，读者应根据项目的需求，在开发中选择合适的方法。

11.2.2 【案例】在购物车中增减商品数量

1. 案例分析

在前面的小节中我们已经完成了购物车的页面，在本节我们将利用所学知识完成购物车增减商品数量的功能。每件商品的购买数量是一个带有“+”“-”两个按钮的文本框，用户可以通过单击“+”或“-”按钮增减商品数量。

购物车增减商品数量的核心思路是，当用户单击“+”按钮，就让文本框中的数字加 1，单击“-”按钮，让文本框的数字减 1。

2. 案例实现

（1）首先为页面中的“+”按钮绑定单击事件。事件触发后，先获取文本框中当前的值，然后将这个值加 1 后设置给文本框。具体代码如下。

```
1  $(".increment").click(function() {
2    // 得到当前兄弟文本框的值
3    var n = $(this).siblings(".itxt").val();
4    n++;
5    $(this).siblings(".itxt").val(n);
6  });
```

上述代码中，第 1 行代码通过 $(".increment") 获取页面中的“+”元素对象，并且绑定单击事件。第 3 行代码用来获取文本框原来的值。第 5 行代码用来将加 1 后的值设置给文本框。

需要注意的是，由于页面中有多种不同的商品，单击“+”只能改变对应商品的数量，所以需要用 $(this).siblings(".itxt") 来操作兄弟文本框。

（2）“-”按钮的开发思路与“+”按钮类似，但是需要增加一个判断，就是当文本框的值是 1 的时候，就不能再减了。具体代码如下。

```
1  $(".decrement").click(function() {
2    // 得到当前兄弟文本框的值
3    var n = $(this).siblings(".itxt").val();
4    if (n == 1) {
5      return false;
6    }
7    n--;
8    $(this).siblings(".itxt").val(n);
9  });
```

上述代码中，第 1 行代码通过 $(".decrement") 获取到页面中的“-”按钮对象，绑定单击事件。第 4 ~ 6 行代码判断商品数量，当商品数量为 1 时，不执行操作，否则执行后面的代码，让商品的数量减 1。

11.2.3 【案例】购物车商品小计

1. 案例分析

商品小计是当前选中商品的数量和价格相乘得到的结果，开发的核心思路是，用户每次单击“+”或“-”，根据文本框的值乘以当前商品的价格，就可以得到商品的小计，然后通过 html() 方法修改当前商品的小计中显示的内容。

2. 案例实现

（1）在“+”按钮的单击事件中新增代码，实现小计的计算，具体代码如下。

```
1  $('.increment').click(function() {
2    ……（原有代码）
3    // 以下是新增代码
4    var p = $(this).parents(".p-num").siblings(".p-price").html();
5    p = p.substr(1);
6    var price = (p * n).toFixed(2);  // 将计算结果保留 2 位小数
7    $(this).parents(".p-num").siblings(".p-sum").html("￥" + price);
8  });
```

上述代码中，第 4 ~ 7 行代码用来实现商品价格小计。其中，第 4 行代码用来获取当前商品的单价，在获取以后，第 5 行代码通过 substr() 去除掉价格中的“￥”符号，然后在第 7 行代码将计算后的结果设置到页面中。第 4 行代码和第 7 行代码在 parents() 方法的参数中传入了选择器“.p-num”，表示获取指定的祖先元素。

（2）将计算商品小计的代码复制到“-”按钮的事件中，具体代码如下。

```
1  $('.decrement').click(function() {
2    ……（原有代码）
3    // 将 "+" 按钮中新增的代码复制到此处即可
```

```
4    var p = $(this).parents(".p-num").siblings(".p-price").html();
5    p = p.substr(1);
6    var price = (p * n).toFixed(2);  // 将计算结果保留 2 位小数
7    $(this).parents(".p-num").siblings(".p-sum").html("￥" + price);
8  });
```

（3）由于用户也可以直接修改商品数量文本框里的值，在修改了值以后，需要更新小计的值。接下来我们来为商品数量文本框绑定 change() 事件，具体代码如下。

```
1  $(".itxt").change(function() {
2    // 先得到文本框的里面的值，然后乘以当前商品的单价
3    var n = $(this).val();
4    // 当前商品的单价
5    var p = $(this).parents(".p-num").siblings(".p-price").html();
6    p = p.substr(1);
7    var price = (p * n).toFixed(2);
8    $(this).parents(".p-num").siblings(".p-sum").html("￥" + price);
9  });
```

上述代码中，第 1 行代码通过 $(".itxt") 获取到页面中包含商品数量的元素对象，并且绑定 change() 事件，当状态发生变化时触发。第 3 行代码通过 $(this).val() 获取到商品数量 n，然后在第 5 ～ 8 行根据商品数量和商品价格计算商品小计，设置到页面中。

11.3 jQuery 元素操作

元素操作主要是通过 jQuery 提供的一系列方法，实现元素的遍历、创建、添加和删除操作。下面我们分别进行详细讲解。

11.3.1 遍历元素

通过前面的学习可知，jQuery 具有隐式迭代的效果，当一个 jQuery 对象中包含多个元素时，jQuery 会对这些元素进行相同的操作。如果想要对这些元素进行遍历，可以使用 jQuery 提供的 each() 方法，其基本语法如下。

```
$(selector).each(function(index, domEle) {
  // 对每个元素进行操作
});
```

上述代码中，each() 方法会遍历 $(selector) 对象中的元素。该方法的参数是一个函数。这个函数将会在遍历时调用，每个元素调用一次。在函数中，index 参数是每个元素的索引号，domEle 是每个 DOM 元素的对象（不是 jQuery 对象），如果要想使用 jQuery 方法，需要将这个 DOM 对象转换成为 jQuery 对象，即 $(domEle)。下面我们通过代码演示。

```
1  <div>1</div>
2  <div>2</div>
3  <div>3</div>
4  <script>
5    var arr = ["red", "green", "blue"];
```

```
6     $("div").each(function (index, domEle) {
7       console.log(index);                          // 查看索引号
8       console.log(domEle);                         // 查看 DOM 元素
9       $(domEle).css("color", arr[index]);          // 对每个元素进行操作
10    });
11 </script>
```

上述代码中，第 1 ~ 3 行代码定义了 3 个 div 元素。第 5 行代码定义了数组 arr。第 6 行代码获取 div 元素进行遍历。第 9 行代码给 div 元素分别设置不同的背景色。

多学一招：$.each()方法

$.each() 方法可用于遍历任何对象，主要用于数据处理，如数组、对象。$.each() 方法的使用和 each() 方法类似，具体语法如下。

```
$.each(Object, function(index, element) {
  // 对每个元素进行操作
});
```

在上述代码中，参数 index 表示每个元素的索引号，参数 element 表示遍历的内容。

下面我们通过代码演示如何使用 $.each() 遍历数组和对象，示例代码如下。

```
1  // 遍历数组
2  var arr = ["red", "green", "blue"];
3  $.each(arr, function(index, element) {
4    console.log(index);               // 数组中的每个元素的索引
5    console.log(element);             // 数组中的每个元素的值
6  });
7  // 遍历对象
8  var obj = { name: "andy", age: 18 };
9  $.each(obj, function(index, element) {
10   console.log(index);               // 对象中的每个成员的名
11   console.log(element);             // 对象中的每个成员的值
12 });
```

11.3.2 【案例】计算购物车商品总件数和总额

1. 案例分析

在购物车页面的右下方，会显示用户购买的商品总件数和总额。其实现思路如下。

（1）将所有选中的商品的购买数量文本框中的值相加，得到总件数。

（2）将所有选中的商品的小计值相加，得到总额。

（3）当用户更改了复选框的状态时，更新总额。

（4）当用户更改了商品数量时，更新总额。

2. 案例实现

（1）编写一个 getSum() 函数，用来计算总件数和总额。具体代码如下。

```
1  function getSum() {
2    // 计算总件数
3    var count = 0;
4    var item = $(".j-checkbox:checked").parents(".cart-item");
```

```
5     item.find(".itxt").each(function(i, ele) {
6       count += parseInt($(ele).val());
7     });
8     $(".amount-sum em").text(count);
9     // 计算总额
10    var money = 0;
11    item.find(".p-sum").each(function(i, ele) {
12      money += parseFloat($(ele).text().substr(1));
13    });
14    $(".price-sum em").text("¥" + money.toFixed(2));
15 }
16 getSum();
```

上述代码中，第 1 行代码定义了 getSum() 函数。第 4 行代码用来获取购物车中已选中的商品。第 5 ~ 7 行代码用来遍历所有商品数量文本框，获得总件数 count。第 11 ~ 13 行代码用来遍历所有商品小计，计算总额 money。第 8 行和第 14 行代码分别将 count 和 money 显示在页面中。第 16 行代码调用了 getSum() 函数，用来在页面一打开后就进行求和。

（2）为了在用户操作了购物车后，自动更新总件数和总额，下面我们在各个操作的事件代码中调用 getSum() 函数进行求和。

```
1  $(".checkall").change(function() {
2    ……（原有代码）
3    getSum();         // 调用
4  });
5  $(".j-checkbox").change(function() {
6    ……（原有代码）
7    getSum();         // 调用
8  });
9  $('.increment').click(function() {
10   ……（原有代码）
11   getSum();         // 调用
12 });
13 $('.decrement').click(function() {
14   ……（原有代码）
15   getSum();         // 调用
16 });
17 $('.itxt').change(function() {
18   ……（原有代码）
19   getSum();         // 调用
20 });
```

完成上述代码后，当商品数量发生变化，或者商品的选中状态发生变化时，就会通过 getSum() 函数完成购物车的商品总件数和总额的计算。

11.3.3　创建元素

通过 jQuery 可以很方便地动态创建一个元素，直接在“$()”函数中传入一个 HTML 字符串即可进行创建。例如，创建一个 li 元素，语法为 $("<li></li>")。

下面我们通过代码演示利用 jQuery 创建一个元素，并将元素输出到控制台。

```
1  $(function () {
2    var li = $("<li> 我是后来创建的 li</li>");          // 创建元素
3    console.log(li);                                   // 将元素输出到控制台
4  });
```

需要注意的是，在通过上述方式创建元素后，这个元素并不会在页面中显示，而是保存在内存中。如果需要在页面中显示，需要利用添加元素方法，将元素添加到页面中。关于如何进行添加元素的操作将在下一小节中讲解。

11.3.4 添加元素

jQuery 提供了添加元素的方法，用来为目标元素添加某个元素。添加的方式有两种，分别是内部添加和外部添加，下面我们分别进行讲解。

1. 内部添加

内部添加的方式可以实现在元素内部添加元素，并且可以放到内部的最后面或者最前面。内部添加主要通过 append() 和 prepend() 方法来实现，下面我们通过代码进行演示。

```
1  var li = $("<li> 我是后来创建的 li</li>");
2  $("ul").append(li);                  // 内部添加并且放到内部的最后面
3  $("ul").prepend(li);                 // 内部添加并且放到内部的最前面
```

上述代码中，通过 $("ul") 获取到页面中的 ul 元素，并调用 append(li) 将 li 元素添加到 ul 中。append() 是把元素添加到匹配元素内部的最后面，而 prepend() 是把元素添加到匹配元素内部的最前面。

2. 外部添加

外部添加就是把元素放到目标元素的后面或者前面，通过 after() 和 before() 方法来实现。下面我们通过代码进行演示。

```
1  var div = $("<div> 我是后来创建的 div</div>");
2  $(".test").after(div);               // div 放入到目标元素的后面
3  $(".test").before(div);              // div 放入到目标元素的前面
```

上述代码中，在类名为“test”的元素后面和前面分别插入 div 元素。其中 after() 表示在目标元素的后面插入 div 元素，而 before() 表示在目标元素的前面插入 div 元素。

11.3.5 删除元素

删除元素分为删除匹配的元素本身、删除匹配的元素里面的子节点两种情况，用到的方法如表 11–2 所示。

表 11–2 删除元素

语法	说明
empty()	清空元素的内容，但不删除元素本身
remove([expr])	清空元素的内容，并删除元素本身（可选参数 expr 用于筛选元素）

为了读者更好地理解 jQuery 中节点删除的操作，下面我们通过代码进行演示。

```
1  $("ul").remove();                    // 删除匹配的元素
2  $("ul").empty();                     // 删除匹配的元素里面的子节点
```

上述代码中，empty() 方法仅能删除匹配元素的文本内容，而元素节点依然存在；

remove() 方法则可以同时删除匹配元素本身和文本内容。因此，在开发时要根据实际的需求，选择合适的方法进行元素删除操作。

小提示：

利用 html() 方法可以修改元素的内容，如果在参数中传入一个空字符串，也可以实现删除元素子节点的效果，如 "$("ul").html("")"。

11.3.6 【案例】在购物车中删除商品

1. 案例分析

删除商品功能，主要分为删除选中商品、删除当前商品、删除购物车中的所有商品这 3 种情况。每一件商品都提供了一个“删除”链接，单击链接表示删除当前商品。在购物车的底部，提供了“删除选中商品”和“清理购物车”链接，分别用于删除选中商品和删除所有商品。实现思路是，为页面中的各种删除链接绑定事件；在事件触发后，通过 remove() 方法删除元素。在删除商品后，还需要更新购物车页面底部的商品总件数和总额。

2. 案例实现

（1）为每件商品的“删除”链接绑定事件，用于删除当前商品，具体代码如下。

```
1  $(".p-action a").click(function() {
2    $(this).parents(".cart-item").remove();
3    getSum();
4  });
```

（2）为页面底部的“删除选中的商品”链接绑定事件，用于删除所有复选框选中的商品。需要使用选择器“.j-checkbox:checked”获取选中的商品。具体代码如下。

```
1  $(".remove-batch").click(function() {
2    $(".j-checkbox:checked").parents(".cart-item").remove();
3    getSum();
4  });
```

（3）为“清理购物车”链接绑定事件，用于删除全部商品。具体代码如下。

```
1  $(".clear-all").click(function() {
2    $(".cart-item").remove();
3    getSum();
4  })
```

11.3.7 【案例】在购物车中为选中的商品添加背景色

1. 案例分析

当用户在购物车中通过复选框选中某一件商品后，为了突出显示，可以为该商品添加背景色，这样能够提高用户体验。

本案例实现的核心思路是，在商品复选框和“全选”复选框的 change() 事件中增加代码，判断当前的选中状态，如果是选中状态，则添加背景色，如果不是选中状态，则移除背景色。获取当前元素的选中状态可以用 $(this).prop() 方法来实现。

2. 案例实现

（1）在 CSS 文件中定义 check-cart-item 类，表示背景色样式，具体代码如下。

```
1 .check-cart-item {
2   background: #fff4e8;
3 }
```

（2）为全选复选框的 change() 事件中添加代码，具体代码如下。

```
1 $(".checkall").change(function() {
2   ……（原有代码）
3   if ($(this).prop("checked")) {
4     $(".cart-item").addClass("check-cart-item");
5   } else {
6     $(".cart-item").removeClass("check-cart-item");
7   }
8 });
```

上述代码中，如果当前的复选框是选中的状态，就为页面中所有的商品项添加背景色类，否则就为所有的商品项移除背景色类。

（3）在商品复选框的 change() 事件中编写代码，具体代码如下。

```
1 $("j-checkbox").change(function() {
2   ……（原有代码）
3   if ($(this).prop("checked")) {
4     $(this).parents(".cart-item").addClass("check-cart-item");
5   } else {
6     $(this).parents(".cart-item").removeClass("check-cart-item");
7   }
8 });
```

上述代码中，如果当前的商品复选框是选中状态，就获取类名为“.cart-item”的祖先元素，为其添加类名“check-cart-item”，否则就移除类名。

11.4 jQuery 尺寸和位置操作

jQuery 提供了尺寸和位置操作的方法，以帮助开发者开发。例如，使用 offset() 方法可以获取元素的位置。本节主要对尺寸和位置方法的使用进行详细讲解。

11.4.1 尺寸方法

在 jQuery 中，尺寸方法用来获取或设置元素的宽度和高度。例如，通过 width() 方法可以获取元素的宽度，如果在参数中传入一个值（可以不写单位），则是设置元素宽度。

常用的尺寸方法如表 11-3 所示。

表 11-3 尺寸方法

方法	说明
width()	获取或设置元素宽度
height()	获取或设置元素高度
outerWidth(true)	获取元素宽度（包含 padding、border、margin）
outerHeight(true)	获取元素高度（包含 padding、border、margin）

续表

方法	说明
innerWidth()	获取元素宽度（包含 padding）
innerHeight()	获取元素高度（包含 padding）
outerWidth()	获取元素宽度（包含 padding、border）
outerHeight()	获取元素高度（包含 padding、border）

需要注意的是，表 11–3 列举的这些方法的返回值都是数字型。

下面我们通过代码演示尺寸方法的使用。先准备一个页面结构，具体代码如下。

```
1  <style>
2    div {
3      width: 200px;
4      height: 200px;
5      background-color: pink;
6      padding: 10px;
7      border: 15px solid red;
8      margin: 20px;
9    }
10 </style>
11 <div></div>
```

上述代码中，第 2 ~ 9 行代码定义了 div 元素的样式。第 11 行代码定义了 div 元素的结构。

接下来我们使用尺寸方法完成元素尺寸的获取，具体代码如下。

```
1  <script>
2    // width() 获取宽度
3    console.log($("div").width());                // 输出结果：200
4    // innerWidth() 获取宽度
5    console.log($("div").innerWidth());           // 输出结果：220
6    // outerWidth() 获取宽度
7    console.log($("div").outerWidth());           // 输出结果：250
8    // outerWidth(true) 获取宽度
9    console.log($("div").outerWidth(true));       // 输出结果：290
10   // width() 设置宽度
11   $("div").width(300);                          // 设置宽度为 300px
12 </script>
```

上述代码中，第 3 行代码获取了元素宽度为 200px。第 5 行代码获取的宽度包括内边距 padding 的大小。第 7 行代码获取的宽度包括 padding 和 border 的大小。第 9 行代码获取的宽度包括 padding、border 和 margin 的大小。第 11 行代码设置了元素宽度 300px。

11.4.2 位置方法

jQuery 操作位置的方法主要有 offset()、position()、scrollTop() 和 scrollLeft()。下面我们分别进行详细讲解。

1. offset() 方法

使用 offset() 方法可以获取元素的位置，返回的是一个对象，包含 left 和 top 属性，表示相对于文档的偏移坐标，和父级元素没有关系。具体使用示例如下。

```
// 获取元素距离文档顶部的距离
$(selector).offset().top;
// 获取元素距离文档左侧的距离
$(selector).offset().left;
// 设置元素的偏移
$(selector).offset({ top: 200, left: 200 });
```

为了使读者更好地理解，下面我们通过案例演示 offset() 方法的使用，具体步骤如下。

（1）准备一个页面，在页面中放两个盒子，效果如图 11-4 所示。

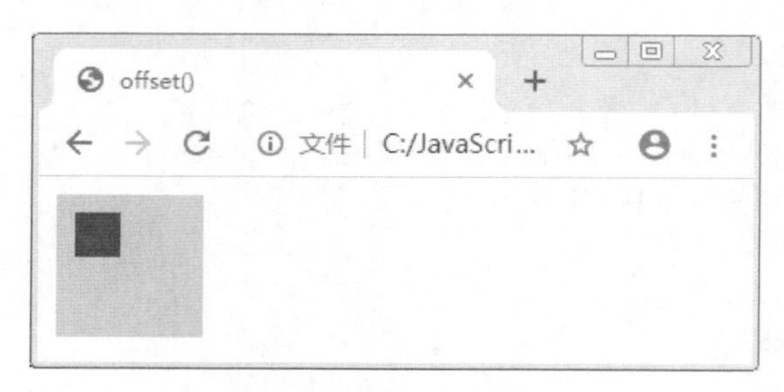

图 11-4 在页面中放两个盒子

在图 11-4 所示页面中，页面里有两个颜色不同的盒子，外部盒子为粉红色，内部盒子为紫色。下面我们通过操作位置的方法获取元素位置。

接下来我们按照图 11-4 的效果编写页面结构和样式，示例代码如下。

```
1  <style>
2    * {margin: 0; padding: 0;}
3    .father {
4      width: 80px; height: 80px; background-color: pink;
5      margin: 10px; overflow: hidden; position: relative;
6    }
7    .son {
8      width: 25px; height: 25px; background-color: purple;
9      position: absolute; left: 10px; top: 10px;
10   }
11 </style>
12 <div class="father">
13   <div class="son"></div>
14 </div>
```

上述代码中，第 3 ~ 6 行代码定义了外部盒子的样式，宽和高皆为 80px，相对定位。第 7 ~ 10 行代码定义了内部小盒子的样式，宽和高皆为 25px，绝对定位，left 值为 10px，top 值为 10px。

（2）编写逻辑代码获取元素的位置，具体代码如下。

```
1  <script>
2    // 获取偏移
3    console.log($(".son").offset());      // 结果：top 为 20, left 为 20
4    console.log($(".son").offset().top); // 结果：20
```

```
5     // 设置偏移
6     $(".son").offset({ top: 55, left: 55});
7   </script>
```

上述代码中，第 3、4 行代码获取了元素的偏移量。其中第 4 行代码获取距离页面顶部的距离。第 6 行代码设置了元素位置偏移，距离页面左侧 55px，顶部 55px。

2. position() 方法

position() 方法用于获取元素距离父元素的位置，如果父元素没有设置定位（即 CSS 中的 position），则获取的结果是距离文档的位置。示例代码如下。

```
1  console.log($(".son").position().top);          // 获取距离顶部的位置
2  console.log($(".son").position().left);         // 获取距离左侧的位置
```

需要注意的是，position() 方法只能获取元素位置，不能设置元素位置。

3. scrollTop() 和 scrollLeft() 方法

scrollTop() 方法用于获取或设置元素被卷去的头部距离，scrollLeft() 方法用于获取或设置元素被卷去的左侧距离。示例代码如下。

```
// 获取元素距离页面左侧的距离
$(".container").scrollLeft();
// 设置元素距离页面顶部的距离
$(document).scrollTop(100);
```

11.4.3 【案例】带有动画效果的返回顶部

1. 案例展示

“返回顶部”是网页开发中常见的功能。当用户浏览网页时，网页会在右下角提供一个“返回顶部”的小按钮。由于用户在浏览网页时会一直向下滚动页面，当想要返回顶部的时候，再用鼠标滚动到顶部会很麻烦，此时可以单击“返回顶部”按钮，页面会自动返回顶部。同时，为了达到更好的用户体验，可以在返回顶部的时候添加动画效果，用户可以看到页面快速向上滚动的过程。本案例的页面效果如图 11-5 所示。

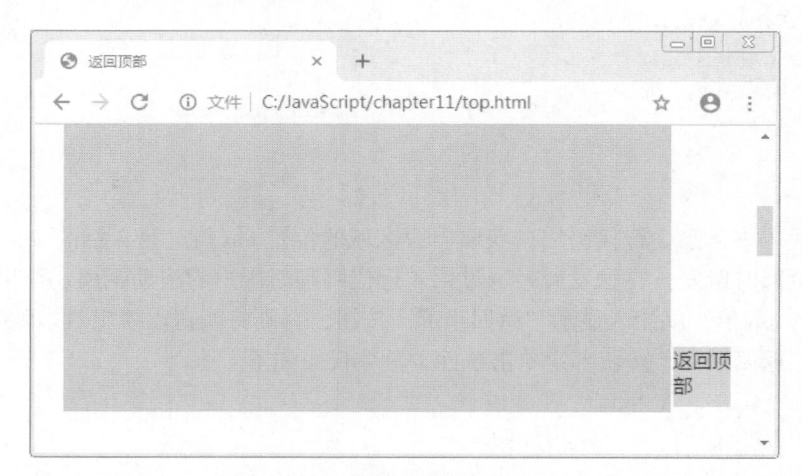

图 11-5　“返回顶部”案例效果

2. 案例分析

“返回顶部”案例实现的思路是，通过 CSS 将“返回顶部”的按钮放在右下角的位置，然后为按钮绑定单击事件，在单击后，使用 animate() 动画方法返回顶部。animate() 动画方法提供了一个 scrollTop 属性，通过这个属性可以设置元素滚动的位置，示例代码如下。

```
$("body, html").animate({ scrollTop: 0 });
```

使用 scrollTop() 方法也可以实现返回顶部，但是没有动画效果，示例代码如下。

```
$("body, html").scrollTop({ scrollTop: 0 });
```

3. 案例实现

（1）编写页面结构和样式，具体代码如下。

```
1  <style>
2    body {height: 2000px;}
3    .back {
4      position: fixed; width: 50px; height: 50px;
5      background-color: pink; right: 30px; bottom: 100px; display: none;
6    }
7    .container {
8      width: 900px; height: 500px;
9      background-color: skyblue; margin: 400px auto;
10   }
11 </style>
12 <div class="back">返回顶部</div>
13 <div class="container"></div>
```

在上述代码中，第 12 行代码设置了一个“返回顶部”按钮，第 13 行代码表示页面中的内容。

（2）利用 scroll() 方法控制“返回顶部”按钮的显示和隐藏，具体代码如下。

```
1  <script>
2    var boxTop = $(".container").offset().top;
3    $(window).scroll(function() {
4      if ($(document).scrollTop() >= boxTop) {
5        $(".back").fadeIn();
6      } else {
7        $(".back").fadeOut();
8      }
9    });
10 </script>
```

在上述代码中，第 2 行代码用来获取内容区域的位置 top 值。第 3 行的 scroll() 事件将会在用户滚动页面时触发。在触发后，通过第 4 行代码判断用户的滚动距离，如果达到或超过了内容区域的 top 值，就淡入显示“返回顶部”按钮，否则将按钮以淡出效果隐藏。

（3）为“返回顶部”按钮绑定单击事件，具体代码如下。

```
1  $(".back").click(function() {
2    $("body, html").stop().animate({
3      scrollTop: 0
4    });
5  });
```

上述代码实现了以动画效果返回顶部。需要注意的是，在调用 animate() 方法前，推荐使用 stop() 清除动画队列，并且设置动画的元素不能是 document 文档，而是要为 body 和 html 元素都进行设置，如第 2 行代码所示。

图 11-6　电梯导航效果

11.4.4 【案例】电梯导航

1. 案例展示

电梯导航效果也是一种常见的网页特效，用来在页面的侧边提供一个浮动的导航栏，用户单击导航栏中的某一项可以切换到对应的模块，如图 11-6 所示。

2. 案例分析

在图 11-6 所示页面中，左边有一个浮动的导航栏，里面有“家用电器”“手机通讯”“电脑办公”和“精品家具”这 4 项，与页面中的各部分内容是对应的。当用户将页面滚动到“家用电器”模块时，导航栏中的“家用电器”就会被设为激活的效果；如果用户滚动到“手机通讯”模块，则导航栏中的“手机通讯”就会被设为激活的效果。

如果用户在导航栏中单击其中的某一项，则可以自动滚动到对应的模块下。例如，单击“家用电器”，则页面会自动滚动到“家用电器”模块下。

3. 案例实现

由于本案例需要大量的代码来实现页面结构和样式，为了避免占用太多篇幅，书中不再进行完整的代码演示，读者可以通过本书配套源码获取完整代码。

（1）打开配套源代码，在 index.html 文件中找到电梯导航的代码，如下所示。

```
1  <!-- 固定电梯导航 -->
2  <div class="fixedtool">
3    <ul>
4      <li class="current">家用电器</li>
5      <li>手机通讯</li>
6      <li>电脑办公</li>
7      <li>精品家具</li>
8     </ul>
9  </div>
```

上述代码中，第 2 行代码定义了类名为 fixedtool 的 <div> 标签来表示电梯导航页面结构。并使用 <ul> 标签定义“家用电器”“手机通讯”“电脑办公”和“精品家具”标签。

（2）创建 js/index.js 文件，编写页面逻辑代码。先编写一个页面加载事件，然后将功能代码写在加载事件中，如下所示。

```
1  $(function() {
2    // 将功能代码写在此处
3  });
```

（3）在创建 js/index.js 文件后，需要在 index.html 文件中引入，如下所示。

```
1  <script src="jquery.min.js"></script>
2  <script src="js/index.js"></index>
```

（4）由于完整的页面比较长，电梯导航并不是一开始就显示的，只有用户滚动到指定区域时，才会显示电梯导航。这里我们规定只有用户滚动到了 class 为 recommend 的“推荐服务”模块的位置以后，才会显示电梯导航。具体代码如下。

```
1  // 控制电梯导航的显示和隐藏
2  var toolTop = $(".recommend").offset().top;
3  toggleTool();
4  function toggleTool() {
5    if ($(document).scrollTop() >= toolTop) {
6      $(".fixedtool").fadeIn();
7    } else {
8      $(".fixedtool").fadeOut();
9    };
10 }
11 $(window).scroll(function() {
12   toggleTool();
13 });
```

上述代码中，第 2 行代码通过 $('.recommend').offset().top 获取“推荐服务”模块距离页面顶部的距离 toolTop。第 3 行代码调用了 toggleTool() 函数。第 4 ~ 10 行代码定义了 toggleTool() 函数，其中 $(document).scrollTop() 用来获取页面滚动的距离，当滚动距离大于或等于 toolTop 时，通过第 6 行代码显示电梯导航，否则，通过第 8 行代码隐藏电梯导航。第 11 ~ 13 行代码用来在页面滚动时调用 toggleTool() 函数。

（5）电梯导航显示后，当用户单击电梯导航上的选项时，需要让页面滚动到对应的内容区域，且当前被单击的选项的背景色切换为红色。具体代码如下。

```
1  // 互斥锁（在后面将会用到）
2  var flag = true;
3  // 单击电梯导航中的某一项，让页面滚动到相应的内容区域
4  $(".fixedtool li").click(function() {
5    flag = false;       // 如果将 flag 设为 ture，表示页面自动滚动
6    // 根据索引号，计算页面要去往的位置
7    var current = $(".floor .w").eq($(this).index()).offset().top;
8    // 利用动画效果实现页面滚动
9    $("body, html").stop().animate({
10     scrollTop: current
11   }, function () {  // 动画完成后执行此方法
12     flag = true;      // 将 flag 设为 true，表示滚动结束
13   });
14   // 单击之后，为当前的 li 元素添加 current 类名，兄弟元素移除 current 类名
15   $(this).addClass("current").siblings().removeClass();
16 });
```

上述代码中，第 2 行代码定义了 flag 值为 true，关于 flag 的作用将在下一步中讲解。第 4 行代码通过 $('.fixed li') 获取电梯导航中的选项，并且绑定单击事件。第 7 行代码用于根据电梯导航选项中的索引值 index 来找到页面中对应的内容区域的位置。第 9 ~ 13 行代码用来将页面以动画效果滚动到指定的位置，并在滚动完成后将 flag 设为 true。第 15 行代码用来将用户单击的电梯导航选项设为激活效果，并将其他选项设为未激活的效果。

（6）电梯导航显示后，当页面继续向下滚动时，如果滚动到页面中的“家用电器”区域，电梯导航中的“家用电器”选项将被激活。若页面继续向下滚动，则后面的选项应被激活，同时前面的选项应取消激活。为了实现这个效果，可以在 scroll() 滚动事件中进行判断，每当页面发生滚动，就获取滚动的位置，然后判断是否滚动到了某个内容区域，并将对应的电梯导航选项设为激活效果。具体代码如下。

```
1  $(window).scroll(function() {
2    toggleTool();
3    // 当页面滚动到某个内容区域后，激活电梯导航中对应的选项
4    if (flag) {
5      $(".floor .w").each(function(i, ele) {
6        if ($(document).scrollTop() >= $(ele).offset().top) {
7          $(".fixedtool li").eq(i).addClass("current")
8            .siblings().removeClass();
9        }
10     });
11   }
12 });
```

在上述代码中，第 4 行代码判断 flag 是否为 true，用来控制只有当页面没有自动滚动时，才会执行 if 中的代码。由于上一步中的滚动动画在自动滚动时也会触发 scroll() 事件，导致两种不同的功能冲突，所以就通过 flag 变量来解决这个问题。因此，flag 也被称为互斥锁。第 5 行代码用来遍历页面中与电梯导航对应的每一块内容区域。第 6 ~ 9 行代码用来判断滚动的距离是否大于或等于某个内容区域的顶部距离，如果判断为 true，则通过第 7 ~ 8 行代码将电梯导航中对应的选项设为激活效果，并将其他选项设为未激活效果。

11.5 jQuery 事件

jQuery 提供了一些事件操作的方法，如事件绑定、事件委托和事件解绑等，可以方便用户在开发中进行事件处理。在触发事件时，可以获取到事件对象，通过事件对象来阻止默认事件行为，或者获取事件发生时的一些信息等。本节将对 jQuery 事件进行详细讲解。

11.5.1 事件绑定

在 jQuery 中，实现事件绑定有两种方式，一种是通过事件方法进行绑定，另一种是通过 on() 方法进行绑定，下面我们分别进行详细讲解。

1. 通过事件方法绑定事件

在前面的学习中，我们已经用过了单个事件的绑定，是通过调用某个事件方法，传入事件处理函数来实现的，如 click()、change() 等。jQuery 的事件和 DOM 中的事件相比，省略了开头的“on”，如 jQuery 中的 click() 对应 DOM 中的 onclick。并且，jQuery 的事件方法允许为一个事件绑定多个事件处理函数，只需多次调用事件方法，传入不同的函数即可。

接下来我们通过表 11-4 列举 jQuery 中的一些常用的事件方法。

表 11-4　jQuery 常用事件方法

分类	方法	说明
表单事件	blur([[data],function])	当元素失去焦点时触发
	focus([[data],function])	当元素获得焦点时触发
	change([[data],function])	当元素的值发生改变时触发
	focusin([data],function)	在父元素上检测子元素获取焦点的情况
	focusout([data],function)	在父元素上检测子元素失去焦点的情况
	select([[data],function])	当文本框（包括 <input> 和 <textarea>）中的文本被选中时触发
	submit([[data],function])	当表单提交时触发
键盘事件	keydown([[data],function])	键盘按键按下时触发
	keypress([[data],function])	键盘按键（Shift、Fn、CapsLock 等非字符键除外）按下时触发
	keyup([[data],function])	键盘按键弹起时触发
鼠标事件	mouseover([[data],function])	当鼠标指针移入对象时触发
	mouseout([[data],function])	在鼠标指针从元素上离开时触发
	click([[data],function])	当单击元素时触发
	dblclick([[data],function])	当双击元素时触发
	mousedown([[data], function])	当鼠标指针移动到元素上方，并按下鼠标按键时触发
	mouseup([[data], function])	当在元素上放开鼠标按钮时，会被触发
浏览器事件	scroll([[data],function])	当滚动条发生变化时触发
	resize([[data], function])	当调整浏览器窗口的大小时会被触发

在表 11-4 中，参数 function 表示触发事件时执行的处理函数，参数 data 表示为函数传入的数据，可以使用“事件对象 .data”获取。如果调用时省略参数，则表示手动触发事件。

下面我们通过代码演示事件方法的使用。

```
1  <div>绑定事件</div>
2  <script>
3    $("div").click(function() {
4      $(this).css("background", "purple");
5    });
6    $("div").mouseenter(function() {
7      $(this).css("background", "skyblue");
8    });
9  </script>
```

上述代码中，第 1 行代码定义了 div 元素。第 3 ~ 5 行代码为 div 元素绑定单击事件，通过第 4 行代码修改当前元素背景色为紫色。第 6 ~ 8 行代码为 div 元素绑定鼠标指针移入事件，实现当鼠标指针移入 div 元素时，将背景色修改为天蓝色。

2. 通过 on() 方法绑定事件

on() 方法在匹配元素上绑定一个或多个事件处理函数，语法如下所示。

```
element.on(events, [selector], fn)
```

上述代码中，events 表示一个或多个用空格分隔的事件类型，如 click；selector 表示子元素选择器；fn 表示回调函数，即绑定在元素身上的侦听函数。

下面我们通过代码演示 on() 方法的使用。

```
1  // 一次绑定一个事件
2  $("div").on("click", function() {
```

```
3     $(this).css("background", "yellow")
4   });
5   // 一次绑定多个事件
6   $("div").on({
7     mouseenter: function() {
8       $(this).css("background", "skyblue");
9     },
10    click: function() {
11      $(this).css("background", "purple");
12    },
13    mouseleave: function() {
14      $(this).css("background", "blue");
15    }
16  });
17  // 为不同事件绑定相同的事件处理函数
18  $("div").on("mouseenter mouseleave", function() {
19    $(this).toggleClass("current");
20  });
```

上述代码演示了 on() 方法的 3 种用法。第 1 种用法非常简单，和事件方法的方式类似；第 2 种用法是为 on() 方法传入了一个对象，对象的属性名表示事件类型，属性值表示对应的事件处理函数；第 3 种用法是同时为 mouseenter、mouseleave 事件绑定相同的事件处理函数，实现 div 元素的 current 类的切换效果。

11.5.2　事件委派

事件委派是指把原本要给子元素绑定的事件绑定到父元素上，这就表示把子元素的事件委派给父元素。由于事件有冒泡机制，当一个元素触发事件时，可以区分发生事件的是父元素还是子元素。

事件委派是通过 on() 方法来实现的，下面我们通过代码进行演示。

```
1   <ul>
2     <li>我是第 1 个 li</li>
3     <li>我是第 2 个 li</li>
4   </ul>
5   <script>
6     $("ul").on("click", "li:first-child", function() {
7       alert("单击了 li");    // 单击第 1 个 li 会触发此事件
8     });
9   </script>
```

上述代码中，click 事件是绑定在父元素 ul 上的，但触发事件的是第 1 个 li 子元素，当子元素触发事件后，就会通过事件冒泡执行父元素 ul 的事件处理程序了。

需要注意的是，在事件委派的情况下，事件处理函数中的 this 表示触发事件的元素，即上述代码中的第 1 个 li 元素，并不是委派事件的 ul 元素。

事件委派的优势在于，可以为未来动态创建的元素绑定事件。其原理是将事件委派给父元素后，在父元素中动态创建的子元素也会拥有事件。示例代码如下。

```
1  <ul>
2    <li>我是原有的 li</li>
3  </ul>
4  <script>
5    $("ul").on("click", "li", function() {
6      alert("单击了 li");
7    });
8    var li = $("<li>我是后来创建的 li</li>");
9    $("ul").append(li);
10 </script>
```

上述代码中，第 5 ~ 7 行代码通过事件委派的方式为 ul 中的 li 元素绑定了单击事件，在执行第 8 ~ 9 行代码添加 li 元素后，新添加的 li 元素也可以触发单击事件。

小提示：

在早期版本的 jQuery 中，还有 bind()、live() 和 delegate() 等方法也可以实现事件绑定或事件委派，但在最新版本中已经被废弃，建议使用 on() 替代它们。

11.5.3 【案例】留言板

1. 案例展示

本节将会通过留言板案例，来对 jQuery 事件进行练习。案例效果如图 11-7 所示。

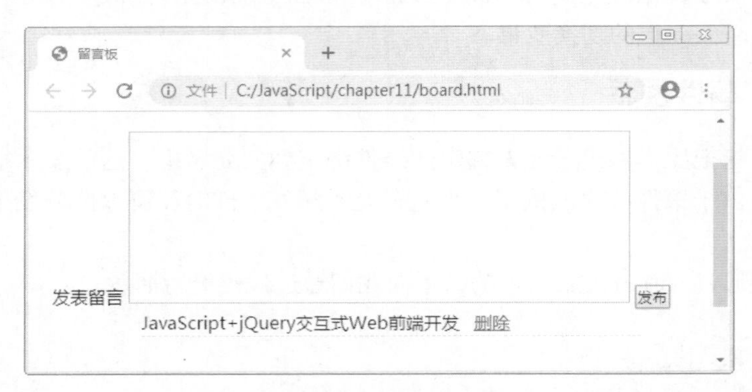

图 11-7 留言板页面效果

2. 案例分析

本案例和前面我们在学习 DOM 时开发的简易留言板案例类似，这里换成以 jQuery 的方式来实现。编写一个简单的留言板页面，当用户在文本框中输入内容后，单击“发布”按钮，就会在页面中动态创建一个 li 元素，显示用户发布的留言。为了让用户可以删除留言，在每个留言的右边提供一个“删除”链接，用来删除留言。

3. 案例实现

（1）编写页面结构，具体代码如下。

```
1  <div class="box">
2    <span>发表留言</span>
3    <textarea name="" class="txt" cols="30" rows="10"></textarea>
4    <button class="btn">发布</button>
```

```
5    <ul>
6    </ul>
7  </div>
```

上述代码中，第 1 行代码定义了类名为“box”的 div 标签，在 div 标签内部定义了 <textarea> 文本框，其字符可见宽度为 30，10 行高；<button> 为定义“发布”按钮。第 5、6 行代码定义了 <ul> 标签，用于显示发布的每一条留言内容。页面样式代码请参考源代码。

（2）编写 JavaScript 代码如下。

```
1  <script>
2    $(".btn").on("click", function() {
3      var li = $("<li></li>");
4      li.html($(".txt").val() + "<a href='javascript:;'> 删除 </a>");
5      $("ul").prepend(li);
6      li.slideDown();
7      $(".txt").val("");
8    });
9  </script>
```

上述代码中，第 2 行中的 $('.btn') 用来获取“发布”按钮，然后通过 on() 绑定单击事件。第 3、4 行代码创建了 li 元素，并且通过 $('.txt').val() 获取页面中文本框的内容，其中 li.html() 用来将获取到的内容添加到 li 元素中。第 5 行代码通过 prepend() 方法将新的 li 元素添加到 ul 中。第 6 行代码实现了将新添加的 li 以下拉动画的效果显示出来。第 7 行代码用来在发布完成后清空文本框中的内容。

（3）实现删除留言的功能，具体代码如下。

```
1  $("ul").on("click", "a", function() {
2    $(this).parent().slideUp(function() {
3      $(this).remove();
4    });
5  });
```

上述代码中，第 1 行代码将事件委派给 ul 元素，触发事件的是 ul 中的 a 元素，也就是页面中的“删除”链接。第 2 行代码用来获取当前单击元素的父元素，并且调用 slideUp() 方法实现上拉动画。第 3 行代码用来将留言删除。

11.5.4 事件解绑

事件解绑使用 off() 方法，该方法可以移除通过 on() 方法添加的事件处理程序，具体语法如下所示。

```
$('p').off();                          // 解除 p 元素上的所有事件处理程序
$('p').off('click');                   // 解绑 p 元素上的单击事件
$('ul').off('click', 'li');            // 解绑事件委派
```

上述代码中，off() 方法接收的第 1 个参数为事件类型，表示解绑单击事件，如果接收的参数为空，表示解除掉所有事件处理程序。第 2 个参数表示解绑事件委托。

下面我们通过代码演示如何使用 off() 方法解绑事件。

```
1  <div> 我是 div</div>
2  <script>
```

```
3     $("div").on({
4       click: function() {
5         console.log("我被单击了");
6       },
7       mouseover: function() {
8         console.log("鼠标指针经过我了");
9       }
10    });
11    // 事件解绑
12    $("div").off();   // 解除 div 元素的所有事件
13 </script>
```

上述代码中，第 3 ~ 10 行代码通过 on() 方法为 div 元素分别绑定单击事件和鼠标指针移入事件。第 12 行代码解除了 div 元素的所有事件。

多学一招：one()方法

如果想要让一个元素的事件只触发一次，为元素绑定事件后再解绑会比较麻烦，因此，可以使用 one() 方法，直接绑定一次性事件。示例代码如下。

```
1  $("p").one("click", function() {
2    alert("被单击了");
3  });
```

上述代码执行后，p 元素的 click 事件只会触发一次。

11.5.5 触发事件

在 jQuery 中，触发事件有 3 种方式，第 1 种是调用事件方法，第 2 种是通过 trigger() 方法触发事件，第 3 种是通过 triggerHandler() 方法触发事件。下面我们分别进行讲解。

1. 事件方法触发事件

jQuery 中的事件方法在调用时如果传参数，表示绑定事件，如果不传参数，表示触发事件。以 click() 方法为例，示例代码如下。

```
1  // 绑定事件
2  $("div").click(function() {
3    alert("hello");
4  });
5  // 触发事件
6  $("div").click();
```

上述代码中，第 6 行代码调用了 click() 方法，触发了单击事件。

2. trigger() 方法触发事件

使用 trigger() 方法可以触发指定事件，示例代码如下。

```
1  // 绑定事件
2  $("div").click(function() {
3    alert("hello");
4  });
5  // 触发事件
6  $("div").trigger("click");
```

上述代码中，第 6 行代码调用了 trigger () 方法，参数 click 表示单击事件。

3. triggerHandler() 方法触发事件

事件方法和 trigger() 方法在触发事件时，都会执行元素的默认行为，而 triggerHandler() 方法在触发事件时不会执行元素的默认行为。下面我们通过代码来演示。

```
1  <input type="text">
2  <script>
3    $("input").on("focus", function() {
4      $(this).val(" 你好吗 ");
5    });
6    $("input").triggerHandler("focus");   // 触发事件
7  </script>
```

在上述代码中，第 3 ~ 5 行代码为页面中的 input 元素绑定焦点事件。第 6 行代码触发焦点事件。代码执行后，会发现 input 文本框没有光标闪烁，但第 2 行代码也执行了，文本框中的值变为“你好吗”。而如果将第 6 行的 triggerHandler() 方法换成 focus() 方法或者 trigger() 方法，则看到文本框中有光标闪烁。像这个文本框中有光标闪烁的现象，就是元素获得焦点时会发生的默认行为。由此可见，triggerHandler() 方法不会执行元素的默认行为。

11.5.6 事件对象

当事件被触发时，就会有事件对象的产生，在事件处理函数中可以使用参数来接收事件对象。下面我们通过代码进行演示。

```
1  <div> 点我 </div>
2  <script>
3    $("div").on("click", function(event) {
4      console.log(event);
5    });
6  </script>
```

上述代码执行后，在浏览器的控制台中可以查看事件对象，如图 11-8 所示。

```
▼w.Event {originalEvent: MouseEvent, type: "click", target: div, currentTarget: div, isDefaultPrevented: f, …}
    altKey: (...)
    bubbles: (...)
    button: (...)
    buttons: (...)
    cancelable: (...)
    changedTouches: (...)
    char: (...)
    charCode: (...)
    clientX: (...)
    clientY: (...)
    ctrlKey: (...)
  ▶currentTarget: div
```

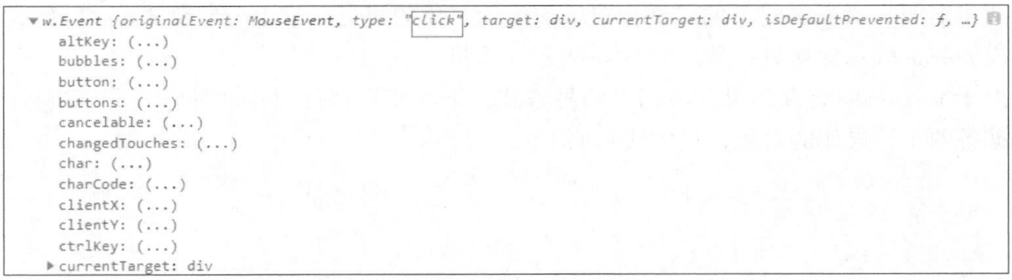

图 11-8 事件对象

如图 11-8 所示，通过事件对象可以获取和事件相关的信息。如 clientX（鼠标指针位置 *X* 坐标）、clientY（鼠标指针位置 *Y* 坐标）和 currentTarget（当前目标）等。

下面我们通过代码演示如何利用事件对象阻止默认行为和事件冒泡，示例代码如下。

```
1  <a href="1.html"> 点我 </a>
2  <script>
3    $(document).on("click", function() {
```

```
4      console.log("单击了 document");
5    });
6    $("a").on("click", function(event) {
7      event.preventDefault();      // 阻止事件默认行为
8      console.log("单击了 a");
9    });
10 </script>
```

上述代码执行后，单击页面中的超链接，会看到控制台依次输出“单击了 a”和“单击了 document”，说明当前发生了事件冒泡。但由于第 7 行代码阻止了 <a> 标签的默认行为，所以并没有发生超链接的页面跳转。

接下来在第 7 行代码下面再增加一行代码，阻止事件冒泡，如下所示。

```
event.stopPropagation();  // 阻止事件冒泡
```

在浏览器中刷新，再次单击 <a> 标签，会看到控制台中只输出了“单击了 a”，说明成功阻止了事件冒泡。

11.6 jQuery 其他方法

jQuery 还提供了 $.extend() 方法和 $.ajax() 方法，分别用来实现对象成员的扩展和 Ajax 请求。本节将针对这两个方法分别进行讲解。

11.6.1 $.extend() 方法

$.extend() 方法用来实现对象成员的扩展，它可以将一个对象的成员拷贝给另一个对象使用，其基本语法如下。

```
$.extend([deep], target, object1, [objectN])
```

上述代码中，target 是要拷贝的目标对象，后面可以跟多个对象（object1 ~ objectN），object1 表示待拷贝的第一个对象，objectN 表示待拷贝的第 *N* 个对象。当不同对象中存在相同的成员名时，后面的对象的成员会覆盖前面的对象的成员。第 1 个参数 deep 是可选参数，如果设为 true 表示深拷贝，默认为 false 表示浅拷贝。

由于 $.extend() 有深拷贝和浅拷贝两种方式，下面我们将针对这两种方式分别进行讲解。首先准备两个待操作的对象，具体代码如下。

```
1  var targetObj = {
2    id: 0,
3    msg: { sex: '男' }
4  };
5  var obj = {
6    id: 1,
7    name: "andy",
8    msg: { age: 18 }
9  };
```

在上述代码中，第 3 行和第 8 行的 msg 都是在对象中保存的对象，在进行深拷贝和浅拷贝操作时，处理方式会有所区别。

1. 浅拷贝

当一个对象中包含复杂数据类型（如对象）的成员时，浅拷贝会把这个成员的引用地址拷贝给目标对象，相当于“=”赋值。示例代码如下。

```
1  $.extend(targetObj, obj);          // 浅拷贝
2  console.log(targetObj);            // {id: 1, msg: {age: 18}, name: "andy"}
3  targetObj.msg.age = 20;            // targetObj.msg 和 obj.msg 是同一个对象
4  console.log(obj.msg.age);          // 输出结果：20
```

上述代码中，第1行代码将obj对象浅拷贝到目标对象targetObj中，然后在第2行输出targetObj对象，可以看到obj对象已经合并到targetObj中，并且targetObj对象中原有的相同成员名的成员也被覆盖。由于浅拷贝是将obj.msg对象的引用拷贝给了targetObj.msg，因此obj.msg和targetObj.msg这两个成员是同一个对象的引用。

2. 深拷贝

深拷贝把obj对象的成员完全复制一份，再添加给目标对象targetObj，如果对象的成员中包含对象，会递归进行复制。示例代码如下。

```
1  $.extend(true, targetObj, obj);
2  // 深拷贝结果：{id: 1, msg: {sex: "男", age: 18}, name: "andy"}
3  console.log(targetObj);
4  targetObj.msg.age = 20;            // targetObj.msg 和 obj.msg 是不同的对象
5  console.log(obj.msg.age);          // 输出结果：18
```

上述代码中，第1行代码设置了$.extend()方法的第1个参数为true，表示深拷贝。深拷贝完成以后，targetObj.msg对象中的成员也发生了合并，此时的targetObj.msg和obj.msg是两个不同的对象，修改其中一个对象的成员，不影响另一个对象。

11.6.2 $.ajax()方法

jQuery提供了$.ajax()方法，用来通过Ajax（Asynchronous JavaScript and XML，异步JavaScript和XML）技术请求服务器，获取服务器的响应结果。Ajax技术用来在浏览器中通过JavaScript向服务器发送请求，接收服务器返回的结果。

需要注意的是，Ajax技术具有一定的学习门槛，需要结合服务器端才能实现，读者只有具备了服务器搭建、域名的配置、HTTP协议、服务器端应用开发、同源策略、数据交互格式（XML、JSON）等基础知识，才能完全理解。考虑到本书针对的人群是前端开发初学者，在这个阶段还没有学习过服务器端知识，所以有关服务器端的内容不在本书中讲解，读者可以搭配本书的同系列图书来继续学习这部分内容。

1. 如何发送Ajax请求

由于搭建服务器比较麻烦，为了方便地看到Ajax的执行效果，可以使用HBuilder开发工具提供的内置服务器功能。下面我们来讲解如何在HBuilder中使用$.ajax()发送Ajax请求。

（1）在HBuilder中执行“工具”–“选项”，找到Web服务器设置，如图11-9所示。

在图11-9所示页面中，将“HTML类文件”选择使用“HBuilder内置Web服务器”即可。

（2）在HBuilder中创建一个新的项目，在项目中创建两个文件，分别是ajax.html和server.html，然后将jQuery文件jquery-3.3.1.min.js复制到项目中。

server.html文件中的代码如下所示。

```
服务器收到了请求
```

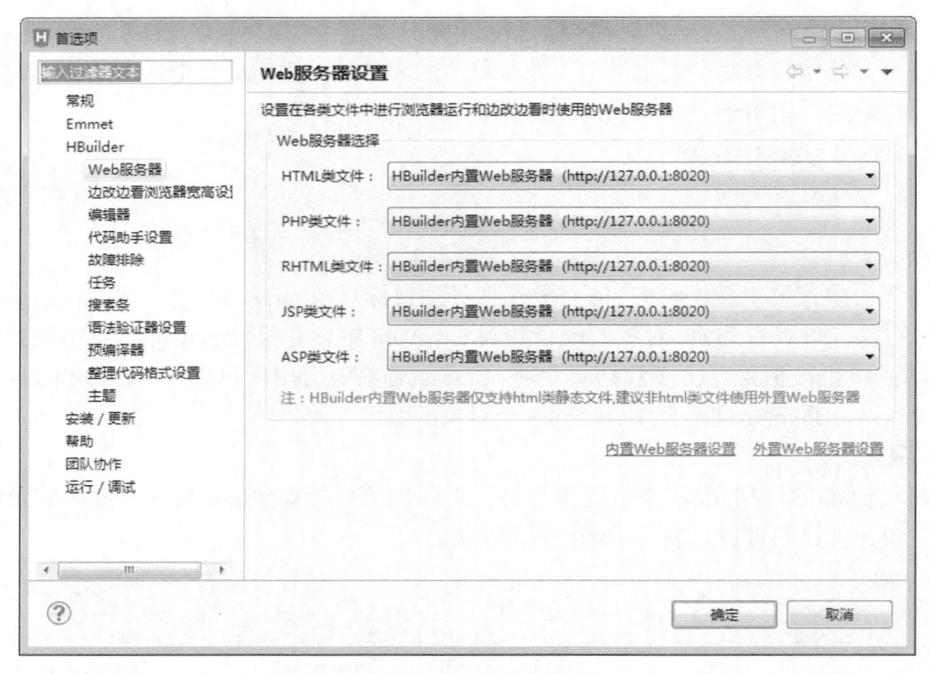

图 11-9 Web 服务器设置

ajax.html 文件中的代码如下所示。

```
1  <script src="jquery-3.3.1.min.js"></script>
2  <script>
3    $.ajax({
4      type: 'GET',                           // 请求方式
5      url: 'server.html',                    // 请求地址
6      data: { id: 2, name: 'Hello' },        // 发送的数据
7      success: function(msg) {               // 请求成功后执行的函数
8        console.log(msg);
9      }
10   });
11 </script>
```

上述代码表示发送一个 Ajax 请求，请求类型为 GET，请求地址为 server.html(当前路径下的 server.html)，请求时发送的数据为“{ id: 2, name: 'Hello' }”。由于 $.ajax() 是一个异步方法，当它执行后就会立即向服务器发送请求，并且会继续执行后面的代码。当请求成功后，会收到服务器响应的结果，然后就会执行 success 里面的回调函数，将服务器返回的结果 msg 输出到控制台。

（3）在 HBuilder 的项目中调用浏览器，打开 ajax.html，会看到浏览器显示的地址的开头部分为 http://127.0.0.1:8020，说明此时已经通过内置服务器打开了网页。

当 Ajax 请求发送后，在控制台中会看到已经输出了“服务器收到了请求”，并且在开发者工具的“Network”面板中，可以看到 Ajax 请求的详细信息，如图 11-10 所示。

小提示：

（1）如果使用浏览器打开本地的网页文件，Ajax 请求是无法发送成功的，必须将网页放在服务器下，使用“http://”或“https://”开头的 URL 地址来访问。

（2）$.ajax() 请求的地址受同源策略的限制，必须是相同域名、相同协议、相同端口号下的地址，否则会被浏览器拦截，在控制台中会看到错误提示。

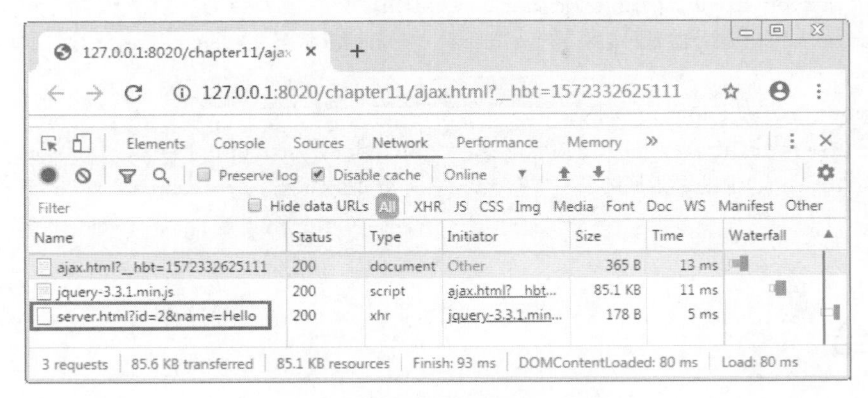

图 11-10　Ajax 请求的详细信息

2. jQuery 中的其他 Ajax 方法

除了 $.ajax() 方法，jQuery 还提供了更加快捷的 get()、post() 和 load() 方法，也可以发送 Ajax 请求。表 11-5 列举了 jQuery 中常用的 Ajax 操作方法。

表 11-5　常用的 Ajax 操作方法

分类	方法	说明
高级应用	$.get(url[,data][,fn][,type])	通过远程 HTTP GET 请求载入信息
	$.post(url[,data][,fn][, type])	通过远程 HTTP POST 请求载入信息
	$.getJSON(url[,data][,fn])	通过 HTTP GET 请求载入 JSON 数据
	$.getScript(url[,fn])	通过 HTTP GET 请求载入并执行一个 JavaScript 文件
	对象 .load(url[,data] [,fn])	载入远程 HTML 文件代码并插入至 DOM 中
底层应用	$.ajax(url[,options])	通过 HTTP 请求加载远程数据
	$.ajaxSetup(options)	设置全局 Ajax 默认选项

在表 11-5 中，参数 url 表示请求的 URL 地址；data 表示传递的参数；fn 表示请求成功时执行的回调函数；参数 type 用于设置服务器返回的数据类型，如 XML、JSON、HTML、TEXT 等；参数 options 用于设置 Ajax 请求的相关选项，常用的选项如表 11-6 所示。

表 11-6　Ajax 选项

选项名称	说明
url	处理 Ajax 请求的服务器地址
data	发送 Ajax 请求时传递的参数，字符串类型
success	Ajax 请求成功时所触发的回调函数
type	发送的 HTTP 请求方式，如 get、post
datatype	期待的返回值类型，如 xml、json、script 或 html 数据类型
async	是否异步，true 表示异步，false 表示同步，默认值为 true
cache	是否缓存，true 表示缓存，false 表示不缓存，默认值为 true
contentType	内容类型请求头，默认值为 application/x-www-form-urlencoded; charset=UTF-8
complete	当服务器 URL 接收完 Ajax 请求传送的数据后触发的回调函数
jsonp	在一个 jsonp 请求中重写回调函数的名称

下面我们通过代码演示 $.get() 和 $.post() 方法的使用。

```
// $.get() 方法
$.get('server.html', function(data, status) {
  console.log('服务器返回结果：' + data + '\n请求状态：' + status);
});
// $.post() 方法（HBuilder 内置 Web 服务器不支持 POST 方式）
$.post('server.html', { id: 1 }, function(data, status) {
  console.log('服务器返回结果：' + data + '\n请求状态：' + status);
});
```

本章小结

本章首先介绍了 jQuery 中常用的属性操作，并运用 prop() 属性实现购物车全选功能模块。然后介绍了 jQuery 内容操作的方法，使用这些方法可以实现在购物车中增减商品数量和商品小计等功能。还讲解了元素操作的一些方法，并使用这些方法实现了在购物车中删除商品的功能。最后介绍了 jQuery 的 $.extend() 方法和 $.ajax() 方法的基本使用。通过本章的学习，读者应能熟练运用 jQuery 开发常见的网页交互功能。

课后练习

一、填空题

1. jQuery 中的用于获取元素自定义属性的方法是________。
2. jQuery 中的________方法用来设置元素的 HTML 内容。
3. 若要实现元素的遍历，需调用 jQuery 中的________方法。
4. 若要获取元素的宽度，使用 jQuery 提供的________方法。
5. 若要获取元素的卷去的顶部距离，使用 jQuery 提供的________方法。

二、判断题

1. 内部添加元素可以实现在元素内部添加元素并且放到内容的最后面或者最前面。（　　）
2. 外部添加就是把内容放入目标元素的后面或者前面。（　　）
3. $.each() 方法可用于遍历任何对象，主要用于数据处理，比如数组、对象。（　　）
4. width()/height() 用于设置 width 和 height + padding + border + margin。（　　）
5. offset() 方法获取元素的位置，返回的是一个对象，包含 left 和 right 属性。（　　）

三、选择题

1. jQuery 中关于 offset() 方法，下列描述正确的是（　　）。
   A. offset().top 可以获取距离页面左侧的距离
   B. offset().top 用于获取到设置了定位的父元素的顶部距离

C. offset() 方法获取元素的位置，返回的是一个对象

D. offset() 方法获取元素的位置跟父级有关系。

2. 下列属于 jQuery 中获取属性方法的是（　　）。

A. attr()　　B. val()　　C. html()　　D. text()

3. jQuery 中关于 prop() 方法，下列描述正确的是（　　）。

A. 可以用来获取自定义属性　　B. 用来获取元素固有属性

C. 用来获取元素的宽度　　D. 获取元素的内容

4. 下列关于 jQuery 中方法的说法，错误的是（　　）。

A. val() 方法获取表单元素的值　　B. text() 方法获取表单元素的值

C. each() 方法可以用来遍历元素　　D. on() 方法用来绑定事件

5. 下列关于 jQuery 中事件的描述，错误的是（　　）。

A. on() 方法在匹配元素上绑定一个或多个事件处理函数

B. 当事件被触发，就会有事件对象的产生

C. on() 方法可以实现事件委托（委派）

D. trigger() 与 triggerHandler() 的区别是 trigger() 不会触发元素默认行为

四、简答题

1. 请列举 jQuery 中常用的获取属性的方法。
2. 请简述 trigger() 方法和 triggerHandler() 方法的区别。
3. jQuery 中 on() 方法可以实现事件委派，请编写示例代码并解释。

五、编程题

1. 请使用 jQuery 实现对象深拷贝。
2. 请使用 jQuery 实现当表单元素失去焦点时，显示“请输入内容信息”。

第12章 JavaScript面向对象（上）

学习目标

★了解什么是面向对象编程

★理解类与对象的关系

★掌握使用 class 创建类的方法

★理解类的继承

★掌握 super 关键字的使用

面向对象是软件开发领域中非常重要的一种编程思想，尤其在大型项目设计中可以发挥巨大的作用。面向对象思想是计算机编程技术发展到一定阶段后的产物，已经日趋成熟，并被广泛应用到数据库系统、交互式界面、应用平台、分布式系统、网络管理结构、人工智能等其他领域。本章将围绕 JavaScript 开发中的面向对象设计思想，以及类的基本使用进行讲解。

12.1 面向对象概述

12.1.1 面向过程与面向对象

在学习面向对象之前，首先要了解面向过程与面向对象的基本概念。

1. 面向过程

面向过程就是分析出解决问题需要的步骤，然后用函数把这些步骤一个个实现，使用的时候依次调用。面向过程的核心是过程。

2. 面向对象

面向对象就是把需要解决的问题分解成一个个对象，建立对象不是为了实现一个步骤，而是为了描述每个对象在解决问题中的行为。面向对象的核心是对象。

面向过程思想注重的是具体的步骤，只有按照步骤一步一步地执行，才能够完成这件事情；而面向对象思想注重的是一个个对象，这些对象各司其职，我们只要找到相应的对象，让它们帮我们做具体的事情即可。

12.1.2　面向对象的优势

在面向过程思想中，我们编写的代码都是一些变量和函数，随着程序功能的不断增加，变量和函数就会越来越多，此时容易遇到命名冲突的问题。由于各种功能的代码交织在一起，导致代码结构混乱，变得难以理解、维护和复用。而面向对象思想，我们可以将同一类事物的操作代码封装成对象，将用到的变量和函数作为对象的属性和方法，然后通过对象去调用，这样可以使代码结构清晰、层次分明。因此，在团队开发中，使用面向对象思想编程可以帮助团队更好地协作分工，提高开发效率。

下面我们列举一下面向对象编程的优势，具体如下。

- 模块化更深，封装性强。
- 更容易实现复杂的业务逻辑。
- 更易维护、易复用、易扩展。

需要注意的是，面向对象编程没有面向过程的性能高，这是因为面向对象为了提高开发效率增加了一些额外开销，在提高开发效率的同时稍微降低了性能。但在大部分情况下，开发效率的重要性远远超过了面向对象带来的性能开销，如果不是在对性能要求极其苛刻的情况下，推荐使用面向对象进行项目开发。

12.1.3　面向对象的特征

面向对象的特征主要可以概括为封装性、继承性和多态性，下面我们进行简要介绍。

1. 封装性

封装指的是隐藏内部的实现细节，只对外开放操作接口。接口就是对象的方法，无论对象的内部多么复杂，用户只需知道这些接口怎么使用即可。例如，计算机是非常高精密的电子设备，其实现原理也非常复杂，而用户在使用时并不需要知道这些细节，只要会操作键盘和鼠标就可以使用了。

封装的优势在于，无论一个对象内部的代码经过了多少次修改，只要不改变接口，就不会影响到使用这个对象时编写的代码。正如计算机上的 USB 接口，不论如何更换，只要接口兼容，用户可以随意更换鼠标。

2. 继承性

继承是指一个对象继承另一个对象的成员，从而在不改变另一个对象的前提下进行扩展。例如，猫和狗都属于动物，程序中便可以描述猫和狗继承自动物。同理，波斯猫和巴厘猫都继承自猫，沙皮狗和斑点狗都继承自狗。它们之间的继承关系如图 12-1 所示。

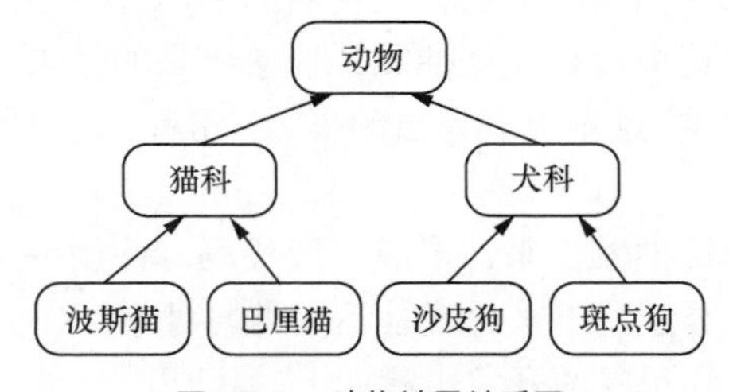

图 12-1　动物继承关系图

由图 12-1 可知，从波斯猫到猫科，再到动物，是一个逐渐抽象的过程，可以使对象的层次结构清晰。例如，当指挥所有的猫捉老鼠时，波斯猫和巴厘猫会听从命令，而犬科动物不受影响。

在开发中，利用继承一方面可以在保持接口兼容的前提下对功能进行扩展，另一方面增强了代码的复用性，为程序的修改和补充提供便利。

3. 多态性

多态指的是同一个操作作用于不同的对象，会产生不同的执行结果。实际上 JavaScript 被设计成一种弱类型语言（即一个变量可以存储任意类型的数据），就是多态性的体现。例如，数字、数组、函数都具有 toString() 方法，当使用不同的对象调用该方法时，执行结果不同。示例代码如下。

```
var obj = 123;
console.log(obj.toString());      // 输出结果：123
obj = [1, 2, 3];
console.log(obj.toString());      // 输出结果：1,2,3
obj = function() {};
console.log(obj.toString());      // 输出结果：function () {}
```

在面向对象中，多态性的实现往往离不开继承，这是因为继承可以让所有的同类对象拥有相同的方法，然后每个对象可以再根据自己的特点来改变同名方法的执行结果。

虽然面向对象提供了封装、继承、多态这些设计思想，但并不表示只要满足这些特征就可以设计出优秀的程序，开发人员还需要考虑如何合理地运用这些特征。例如，在封装时，如何给外部调用者提供完整且最小的接口，使外部调用者可以顺利得到想要的功能，不需要研究其内部的细节；在进行继承和多态设计时，如何为同类对象设计一套相同的方法进行操作等。

12.2 ES 6 面向对象语法

在传统的面向对象语言（如 Java）中，都存在类的概念，类就是对象的模板，对象就是类的实例。JavaScript 从 ES 6（ECMAScript 6.0）版本开始，也加入了类的概念，增加了一些面向对象语法。本章将对 ES 6 的面向对象语法进行详细讲解。

12.2.1 类和对象

面向对象让程序更贴近我们的实际生活，使用面向对象可以通过代码来描述现实世界的事物。事物分为具体的事物和抽象的事物，当我们脑中出现“书”这个词的时候，可以大致想象到书的基本样貌特征，这个过程就是抽象，抽象出来的结果，就是类。而当我们拿起手里的一本真实存在的书的时候，这本书有自己的书名、作者、页数等信息，像这种具体的事物，就是对象。

类的作用是将对象的特征抽象出来，形成一段代码。使用一个已经写好的类，可以批量地创建同一类对象，不同的类创建出来的就是不同类的对象。

在面向对象开发中，类和对象的开发步骤如下。

① 抽取出对象共同的属性和行为，组织成一个类。

② 对类进行实例化，获取类的对象。

创建同类对象的意义在于，这些同类对象拥有相同的属性名和方法名（即拥有相同的特征），当我们使用一个对象的时候，只要知道这个对象是哪个类的，就知道这个对象如何使用了。

12.2.2　类的基本语法

ES 6 增加了 class 关键字，用来定义一个类，在类中可以定义 constructor() 构造方法，用来初始化对象的成员。下面我们通过代码演示类的定义和使用。

```
1  // 定义类
2  class Person {
3    constructor(name) {                    // 构造方法
4      this.name = name;                    // 为新创建的对象添加 name 属性
5    }
6  }
7  // 利用类创建对象
8  var p1 = new Person('张三');             // 创建 p1 对象
9  var p2 = new Person('李四');             // 创建 p2 对象
10 console.log(p1.name);                    // 访问 p1 对象的 name 属性
11 console.log(p2.name);                    // 访问 p2 对象的 name 属性
```

在上述代码中，constructor() 构造方法在使用类创建对象时会自动调用，在调用时会将实例化的参数传过来。在命名习惯上，类名使用首字母大写的形式。如果一个类中没有编写 constructor() 构造方法，程序会在类中自动创建一个 constructor() 构造方法。

12.2.3　类中的方法

在类中可以编写所有对象共有的方法，示例代码如下。

```
1  class Person {
2    constructor(name) {            // 构造方法
3      this.name = name;
4    }
5    say() {                        // 在类中定义一个 say() 方法
6      console.log('你好，我叫' + this.name);
7    }
8  }
9  var p1 = new Person('张三');
10 p1.say();                        // 输出结果：你好，我叫张三
```

在上述代码中，say() 方法就是在类中定义的方法。在定义方法时，不需要使用 function 关键字，并且多个方法之间不需要使用逗号分隔。在 say() 方法中，this 表示实例对象，如果是调用了 p1 对象的 say() 方法，则 this 就表示 p1，this.name 表示 p1.name。

12.2.4　继承

在现实生活中，继承一般指的是子女继承父辈的财产。而在 JavaScript 中，继承用来表示两个类之间的关系，子类可以继承父类的一些属性和方法，在继承以后还可以增加自己独有的属性和方法。类的继承使用 extends 关键字，示例代码如下。

```
1  // 先准备一个父类
2  class Father {
3    constructor() {
4    }
5    money() {                 // 父类中的方法可以被子类继承
6      console.log(100);
7    }
8  }
9  // 子类继承父类
10 class Son extends Father {
11 }
12 // 创建子类对象
13 var son = new Son();
14 son.money();       // 输出结果：100
```

在上述代码中，money() 方法是父类中的方法，子类中没有，但在子类继承父类以后，子类对象也拥有了 money() 方法，说明子类成功继承了父类。

12.2.5　super 关键字

super 关键字用于访问和调用对象在父类上的方法，可以调用父类的构造方法，也可以调用父类的普通方法。示例代码如下。

```
1  class Father {
2    constructor(x, y) {
3      this.x = x;
4      this.y = y;
5    }
6    sum() {
7      console.log(this.x + this.y);
8    }
9  }
10 class Son extends Father {
11   constructor(x, y) {
12     super(x, y);           // 调用父类的构造方法
13   }
14 }
15 var son = new Son(1, 2);
16 son.sum();                 // 输出结果：3
```

在上述代码中，第 12 行代码调用了父类的构造方法。当子类和父类都编写了构造方法的时候，子类需要用 super 调用父类的构造方法，否则代码在运行时会报错。

super 关键字也可以调用父类的普通方法，示例代码如下。

```
1  class Father {
2    say() {
3      return '我是父类';
4    }
```

```
5  }
6  class Son extends Father {
7    say() {
8      console.log(super.say() + '的子类');
9    }
10 }
11 var son = new Son(1, 2);
12 son.say();                  // 输出结果：我是父类的子类
```

在上述代码中，当子类和父类具有同名方法（即 say() 方法）的时候，因为最后实例化的对象是子类对象，所以子类的 say() 方法会覆盖父类的 say() 方法。如果想要让父类的 say() 方法也执行，就要在子类的 say() 方法中通过 super.say() 调用父类的 say() 方法。

子类在继承了父类以后，也可添加一些属于自己的方法，示例代码如下。

```
1  class Father {
2    constructor(x, y) {
3      this.x = x;
4      this.y = y;
5    }
6    sum() {
7      console.log(this.x + this.y);
8    }
9  }
10 class Son extends Father {
11   constructor(x, y) {
12     super(x, y);            // super 必须在子类的 this 之前调用
13     this.x = x;
14     this.y = y;
15   }
16   subtract() {              // 子类特有的方法
17     console.log(this.x - this.y);
18   }
19 }
20 var son = new Son(5, 3);
21 son.sum();                  // 输出结果：8
22 son.subtract();             // 输出结果：2
```

在上述代码中，第 12 行在子类的构造方法中使用了 super，super 必须放在 this 的前面，否则会报错。也就是说，子类必须先调用父类的构造方法，才能继续执行自己的构造方法。

12.3　面向对象开发标签页组件

掌握了面向对象的基本语法后，本节将通过面向对象思想来开发一个标签页组件案例，将整个标签页看成一个对象，通过调用对象的方法，来实现页面切换、添加标签页、删除标签页和修改标签页的功能。

12.3.1 功能分析

本案例开发的是一个标签页组件，组件可以理解为一段已经封装好的代码，可以被复用。由于标签页切换是网页开发中非常常见的功能，为了方便网页开发，我们就将这个功能的代码封装成一个组件，以后用到的时候，直接将 HTML 代码复制到页面中，然后通过 Tab 类创建一个对象即可使用。

通过本案例的学习，读者可以体会到面向对象思想带来的好处。虽然前期编写 Tab 类会有些难度，但是当编写完成以后，在需要用到的地方，只要创建一个对象就能使用了，不需要重复进行开发，减少了开发人员的工作量。

标签页组件的页面效果如图 12-2 所示。

图 12-2 标签页案例效果

如图 12-2 所示，页面打开后会显示 3 个标签页，用户单击某一个标签页可以切换到该标签页，在下方显示该标签页的内容。在标签页区域的右上角有个“+”按钮，单击按钮可以添加新的标签页。每个标签页在右上角有一个“×”按钮，单击可以删除该标签页。标签页的标题和内容还可以修改，用户双击标签页标题，或双击标签页内容，原来的文本就会变成一个输入框，用户可以输入新的内容，如图 12-3 所示。

图 12-3 编辑标签页

在图 12-3 所示页面中，当用户在文本框中输入完成后，在其他位置单击一下，或者按回车键，修改就会生效。

12.3.2 页面结构

在分析了标签页组件的基本功能需求后，下面我们开始编写页面结构，具体步骤如下。

（1）编写 HTML 代码实现页面结构。CSS 样式代码请参考本书配套源码。

```
1  <div class="tabsbox" id="tab">
2    <!-- 标签 -->
3    <nav class="firstnav">
```

```
4       <ul>
5         <li class="liactive">
6           <span> 测试 1</span><span class="iconfont icon-close"></span>
7         </li>
8         <li>
9           <span> 测试 2</span><span class="iconfont icon-close"></span>
10        </li>
11        <li>
12          <span> 测试 3</span><span class="iconfont icon-close"></span>
13        </li>
14      </ul>
15      <div class="tabadd"><span>+</span></div>
16    </nav>
17    <!-- 内容 -->
18    <div class="tabscon">
19      <section class="conactive"> 测试 1</section>
20      <section> 测试 2</section>
21      <section> 测试 3</section>
22    </div>
23 </div>
```

在上述代码中，第 2 ~ 16 行代码是标签页组件的顶部标签区域。第 17 ~ 22 行代码是标签下方的内容区域。第 5 ~ 13 行代码中的每个 <li> 就是可以单击的标签，单击某一个标签后，就会切换到下方第 19 ~ 21 行代码对应的 <section> 内容区域。第 15 行的“+”是添加新标签页的按钮。第 6、9、12 行的 class 为 icon-close 的 <span> 是每个标签右上角的“×”关闭按钮。

（2）编写 JavaScript 代码，由于代码比较多，将代码单独保存在一个文件中，然后在 HTML 页面中使用 <script> 标签引入。如下所示。

```
<script src="js/tab.js"></script>
```

然后创建 js/tab.js 文件，开始编写代码。我们将整个标签页组件看成一个对象，考虑到标签页组件应该是可以被复用的，在一个页面中允许出现多个标签页组件，所以接下来我们就来编写一个 Tab 类，用来创建标签页对象。每当页面中需要增加一个标签页组件的时候，就通过 new Tab() 创建一个对象就可以了，具体代码如下。

```
1  // 编写 Tab 类，用来创建标签页对象
2  class Tab {
3    constructor() {}           // 构造方法
4    toggleTab() {}             // 切换标签页
5    addTab() {}                // 添加标签页
6    removeTab() {}             // 删除标签页
7    editTab() {}               // 修改标签页
8  }
9  // 创建标签页对象
10 new Tab();
```

（3）当页面中有多个标签页组件的时候，为了区分每一个标签页组件，可以给每个标签

页组件设置一个 id。在页面结构中，最外层的 div（大盒子）的 id 为 tab，因此就将 tab 通过创建对象时的构造方法传入，具体代码如下。

```
1  new Tab('#tab');
```

然后修改 constructor() 方法，根据 id 获得大盒子的对象，将对象保存到自己的属性中，这样可以在其他方法中通过 this.main 使用，具体代码如下。

```
1  constructor(id) {
2    this.main = document.querySelector(id);
3  }
```

12.3.3 切换标签页

（1）在获取到大盒子对象以后，从大盒子中把所有的 li 和 section 元素获取到，保存到自己的属性中，具体代码如下。

```
1  constructor(id) {
2    this.main = document.querySelector(id);                    // 大盒子
3    this.lis = this.main.querySelectorAll('li');               // 小标签
4    this.sections = this.main.querySelectorAll('section');     // 内容区域
5  }
```

（2）当页面一打开后，页面中已有的小标签应该已经绑定了单击事件，单击某个小标签后就会切换到对应的页面。考虑到绑定单击事件的代码可能被多次调用，可将代码单独封装到一个 init() 方法中，使用 for 循环为所有的小标签绑定事件，具体代码如下。

```
1  init() {
2    for (var i = 0; i < this.lis.length; i++) {
3      this.lis[i].index = i;
4      this.lis[i].onclick = function() {
5        console.log(this.index);  // 目前只获取标签的索引，其他操作在后面实现
6      };
7    }
8  }
```

在上述代码中，第 3 行代码为每个 li 添加了 index 属性，用来保存索引值。第 5 行代码用来在小标签被单击以后，在控制台中输出索引值，从而方便程序测试。获取到单击的小标签的索引值以后，就可以切换到对应的标签页，这个功能将在后面的步骤中实现。

（3）通过浏览器访问测试，当单击了某一个小标签以后，如果可以在控制台中显示这个小标签的索引值，说明以上步骤已经成功实现。

（4）在 constructor() 方法中调用 init() 方法，具体代码如下。

```
1  constructor(id) {
2    ……（原有代码）
3    this.init();
4  }
```

（5）编写 toggleTab() 方法，用来进行标签页切换。在切换的时候，需要对 class 样式进行修改，将当前小标签的 class 设为 liactive，将对应内容区域的 class 设为 conactive，然后还要清除其他标签的 class 样式。考虑到清除 class 样式的代码可能被重复使用，可将代码写在一个单独的 clearClass() 方法中，具体代码如下。

```
1  toggleTab(el) {
2    this.clearClass();
3    el.className = 'liactive';
4    this.sections[el.index].className = 'conactive';
5  }
6  clearClass() {
7    for (var i = 0; i < this.lis.length; i++) {
8      this.lis[i].className = '';
9      this.sections[i].className = '';
10   }
11 }
```

在上述代码中，toggleTab() 方法的参数 el 表示当前选中的标签页对象。

（6）在 init() 方法的 for 循环中找到 onclick 事件绑定的代码，在绑定的函数中调用 toggleTab() 方法。由于事件函数中，this 表示当前触发事件的对象，无法使用 this.toggleTab() 进行调用，所以需要在事件函数外面先用一个变量引用 this 对象，变量的名字可以随意指定。这里将变量命名为 that，如下所示。

```
1  init() {
2    var that = this;
3    ……（原有代码）
4  }
```

然后在 onclick 事件函数中调用 that.toggleTab()，并将 this 作为参数传入，如下所示。

```
1  this.lis[i].onclick = function() {
2    // console.log(this.index);
3    that.toggleTab(this);
4  };
```

（7）通过浏览器访问测试，观察标签页切换功能是否正确执行。

12.3.4　添加标签页

单击标签页组件右上角的“+”按钮可以添加新的标签页。其开发思路是，先创建新标签页的 li 小标签元素和 section 内容元素，然后将这两个元素追加到对应的父元素中。

下面我们开始进行代码编写。

（1）为“+”按钮绑定单击事件。在 constructor() 方法中获取“+”按钮的对象，将代码写在调用 this.init() 的前面，具体代码如下。

```
1  constructor() {
2    ……（原有代码）
3    this.add = this.main.querySelector('.tabadd');        // 新增代码
4    this.init();
5  }
```

（2）在 init() 方法中为“+”按钮绑定单击事件，在单击以后，调用 addTab() 方法添加新标签页，具体代码如下。

```
1  init() {
2    var that = this;
3    this.add.onclick = function() {
```

```
4       that.addTab();
5     };
6     ……（原有代码）
7   }
```

（3）编写 addTab() 方法，创建新标签页的 li 和 section 元素。在编写前，需要先在构造方法中获取 li 的容器对象和 section 的容器对象，从而将新创建的元素添加到容器中。

```
1  constructor() {
2    ……（原有代码）
3    this.ul = this.main.querySelector('.firstnav ul:first-child');        // 新增
4    this.fsection = this.main.querySelector('.tabscon');                  // 新增
5    this.init();
6  }
```

（4）为了直接通过字符串的方式创建元素，可使用 DOM 中的 insertAdjacentHTML() 方法，该方法可以将字符串格式的元素添加到父元素中，具体用法如下。

```
element.insertAdjacentHTML(position, text)
```

在上述代码中，position 参数表示元素的位置，text 参数表示要被解析为 HTML 或 XML 并插入到 DOM 树中的字符串。表 12-1 列举了 position 参数的可选值。

表 12-1　position 可选值

可选值	说明
beforebegin	元素自身的前面
afterbegin	元素内部的第一个子节点之前
beforeend	元素内部的最后一个子节点之后
afterend	元素自身的后面

（5）在 addTab() 方法中通过字符串保存新元素，然后调用 insertAdjacentHTML() 方法插入元素到指定位置，具体代码如下。

```
1  addTab() {
2    this.clearClass();  // 先清除所有的 li 和 section 的类
3    var li = '<li class="liactive"><span>新标签页</span><span class="iconfont icon-close"></span></li>';
4    var time = new Date().getTime();
5    var section = '<section class="conactive">' + time + '</section>';
6    this.ul.insertAdjacentHTML('beforeend', li);
7    this.fsection.insertAdjacentHTML('beforeend', section);
8  }
```

在上述代码中，由于添加了新标签页后，应该将新标签页设为选中状态，所以在第 2 行先将所有 li 和 section 的 class 清除。第 4 行代码用来获取时间戳，作为新标签页的内容，以方便区分新添加的标签页。

（6）在添加新标签页后，由于新标签页的元素没有在 this.lis 和 this.sections 中保存，所以需要重新获取一下这些元素，并且还要为它们绑定事件。下面我们来编写一个 updateNode() 方法，用来获取 li 和 section 元素，并在 init() 方法中调用，具体代码如下。

```
1  updateNode() {
2    this.lis = this.main.querySelectorAll('li');
```

```
3    this.sections = this.main.querySelectorAll('section');
4  }
5  init() {
6    this.updateNode();                // 放在初始化的时候调用
7    ……（原有代码）
8  }
9  addTab() {
10   ……（原有代码）
11   this.init();                      // 在添加标签页后调用
12 }
```

（7）在添加了 updateNode() 方法后，原来在 constructor() 中的获取 li 和 section 元素的代码就用不到了，将这两行代码去掉即可。

```
1  constructor() {
2    this.main = document.querySelector(id);
3    // this.lis = this.main.querySelectorAll('li');
4    // this.sections = this.main.querySelectorAll('section');
5    ……（原有代码）
6  }
```

（8）通过浏览器访问测试，单击"+"按钮，查看新标签页是否添加成功。

12.3.5　删除标签页

单击小标签右上角的"×"按钮可以删除标签页。其开发思路是，为"×"元素绑定单击事件，事件触发后，通过父元素 li 获取索引值，然后用这个索引值将对应的 li 和 section 删除，并在删除后更新标签页的选中效果。下面我们就开始进行代码编写。

（1）在 updateNode() 方法中获取所有的"×"元素，具体代码如下。

```
1  updateNode() {
2    ……（原有代码）
3    this.remove = this.main.querySelectorAll('.icon-close');
4  }
```

（2）在 init() 方法的 for 循环中，为每个"×"元素绑定单击事件。

```
1  for (var i = 0; i < this.lis.length; i++) {
2    ……（原有代码）
3    this.remove[i].onclick = function(e) {
4      that.removeTab(this, e);
5    };
6  }
```

在上述代码中，第 4 行代码将触发事件的对象 this 和事件对象 e 传给 removeTab() 方法。

（3）编写 removeTab() 事件，实现标签页的删除，具体代码如下。

```
1  removeTab(el, e) {
2    e.stopPropagation();              // 阻止冒泡，防止触发 li 的 click 事件切换标签页
3    var index = el.parentNode.index;          // 获取父元素的索引
4    this.lis[index].remove();
5    this.sections[index].remove();
```

```
6     this.init();
7   }
```

在上述代码中，由于“×”元素是小标签 li 元素的子元素，当“×”被单击时，会发生冒泡，导致 li 的单击事件也触发，所以需要通过第 2 行代码阻止事件冒泡。

（4）在删除了 li 和 section 元素以后，还需要更新标签页的选中状态。有两种情况，一种是删除了当前正在显示的标签页，删除以后，就把上一个标签页设为选中状态；另一种情况是删除了一个没有打开的标签页，这个时候原来的选中状态应该保持不变。为了区分这两种状态，可以在删除了标签页以后，判断当前是否存在已被打开的标签页，如果不存在，说明删除的是已被打开的标签页，就把上一个标签页设为选中状态即可，具体代码如下。

```
1   removeTab(el, e) {
2     ……（原有代码）
3     if (!this.main.querySelector('.liactive')) {
4       this.lis[index - 1] && this.lis[index - 1].click();
5     }
6   }
```

在上述代码中，第 3 行代码用来判断 main 元素中是否有已被打开的标签页，如果没有，则执行 if 中的代码。第 4 行代码用来将上一个标签页设为选中状态，在设置前，先判断是否存在上一个标签页，以避免全部关闭的时候程序出错。

（5）通过浏览器访问测试，观察删除标签页功能是否已经实现。

12.3.6 修改标签页

双击标签页组件中的 li 小标签或者 section 中的文本，可以对文本进行编辑。为了实现这个功能，需要先给 li 和 section 元素绑定双击事件，当双击文本后，将文本改成一个文本框，用来输入新的内容，在文本框中显示原来的文本，并默认选定文本。当文本框失去焦点，或者用户按下回车键以后，输入框中的值就会更新页面中原来的文本。

下面我们开始进行代码编写。

（1）在 updateNode() 方法中获取 li 中的 span 文本元素，具体代码如下。

```
1   updateNode() {
2     ……（原有代码）
3     this.spans = this.main.querySelectorAll('.firstnav li span:first-child');
4   }
```

（2）在 init() 方法的 for 循环中给 spans 绑定双击事件，具体代码如下。

```
1   for (var i = 0; i < this.lis.length; i++) {
2     ……（原有代码）
3     this.spans[i].ondblclick = function() {
4       that.editTab(this);
5     };
6   }
```

（3）编写 editTab() 方法，实现双击文本后显示文本框的效果。先获取原来的文本，然后将文本替换为文本框，并在文本框中放入原来的文本，具体代码如下。

```
1   editTab(el) {
2     var str = el.innerHTML;
```

```
3    el.innerHTML = '<input type="text">';
4    var input = el.children[0];
5    input.value = str;
6    input.select();                        // 文本框中的文本全选
7  }
```

（4）为文本框绑定失去焦点事件和键盘事件，实现获取焦点或按回车键后提交修改，具体代码如下。

```
1  editTab(el) {
2    ……（原有代码）
3    input.onblur = function() {    // 离开文本框后，修改标签页标题
4      this.parentNode.innerHTML = this.value;
5    };
6    input.onkeyup = function(e) { // 按回车后修改标签页标题
7      if (e.keyCode === 13) {
8        this.blur();              // 触发 blur 事件，完成修改
9      }
10   };
11 }
```

（5）在 init() 的 for 循环中增加代码，让标签页的内容也可以修改。

```
1  for (var i = 0; i < this.lis.length; i++) {
2    ……（原有代码）
3    this.sections[i].ondblclick = function() {
4      that.editTab(this);
5    };
6  }
```

（6）通过浏览器访问测试，观察双击文本后是否会自动变成一个文本框，并在文本框中显示原来的文本。当输入完成后，按回车键，或者再单击一下其他位置，观察修改是否成功。

本章小结

本章首先介绍了 JavaScript 面向对象的编程思想，包括面向过程、面向对象的优势及特征。接着讲解了 ES 6 面向对象的语法，主要包括类的基本概念、语法使用、方法、子类对父类的继承及 super 关键字的作用。最后通过一个面向对象开发的综合案例，演示了实际开发中面向对象的编程思想和类的应用。通过本章的学习，读者应该可以灵活运用 JavaScript 面向对象编程思想来完成项目的开发。

课后练习

一、填空题

1. 面向对象编程优势为：易维护、易复用、________。

2. 面向对象的特征是：________、________、________。

3. 类的继承使用________关键字。

4. 用于访问和调用对象在父类上的方法的关键字是________。

二、判断题

1. 如果一个类中没有编写 constructor() 方法，类中会自动创建一个 constructor() 构造方法。（　　）

2. 在类中定义方法时，需要使用 function 关键字。（　　）

3. 继承指的是隐藏内部的实现细节，只对外开放操作接口。（　　）

4. ES 6 增加了 Class 关键字，用来定义一个类。（　　）

三、选择题

1. 下列选项中，不是面向对象的特征的是（　　）。

A. 封装性　　B. 跨平台性　　C. 继承性　　D. 多态性

2. 下面关于类的描述，错误的是（　　）。

A. 在命名习惯上，类名使用首字母大写的形式

B. class Person {} 表示定义一个 Person 类

C. 在 JavaScript 中，子类可以继承父类的一些属性和方法，在继承以后还可以增加自己独有的属性和方法

D. super 关键字只能调用父类的构造方法

四、编程题

请通过面向对象思想实现列表的增删和移动，要求如下。

① 在页面中显示一个列表，每一项是一个文本框，可以编辑文本。在每个文本框右边放 3 个链接，分别是“上移”“下移”和“删除”。

② 在列表底部提供一个添加列表项的功能，可以添加新的列表项。

③ 页面效果如图 12-4 所示。

图 12-4 列表的增删和移动

第 13 章

JavaScript 面向对象（下）

学习目标

★了解原型的作用
★掌握使用构造函数创建对象
★掌握访问对象成员的规则
★掌握原型继承的使用
★熟悉错误的处理方式

在上一章中，我们主要讲解了 ES 6 的面向对象编程思想，以及类的基本使用。接下来，本章将重点讲解 ES 6 之前，在开发中是如何实现面向对象编程的。内容包括构造函数和原型对象的使用、原型链的结构、this 指向问题、程序的错误处理，最后讲解了如何利用构造函数和原型对象实现子类继承父类的属性和方法。

13.1 构造函数与原型对象

在 ES 6 之前，JavaScript 并没有引入类的概念，若要使用 JavaScript 进行面向对象编程，需要通过构造函数和原型对象来实现。其中，构造函数在第 5 章中已经讲过，本节再来回顾一下，并对一些使用细节进行补充。

13.1.1 构造函数

构造函数主要用来创建对象，并为对象的成员赋初始值。我们可以把对象中的一些公共的属性和方法抽取出来，封装到构造函数中。构造函数的使用示例如下。

```
1  function Person(name, age) {
2    this.name = name;
3    this.age = age;
4    this.sing = function() {
5      console.log('我会唱歌');
6    };
7  }
```

```
8  var p1 = new Person('张三', 18);
9  var p2 = new Person('李四', 19);
10 console.log(p1.name);                  // 输出结果：张三
11 console.log(p2.age);                   // 输出结果：19
12 p2.sing();                             // 输出结果：我会唱歌
```

上述代码用面向对象思想封装了一个 Person 构造函数，在构造函数中，有 name 和 age 两个属性，以及 sing() 方法。

13.1.2 静态成员和实例成员

在面向对象中有静态成员和实例成员的概念，实例成员是指实例对象的成员，例如，上述代码中的 p1.name 就是实例成员；而静态成员是指通过类或构造函数访问的成员，不需要创建实例对象就能访问。下面我们来演示静态成员的添加和访问。

```
1  function Person(uname) {
2    this.uname = uname;
3  }
4  Person.school = 'X 大学';              // 添加静态属性 school
5  Person.sayHello = function() {        // 添加静态方法 sayHello
6    console.log('Hello');
7  };
8  console.log(Person.school);           // 访问静态属性，输出结果：X 大学
9  Person.sayHello();                    // 访问静态方法，输出结果：Hello
```

需要注意的是，在静态方法中不能使用 this 访问实例对象，因为静态方法与实例对象没有关联，在静态方法中如果使用 this，访问到的是构造函数本身，即 Person。

13.1.3 构造函数和类的区别

使用构造方法创建对象虽然很简单、方便，但是与类存在一定的区别。类中的成员方法是定义在类中的，使用类创建对象后，这些对象的方法都是引用了同一个方法，这样可以节省内存空间，示例代码如下。

```
1  class Person {
2    sing() {
3      console.log('hello');
4    }
5  }
6  var p1 = new Person();
7  var p2 = new Person();
8  console.log(p1.sing === p2.sing);     // 输出结果：true
```

从上述代码可以看出，p1 的 sing() 方法和 p2 的 sing() 方法是同一个方法。

使用构造函数创建的对象并不是引用同一个方法，示例代码如下。

```
1  function Student() {
2    this.sing = function() {
3      console.log('hello');
4    };
```

```
5  }
6  var s1 = new Student();
7  var s2 = new Student();
8  console.log(s1.sing === s2.sing);                // 输出结果：false
```

为了解决上述问题，就需要利用原型对象来实现。在下一个小节中我们将对原型对象进行详细讲解。

13.1.4　原型对象

在 JavaScript 中，每个构造函数都有一个原型对象存在，这个原型对象通过构造函数的 prototype 属性来访问，示例代码如下。

```
function Person() {}                              // 定义函数
console.log(Person.prototype);                    // 输出结果：{constructor: f}
console.log(typeof Person.prototype);             // 输出结果：object
```

在上述代码中，Person 函数的 prototype 属性指向的对象就是 Person 的原型对象。

利用原型对象，可以实现为所有的实例对象共享实例方法，我们可以将实例方法定义在原型对象中，然后所有的实例方法就都可以访问原型对象的方法了。因此，原型对象其实就是所有实例对象的原型。下面我们通过代码演示原型对象的使用。

```
1  function Person(uname) {
2    this.uname = uname;
3  }
4  Person.prototype.sayHello = function() {
5    console.log('你好，我叫' + this.uname);
6  };
7  var p1 = new Person('张三');
8  var p2 = new Person('李四');
9  console.log(p1.sayHello === p2.sayHello);      // 输出结果：true
10 p1.sayHello();                                  // 输出结果：你好，我叫张三
11 p2.sayHello();                                  // 输出结果：你好，我叫李四
```

从上述代码可以看出，实例对象 p1 和 p2 原本没有 sayHello() 方法，但是在为原型对象添加了 sayHello() 方法以后，p1 和 p2 就都拥有了 sayHello() 方法，并且是同一个方法。在原型对象的方法中，this 表示的是调用此方法的实例对象。

13.2　原型链

在 JavaScript 中，对象有原型对象，原型对象也有原型对象，这就形成了一个链式结构，简称原型链。通过学习这部分内容，大家就能理解 JavaScript 中的成员查找机制了。本节将针对原型链进行分析和讲解。

13.2.1　访问对象的原型对象

在 JavaScript 中，每个对象都有一个 __proto__ 属性，这个属性指向了对象的原型对象。在前面的学习中我们知道，如果知道了一个对象的构造函数，可以用构造函数的 prototype 属

性访问原型对象。但如果不知道对象的构造函数，则可以用 __proto__ 属性直接访问原型对象。示例代码如下。

```
1  function Person() {}
2  var p1 = new Person();
3  console.log(p1.__proto__ === Person.prototype);        // 输出结果：true
```

从上述代码可以看出，实例对象的 __proto__ 属性指向的原型对象和构造函数的 prototype 属性指向的原型对象是同一个对象。

图 13-1 演示了实例对象和原型对象的关系。

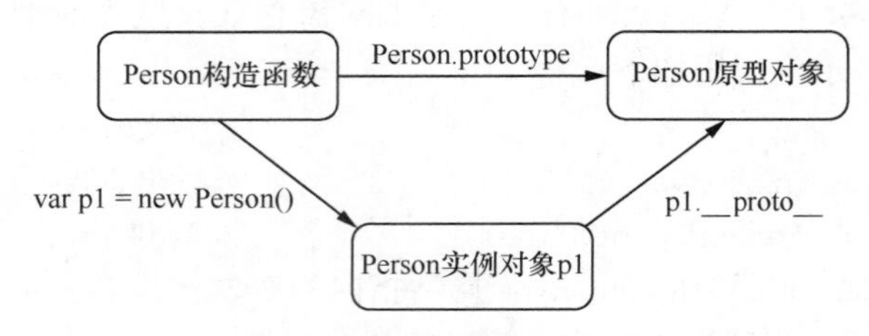

图 13-1 实例对象和原型对象

需要注意的是，__proto__ 是一个非标准的属性，是浏览器为了方便用户查看对象的原型而提供的，在实际开发中不推荐使用这个属性。

13.2.2 访问对象的构造函数

在原型对象里面有一个 constructor 属性，该属性指向了构造函数。由于实例对象可以访问原型对象的属性和方法，所以通过实例对象的 constructor 属性就可以访问实例对象的构造函数。下面通过代码进行演示。

```
1  function Person() {}
2  // 通过原型对象访问构造函数
3  console.log(Person.prototype.constructor === Person); // 输出结果：true
4  // 通过实例对象访问构造函数
5  var p1 = new Person();
6  console.log(p1.constructor === Person);               // 输出结果：true
```

需要注意的是，如果将构造函数的原型对象修改为另一个不同的对象，就无法使用 constructor 属性访问原来的构造函数了，示例代码如下。

```
1  function Person() {}
2  // 修改原型对象为一个新的对象
3  Person.prototype = {
4    sayHello: function() {
5      console.log('hello');
6    }
7  };
8  var p1 = new Person();
9  // 使用实例对象 p1 可以访问新的原型对象中的属性
10 p1.sayHello();                          // 输出结果：hello
11 // 使用 constructor 属性无法访问原来的构造函数
12 console.log(p1.constructor);            // 输出结果：Object() { [native code] }
```

从上述代码可以看出，p1.constructor 的访问结果是 Object 构造函数，而不是 p1 原本的构造函数 Person。之所以会出现这个效果，是因为第 3 行为 Person.prototype 赋值了一个新的字面量对象，这个字面量对象的 constructor 属性指向的就是 Object 构造函数，所以 p1 使用 constructor 属性访问到的就是 Object 构造函数了。

为了能在修改了原型对象的情况下仍然能通过 constructor 属性访问正确的构造函数，我们可以在新的原型对象中将 constructor 属性指向 Person 构造函数，示例代码如下。

```
1  function Person() {}
2  Person.prototype = {
3    constructor: Person,                    // 手动指向 Person 构造函数
4    sayHello: function() {
5      console.log('hello');
6    }
7  };
8  var p1 = new Person();
9  console.log(p1.constructor === Person); // 输出结果：true
```

在上述代码中，由于新的原型对象也是一个对象，这个对象原来的 constructor 属性指向 Object 构造函数，所以原来的 constructor 属性其实是 Object.prototype 原型对象的属性。第 3 行将 constructor 属性指向 Person 构造函数以后，当通过实例对象访问这个属性时，就直接返回 Person 构造函数，不再到 Object.prototype 原型对象中查找了。

在掌握了 prototype、__proto__、constructor 这些属性的使用以后，就可以在构造函数、原型对象、实例对象之间互相访问了。下面我们通过图 13-2 演示这三者的关系。

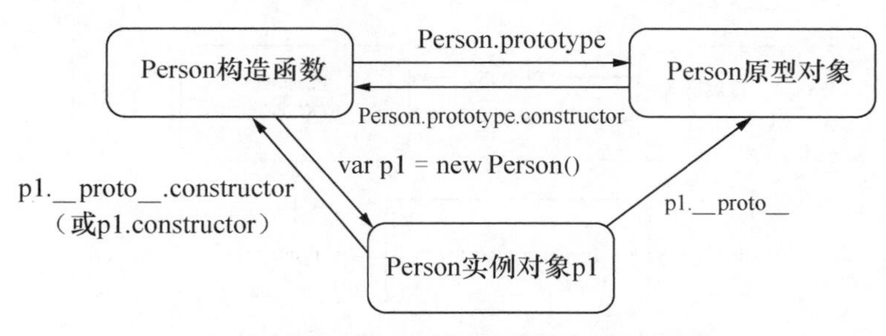

图 13-2　构造函数、实例对象和原型对象互相访问

13.2.3　原型对象的原型对象

通过前面的学习可知，原型对象也是对象，那么这个对象应该也会有一个原型对象存在。为了确认原型对象有没有原型对象，可以用如下代码来测试。

```
1  function Person() {}
2  // 查看原型对象的原型对象
3  console.log(Person.prototype.__proto__);
4  // 查看原型对象的原型对象的构造函数
5  console.log(Person.prototype.__proto__.constructor);
```

上述代码执行后，在控制台就会看到一个打印出来的对象，这个对象的构造函数是 Object()。由此可见，Person.prototype.__proto__ 这个对象其实就是 Object.prototype 对象，这个对象是所有 Object 实例对象的原型对象。下面我们通过代码进行验证。

```
1  function Person() {}
2  console.log(Person.prototype.__proto__ === Object.prototype);// true
3  var obj = {};
4  console.log(obj.__proto__ === Object.prototype);              // true
```

如果继续访问 Object.prototype 的原型对象，则结果为 null，如下所示。

```
1  console.log(Object.prototype.__proto__);        // 输出结果：null
```

由此可见，在 JavaScript 中，原型对象与原型对象是像链条一样连起来的，这个链条的尽头的对象就是 Object.prototype。

13.2.4 绘制原型链

通过前面的分析，我们可以将原型链的结构总结为以下 4 点。

① 每个构造函数都有一个 prototype 属性指向原型对象。

② 原型对象通过 constructor 属性指向构造函数。

③ 通过实例对象的 __proto__ 属性可以访问原型对象。

④ Object 的原型对象的 __proto__ 属性为 null。

接下来我们根据以上 4 点，绘制原型链的结构图，如图 13-3 所示。

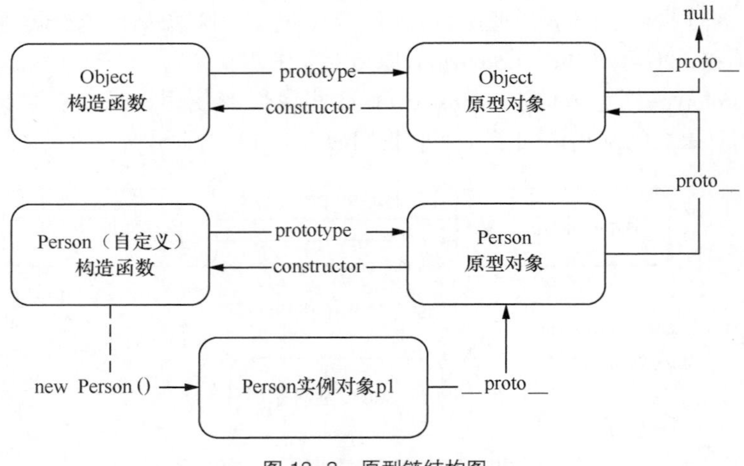

图 13-3 原型链结构图

多学一招：函数的构造函数

在 JavaScript 中，函数可以像对象一样拥有属性和方法，所以函数也是对象。既然函数是一个对象，那么函数也拥有构造函数。实际上，函数的构造函数是 Function() 函数，而 Function() 函数的构造函数是它本身。通过如下代码可以验证。

```
1  function Person() {}
2  console.log(Person.constructor === Function);        // 输出结果：true
3  console.log(Function.constructor === Function);      // 输出结果：true
```

另外，用户还可以通过实例化 Function 构造函数的方式来创建函数，语法如下。

```
new Function('参数1', '参数2', ……  '参数N', '函数体');
```

在上述语法中，参数数量是不固定的，最后一个参数表示用字符串保存的新创建函数的函数体，前面的参数（数量不固定）表示新创建函数的参数名称。

下面我们通过代码演示 Function 函数的使用，具体示例如下。

```
1  var func = new Function('a', 'b', 'return a + b;');
2  console.log(func(100, 200));              // 输出结果：300
```

上述代码将新创建的函数保存为 func 变量，然后调用 func(100, 200) 计算了 100+200 的结果。以上创建函数的方式相当于执行了如下代码。

```
1  var func = function(a, b) {
2    return a + b;
3  };
```

另一方面，Function() 函数也有原型对象，即 Function.prototype，这个对象是 Object 构造函数的原型对象，即 Object.__proto__。示例代码如下。

```
1  console.log(Function.prototype === Object.__proto__); // 输出结果：true
```

在分析了函数的构造函数后，下面我们将 Function 加入到原型链图中，如图 13-4 所示。

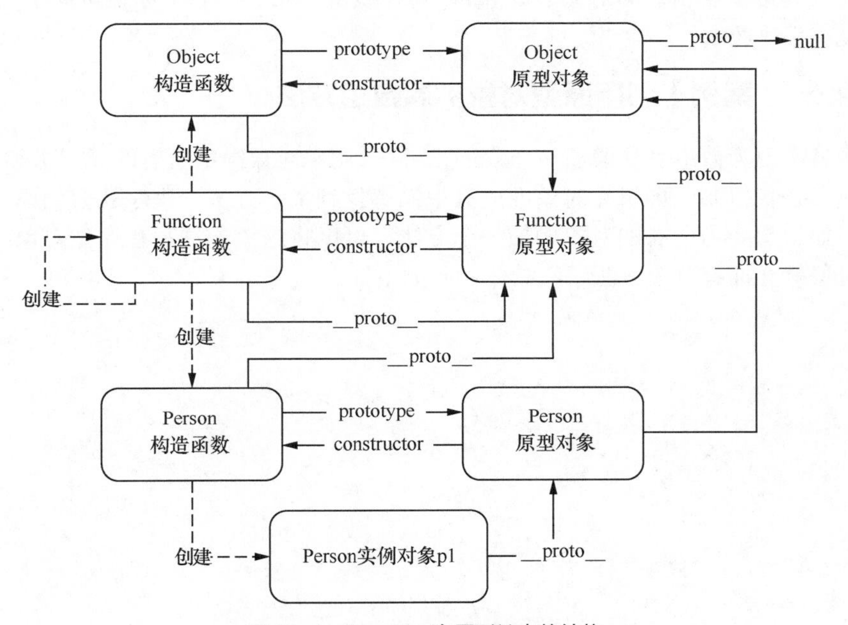

图 13-4 Function 在原型链中的结构

13.2.5 成员查找机制

当访问一个实例对象的成员的时候，JavaScript 首先会判断实例对象有没有这个成员，如果有，就直接使用，如果没有，再判断原型对象中有没有这个成员。如果在原型对象中找到了这个成员，就使用，没有找到，就继续查找原型对象的原型对象，如果直到最后都没有找到，则返回 undefined。下面我们通过代码演示对象成员的查找顺序。

```
1  function Person() {
2    this.name = '张三';
3  }
4  Person.prototype.name = '李四';
5  var p = new Person();
6  console.log(p.name);                    // 输出结果：张三
```

```
7  delete p.name;                              // 删除对象 p 的 name 属性
8  console.log(p.name);                        // 输出结果：李四
9  delete Person.prototype.name;               // 删除原型对象的 name 属性
10 console.log(p.name);                        // 输出结果：undefined
```

需要注意的是，成员查找机制只对访问操作有效，对于添加或修改操作，都是在当前对象中进行的。具体示例如下。

```
1  function Person() {}
2  Person.prototype.name = '李四';
3  var p = new Person();
4  p.name = '张三';
5  console.log(p.name);                        // 输出结果：张三
6  console.log(Person.prototype.name);         // 输出结果：李四
```

从上述代码可以看出，为对象 p 的 name 属性赋值“张三”后，原型对象中同名的 name 属性的值没有发生改变。

13.2.6 【案例】利用原型对象扩展数组方法

本案例将实现为数组对象增加一个 sum() 方法，用来对数组中所有的元素求和。

根据成员查找机制，如果在对象的成员中没有找到某个方法，程序就会到原型对象中查找，因此，如果想要为所有的对象增加一个方法，可以将这个方法写在原型对象中，这样所有的实例对象就会拥有这个方法了。具体代码如下。

```
1  Array.prototype.sum = function() {
2    var sum = 0;
3    for (var i = 0; i < this.length; i++) {
4      sum += this[i];
5    }
6    return sum;
7  };
8  var arr = [1, 2, 3];
9  console.log(arr.sum());          // 输出结果：6
```

在上述代码中，第 1 行代码在 Array.prototype 对象中增加了 sum() 方法，在方法体中，使用 this 表示数组实例。第 9 行代码调用了数组实例的 sum() 方法，成功输出了求和的结果。

13.3 this 的指向

在 JavaScript 中，函数有多种调用的环境，如直接通过函数名调用、作为对象的方法调用、作为构造函数调用等。根据函数不同的调用方式，函数中的 this 指向会发生改变。下面我们将针对 this 的指向问题进行分析，并讲解如何手动更改 this 的指向。

13.3.1 分析 this 指向

在 JavaScript 中，函数内的 this 指向通常与以下 3 种情况有关。

① 构造函数内部的 this 指向新创建的对象。

② 直接通过函数名调用函数时，this 指向的是全局对象 window。

③ 如果将函数作为对象的方法调用，this 将会指向该对象。

在上述 3 种情况中，第 1 种情况前面已经讲过，下面我们来演示第 2、3 种情况。

```
1  function foo() {
2    return this;
3  }
4  var o = {name: 'Jim', func: foo};
5  console.log(foo() === window);  // 对应第 2 种情况，输出结果：true
6  console.log(o.func() === o);    // 对应第 3 种情况，输出结果：true
```

从上述代码可以看出，对于同一个函数 foo()，当直接调用时，this 指向 window 对象；而作为 o 对象的方法调用时，this 指向的是 o 对象。

13.3.2 更改 this 指向

除了遵循默认的 this 指向规则，函数的调用者还可以利用 JavaScript 提供的两种方式手动控制 this 的指向。一种是通过 apply() 方法，另一种是通过 call() 方法。具体示例如下。

```
1  function method() {
2    console.log(this.name);
3  }
4  method.apply({ name: '张三' });          // 输出结果：张三
5  method.call({ name: '李四' });           // 输出结果：李四
```

通过上述示例可以看出，apply() 和 call() 方法都可以更改函数内的 this 指向，它们的第 1 个参数用来传入一个对象，然后在 method() 方法中通过 this 访问到的就是这个对象。因此，method() 函数中通过 this.name 即可访问到传入对象的 name 属性。

apply() 和 call() 方法的区别在于第 2 个参数。apply() 的第 2 个参数表示调用函数时传入的参数，通过数组的形式传递；而 call() 则使用第 2 ~ *N* 个参数来表示调用函数时传入的参数。下面我们通过代码进行演示。

```
1  function method(a, b) {
2    console.log(a + b);
3  }
4  method.apply({}, ['1', '2']);   // 数组方式传参，输出结果：12
5  method.call({}, '3', '4');      // 参数方式传参，输出结果：34
```

多学一招：bind()方法

bind() 方法的含义是绑定，用于在调用函数前指定 this 的含义，实现提前绑定的效果。在绑定时，还可以提前传入调用函数时的参数。下面我们通过具体代码进行演示。

```
1  function method(a, b) {
2    console.log(this.name + a + b);
3  }
4  var name = '张三';
5  var test = method.bind({ name: '李四' }, '3', '4');
6  method('1', '2');              // 输出结果：张三 12
7  test();                        // 输出结果：李四 34
```

通过上述代码可以看出，当直接调用 method() 函数时，this 指向的是全局对象，因此调用 method() 时 this.name 相当于 window.name，输出结果为“张三 12”。而通过 bind() 绑定后，其返回值 test 用来代替 method() 函数，在调用 test() 时 this 指向绑定时传入的对象，因此 this.name 输出结果为“李四 34”。

13.4 错误处理

在 Java 等传统面向对象语言中，人们引入了异常（Exception）的概念，利用 try…catch 进行异常处理。JavaScript 也提供了和异常处理类似的错误处理机制，同样可以使用 try…catch 语法进行错误处理。本节将对 JavaScript 错误处理进行详细讲解。

13.4.1 如何进行错误处理

在编写 JavaScript 程序时，经常会遇到各种各样的错误，如调用了不存在的方法、引用了不存在的变量等。下面我们通过代码演示错误发生的情况。

```
1  var o = {};
2  o.func();                          // 这行代码会出错，因为调用了不存在的方法
3  console.log('test');               // 前面的代码出错时，这行代码不会执行
```

通过浏览器访问测试，页面中没有任何内容，在控制台中会看到图 13-5 所示的效果。

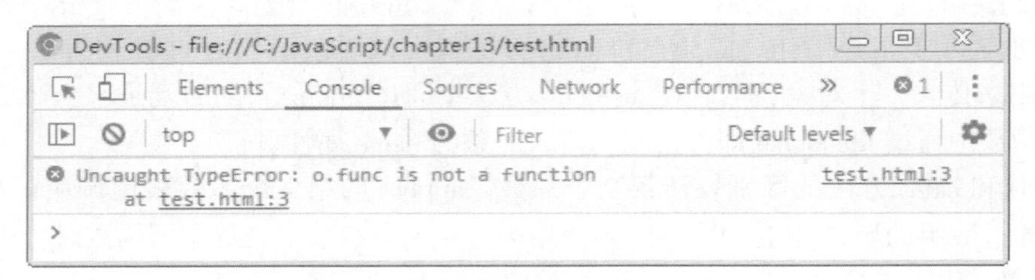

图 13-5 查看错误信息

从图 13-5 所示的错误信息可以看出，当前发生了一个未捕获的 TypeError 类型的错误，错误信息是“o.func 不是一个函数”，发生错误的代码位于 test.html 的第 3 行。

当发生错误时，JavaScript 引擎会抛出一个错误对象，利用 try…catch 语句可以对错误对象进行捕获，捕获后可以查看错误信息。下面我们通过代码演示 try…catch 的使用。

```
1  var o = {};
2  try {                              // 在 try 中编写可能出现错误的代码
3    o.func();
4    console.log('a');                // 如果前面的代码出错，这行代码不会执行
5  } catch(e) {                       // 在 catch 中捕获错误，e 表示错误对象
6    console.log(e);
7  }
8  console.log('b');                  // 如果错误已经被处理，这行代码会执行
```

通过浏览器访问测试，会发现原来的错误提示消失了，取而代之的是第 6 行代码在控制台中输出了错误信息，如图 13-6 所示。

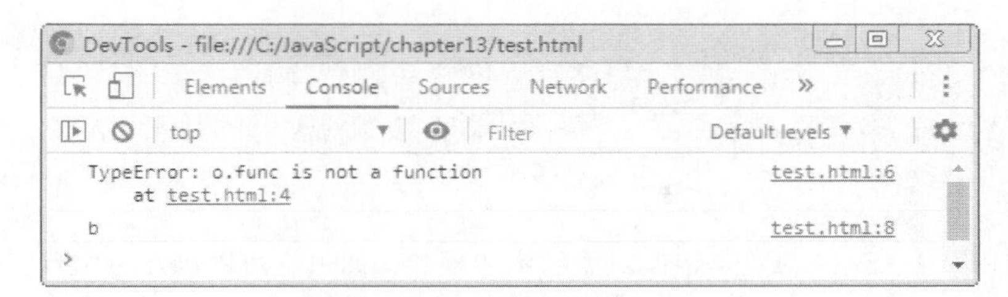

图 13-6 捕获错误对象

通过运行结果可以看出，当 try 中的代码发生错误时，利用 catch 可以进行错误处理。需要注意的是，如果 try 中有多行代码，只要其中一行出现错误，后面的代码都不会执行；如果错误已经被处理，则 catch 后面的代码会继续执行。由此可见，编写在 try 中的代码量应尽量减少，从而避免错误发生时造成的影响。

13.4.2 错误对象的传递

在发生错误时，错误出现的位置、错误的类型、错误信息等数据，都会以一个对象的形式传递给 catch 语句，通过 catch(e) 的方式来接收，其中 e 是错误对象的变量名。

错误对象会在函数之间传递。当 try 中的代码调用了其他函数时，如果在其他函数中出现了错误，且没有使用 try…catch 处理时，程序就会停下来，将错误传递到调用当前函数的上一层函数，如果上一层函数仍然没有处理，则继续向上传递。具体示例如下。

```
1  function foo1() {
2    foo2();
3    console.log('foo1');
4  }
5  function foo2() {
6    var o = {};
7    o.func();    // 发生错误
8  }
```

上述代码中，foo1() 函数调用了 foo2() 函数，而 foo2() 函数的代码存在错误。此时如果调用 foo1() 函数，则 foo2() 中的错误对象会传递给 foo1()，foo1() 继续传递给外层的 catch。示例代码如下。

```
1  try {
2    foo1();
3  } catch(e) {
4    console.log('test');
5  }
```

上述代码执行后，控制台的输出结果中只有 test，没有 foo1，说明 foo1() 函数后面的代码没有执行。

13.4.3 抛出错误对象

除了在 JavaScript 程序出现错误时自动抛出错误对象，用户也可以使用 throw 关键字手动抛出错误对象，具体示例如下。

```
1  try {
2    var e1 = new Error('错误信息');          // 创建错误对象
```

```
3   throw e1;    // 抛出错误对象，也可以与上一行合并为：throw new Error('错误信息');
4 } catch (e) {
5   console.log(e.message);        // 输出结果：错误信息
6   console.log(e1 === e);         // 判断 e1 和 e 是否为同一个对象，输出结果：true
7 }
```

在上述代码中，Error 对象是错误对象的构造函数，通过它可以创建一个自定义的错误对象，其参数表示错误信息。在通过 catch 捕获后，通过 e.message 可以获取错误信息。

13.4.4 错误类型

在 JavaScript 中，共有 7 种标准错误类型，每个类型都对应一个构造函数。当发生错误时，JavaScript 会根据不同的错误类型抛出不同的错误对象，具体如表 13-1 所示。

表 13-1 错误类型

类型	说明
Error	表示普通错误，其余 6 种类型的错误对象都继承自该对象
EvalError	调用 eval() 函数错误，已经弃用，为了向后兼容，低版本还可以使用
RangeError	数值超出有效范围，如“new Array(–1)”
ReferenceError	引用了一个不存在的变量，如“var a = 1; a + b;”（变量 b 未定义）
SyntaxError	解析过程语法错误，如“{ ; }”“if()”“var a = new;”
TypeError	变量或参数不是预期类型，如调用了不存在的函数或方法
URIError	解析 URI 编码出错，调用 encodeURI()、escape() 等 URI 处理函数时出现

在通过 try…catch 来处理错误时，无法处理语法错误（SyntaxError）。如果程序存在语法错误，则整个代码都无法执行。例如，下面的代码就存在语法错误。

```
1 try {
2   var o = { ; };  // 语法错误
3 } catch(e) {
4   console.log(e.message);
5 }
```

在浏览器中执行，会出现“Uncaught SyntaxError: Unexpected token ;”的错误提示，即分号“;”造成了语法错误。如果在该行代码的前面还有其他代码，也不会执行。

13.5 继承

在 ES 6 之前，JavaScript 中并没有 extends 继承，如果要实现继承的效果，可以通过构造函数和原型对象来模拟实现。本节将会讲解如何利用构造函数和原型对象实现继承。

13.5.1 借用构造函数继承父类属性

在 ES 6 中，继承是通过定义两个类，然后子类用 extends 关键字继承父类。而在 ES 6 之前，只能用构造函数来代替类，在子类中利用 call() 方法将父类的 this 指向子类的 this，这样就可以实现子类继承父类的属性。为了使读者更好地理解，下面我们通过代码进行演示。

```
1  function Father(uname, age) {              // Father 构造函数是父类
2    this.uname = uname;
3    this.age = age;
4  }
5  function Son(uname, age, score) {          // Son 构造函数是子类
6    Father.call(this, uname, age);           // 子类继承父类的属性
7    this.score = score;                      // 子类可以拥有自己的特有属性
8  }
9  var son = new Son('张三', 18, 100);
10 console.log(son); // 输出结果：Son {uname: "张三", age: 18, score: 100}
```

从上述代码可以看出，使用子类创建出来的对象自动拥有了父类的属性，说明继承的效果已经实现。

13.5.2 利用原型对象继承父类方法

若要实现子类继承父类的方法，可以将父类的实例对象作为子类的原型对象来使用，然后将这个新的原型对象的 constructor 属性指向子类，示例代码如下。

```
1  function Father() {}
2  Father.prototype.money = function() {
3    console.log(100000);
4  };
5  function Son() {}
6  Son.prototype = new Father();              // 将父类的实例对象作为子类的原型对象
7  Son.prototype.constructor = Son;           // 将原型对象的 constructor 属性指向子类
8  new Son().money();                         // 调用父类 money() 方法，输出结果：100000
9  Son.prototype.exam = function() {};        // 为子类增加 exam() 方法
10 console.log(Father.prototype.exam);        // 子类不影响父类，输出结果：undefined
```

为了让读者更好地理解，下面我们通过图 13-7 演示上述代码在原型链中的结构。

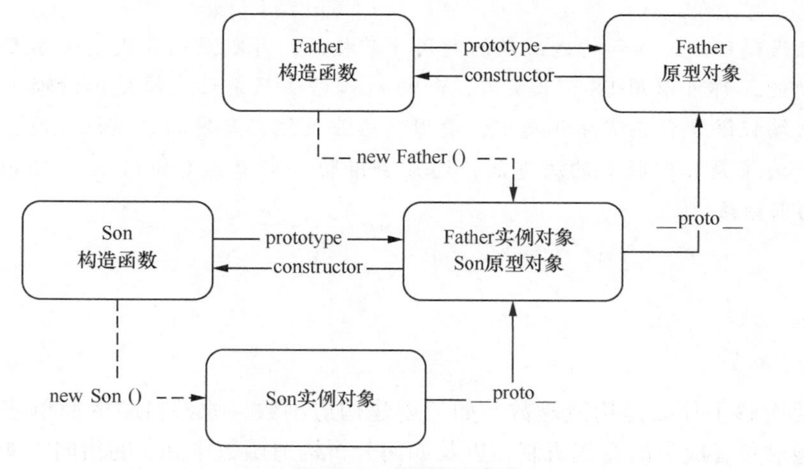

图 13-7　原型链示意图

在图 13-7 中，Son 实例对象的原型对象是 Father 实例对象，Father 实例对象的原型对象是 Father 原型对象。当调用 Son 实例对象的某个方法时，会先查找 Son 实例对象有无该方法，

如果没有，再到 Son 原型对象中查找，如果仍然没有，再到 Father 原型对象中查找，一直沿着原型链找到最后。由于 Father 原型对象中有一个 money() 方法，所以通过 Son 实例对象就继承了 money() 方法。

脚下留心

不能直接将父类原型对象赋值给子类原型对象，这样会导致子类无法拥有自己的方法，在子类中添加的方法同时也会添加到父类中。下面我们通过代码演示这样一种错误的用法。

```
1  function Father() {}
2  Father.prototype.money = function() {
3    console.log(100000);
4  };
5  function Son() {}
6  Son.prototype = Father.prototype;          // 通过这种方式无法实现真正的继承
7  Son.prototype.exam = function() {};        // 为子类增加方法的时候，会影响父类
8  console.log(Father.prototype.exam);        // 可以看到父类也有了 exam 方法
```

真正的继承是子类可以拥有自己的方法，并且当子类和父类的方法名相同时，子类方法可以覆盖父类方法。

多学一招：class语法的本质

ES 6 提供了 class 语法用来定义类，但通过本章的学习可知，即使没有 class 语法，在 JavaScript 中可以用构造函数和原型对象的语法来替代。那么，class 语法定义的类和构造函数有没有区别呢？下面我们通过代码进行测试。

```
1  class Person{}
2  console.log(Person.prototype);             // 类也有原型对象
3  Person.prototype.money = function() {      // 类也可以增加方法
4    console.log(100000);
5  };
6  new Person().money();                      // 输出结果：100000
```

通过以上代码可知，类和构造函数的使用非常相似，可以互相替代。实际上，ES 6 中的类的大部分功能，都可以用 ES 5 来实现，新的 class 语法只是让代码更加清晰，更加接近传统的面向对象编程语言。在实际开发中，使用新语法虽然在开发的时候很方便，但是旧的浏览器不支持。为了兼容旧版本的浏览器，通常会借助一些工具（如 Gulp、Babel）来自动将新语法转换为旧语法。

本章小结

本章主要讲解了什么是构造函数、如何创建构造函数、原型对象的简单使用、如何访问对象的原型对象、成员的查找机制，以及如何分析构造函数中 this 的指向、如何使用修改 this 指向的方法、如何进行错误处理、如何实现继承等内容。通过本章的学习，读者应能理解 JavaScript 面向对象编程的基本概念，能够运用构造函数和原型对象的方式完成面向对象的开发需求。

课后练习

一、填空题

1. 在原型对象里面有一个________属性，该属性指向了构造函数。
2. 直接通过函数名调用函数时，this 指向的是________。
3. 利用 JavaScript 提供的两种方式可手动控制 this 的指向，它们分别是________和________。
4. ________方法的含义是绑定，用于在调用函数前指定 this 的含义，实现提前绑定的效果。
5. 除了在 JavaScript 程序出现错误时自动抛出错误对象，用户也可以使用________关键字手动抛出错误对象。
6. 在错误处理中 _____ 表示调用 eval() 函数错误。

二、判断题

1. 构造函数主要用来创建对象，并为对象的成员赋初始值。（　　）
2. 在 JavaScript 中，每个对象都有一个 __proto__ 属性，这个属性指向了对象的原型对象。（　　）
3. bind() 方法的含义是绑定，用于在调用函数前指定 this 的含义，实现提前绑定的效果。（　　）
4. 每个构造函数都有一个 prototype 属性指向原型对象，原型对象通过 constructor 属性指向构造函数。（　　）

三、选择题

1. 下列选项中，描述错误的是（　　）。
   A. __proto__ 是一个标准的属性
   B. 每个对象都有一个 __proto__ 属性
   C. 通过实例对象的 constructor 属性就可以访问实例对象的构造函数
   D. 原型对象也是对象
2. 下列选项中，不能用来改变 this 指向的是（　　）。
   A. apply()　　B. call()　　C. method()　　D. bind()
3. 下列选项中，描述错误的是（　　）。
   A. 使用构造方法创建对象虽然很简单、方便，但是与类存在一定的区别
   B. 在静态方法中不能使用 this 访问实例对象，因为静态方法与实例对象有关联
   C. 在面向对象中有静态成员和实例成员的概念，实例成员是指实例对象的成员
   D. 在 JavaScript 中，每个构造函数都有一个原型对象存在
4. Object 的原型对象的 __proto__ 属性为（　　）。
   A. null　　B. undefined　　C. NaN　　D. String
5. 关于对象继承，下列描述错误的是（　　）。
   A. 在 ES 6 中，继承是通过定义两个类，然后子类用 extends 关键字继承父类实现的
   B. ES 6 提供了 class 语法用来定义类
   C. 类和构造函数的使用非常相似，不可以互相替代
   D. 若要实现子类继承父类的方法，不能直接将父类原型对象赋值给子类原型对象

四、简答题

1. 请简单介绍什么是原型对象。
2. 请解释说明如何使用 bind() 和 call()。

五、编程题

利用构造函数编写一个计算器模块，提供加、减、乘、除运算方法。

第14章

正则表达式

学习目标

★了解正则表达式的概念及其作用

★掌握正则表达式的语法

★掌握正则表达式的应用

★熟悉正则表达式的特殊字符

项目开发中，我们经常需要对表单中输入内容的文本框进行格式限制。例如用户名、密码、手机号、身份证号的验证，这些内容遵循的规则繁多而又复杂，如果要成功匹配，可能需要进行多次的条件判断，这种做法显然不可取。此时，就需要使用正则表达式，利用最简短的描述语法完成诸如查找、匹配、替换等功能。本章将围绕如何在 JavaScript 中使用正则表达式进行详细讲解。

14.1 认识正则表达式

14.1.1 什么是正则表达式

正则表达式（Regular Expression，简称 RegExp）是一种描述字符串结构的语法规则，是用于匹配字符串中字符组合的模式，同时正则表达式也是对象。

正则表达式通常被用来检索、替换那些符合某个模式（规则）的文本。例如，验证表单时，要求用户名只能输入字母、数字或者下划线，昵称可以输入中文。此外，正则表达式还常用于过滤掉页面内容中的一些敏感词，或从字符串中获取想要的特定部分等。

14.1.2 正则表达式的特点

正则表达式的灵活性、逻辑性和功能性非常强，可以迅速地用极简单的方式达到字符串的复杂控制。但是对于刚接触的人来说，正则表达式比较晦涩难懂，如下所示。

```
^\w+([-+.]\w+)*@\w+([-.]\w+)*\.\w+([-.]\w+)*$
```

对于初学者来说，需要明白这些字符代表的含义，才可以灵活地运用。在实际开发中，一般都是直接复制写好的正则表达式使用，但有些时候也需要根据实际情况编写或修改正则表达式。

14.1.3 正则表达式的使用

在 JavaScript 应用中，使用正则表达式之前，需要创建正则对象。创建正则表达式的方式有两种，一种是用字面量方式创建，另一种是通过 RegExp() 构造函数的方式创建。这两种方式的语法格式如下。

```
// 字面量方式
var 变量名 = /表达式/;
// RegExp 构造函数方式
var 变量名 = new RegExp(/表达式/); // 或者 var 变量名 = RegExp(/表达式/);
```

在上述语法中，表达式是由元字符和文本字符组成的正则表达式模式文本。其中，元字符是具有特殊含义的字符，如“^”“.”或“*”等；文本字符就是普通的文本，如字母和数字等。

为了让读者更好地理解正则对象的创建及获取，下面我们运用 test() 方法来检测字符串是否符合正则规则。具体代码如下。

```
var str = '123';
var reg1 = new RegExp(/123/);
var reg2 = /abc/;
console.log(reg1.test(str)); // 匹配结果为：true
console.log(reg2.test(str)); // 匹配结果为：false
```

上述代码使用 test() 正则对象方法来检测字符串是否符合正则规则，如果符合会返回 true，否则返回 false，其参数是测试字符串。例如上述代码中，reg1 是正则表达式，str 是要测试的文本，作用是检测 str 文本是否符合编写的正则表达式规范。

14.1.4 模式修饰符

正则表达式提供了模式修饰符可供开发者进行选择，语法格式如下。

```
/表达式/[switch]
```

上述语法中，switch 表示模式修饰符，是可选的，用于进一步对正则表达式进行设置。可选值如表 14-1 所示。

表 14-1 模式修饰符

模式符	说明
g	用于在目标字符串中实现全局匹配
i	忽略大小写
m	实现多行匹配
u	以 Unicode 编码执行正则表达式
y	黏性匹配，仅匹配目标字符串中此正则表达式的 lastIndex 属性指示的索引

表 14-1 中的模式修饰符，还可以根据实际需求多个组合在一起使用。例如，既要忽视大小写又要进行全局匹配，则可以直接使用 gi，并且在编写多个模式修饰符时没有顺序要求。因此，合理使用模式修饰符，可以使正则表达式变得更加简洁、直观。

14.2　正则表达式中的特殊字符

一个正则表达式可以由简单的字符构成，如 /abc/，也可以是简单和特殊字符的组合，如 /ab*c/。其中，特殊字符也被称为元字符，在正则表达式中是具有特殊意义的专用符号，如“^”“.”“$”或“*”等。本节将对正则表达式中的特殊字符进行详细讲解。

14.2.1　边界符

正则表达式中的边界符（位置符）用来提示字符所处的位置，如表 14–2 所示。

表 14–2　边界符

边界符	说明
^	表示匹配行首的文本
$	表示匹配行尾的文本

表 14–2 中，^ 表示以谁开始，$ 表示以谁结束。需要注意的是，正则表达式中不需要加引号，不区分数字型和字符串型。

为了让读者更好地理解正则表达式的匹配，下面我们以匹配特殊字符“^”“$”为例进行对比讲解，具体代码如下。

```
1  var reg = /^abc$/;
2  console.log(reg.test('abc'));       // 结果为：true
3  console.log(reg.test('abcd'));      // 结果为：false
4  console.log(reg.test('aabcd'));     // 结果为：false
5  console.log(reg.test('abcabc'));    // 结果为：false
```

上述代码中，第 1 行代码因为 ^ 和 $ 在一起，所以采用的是精确匹配的方式，规定必须是 abc 这个字符串才符合规范。如果匹配成功返回 true，匹配失败返回 false。

14.2.2　预定义类

预定义类指的是某些常见模式的简写方式。JavaScript 中给出的字符类别可以很容易地完成某些正则匹配，例如，大写字母、小写字母和数字可以使用“\w”直接表示；若要匹配 0 ~ 9 之间的数字可以使用“\d”表示。有效地使用字符类别可以使正则表达式更加简洁，便于阅读。常用的字符类别如表 14–3 所示。

表 14–3　预定义符

字符	含义
.	匹配除“\n”外的任何单个字符
\d	匹配所有 0 ~ 9 之间的任意一个数字，相当于 [0–9]
\D	匹配所有 0 ~ 9 以外的字符，相当于 [^0–9]
\w	匹配任意的字母、数字和下划线，相当于 [a–zA–Z0–9_]
\W	除所有字母、数字和下划线以外的字符，相当于 [^a–zA–Z0–9_]
\s	匹配空格（包括换行符、制表符、空格符等），相当于 [\t\r\n\v\f]
\S	匹配非空格的字符，相当于 [^\t\r\n\v\f]
\f	匹配一个换页符（form–feed）

续表

字符	含义
\b	匹配单词分界符。如“\bg”可以匹配“best grade”，结果为“g”
\B	非单词分界符。如“\Bade”可以匹配“best grade”，结果为“ade”
\t	匹配一个水平制表符（tab）
\n	匹配一个换行符（linefeed）
\xhh	匹配 ISO-8859-1 值为 hh（2 个 16 进制数字）的字符，如“\x61”表示“a”
\r	匹配一个回车符（carriage return）
\v	匹配一个垂直制表符（vertical tab）
\uhhhh	匹配 Unicode 值为 hhhh（4 个 16 进制数字）的字符，如“\u597d”表示“好”

为了方便读者理解字符类别的使用，下面我们以“.”和“\s”为例进行演示。

```
var str = 'good idea';
var reg = /\s../gi;        // 正则对象
str.match(reg);            // 匹配结果：[" id"]
```

在上述代码中，match() 方法可以在目标字符串中正则匹配出所有符合要求的内容，匹配成功后将其保存到数组中，匹配失败则返回 false。正则对象 reg 用于匹配空白符后的任意两个字符（除换行外）。因此在控制台的输出结果中，可以看到 id 前有一个空格。模式修饰符 g 表示全局匹配，用于在找到第一个匹配之后仍然继续查找；i 表示忽略大小写。

多学一招：转义特殊字符

在正则表达式中可以使用“\”转义特殊字符。下面我们以转义特殊字符“^”“$”“*”“.”和“\”为例进行演示，具体代码如下。

```
var str = '^abc\\1.23*edf$';
var reg = /\.|\$|\*|\^|\\/gi;
str.match(reg);            // 匹配结果：(5) ["^", "\", ".", "*", "$"]
```

上述代码中，选择符“|”可以理解为“或”，经常用于查找的条件有多个时，只要其中一个条件满足即可成立的情况。由于 JavaScript 中的字符串存在转义问题，因此代码中 str 里的“\\”表示反斜线“\”。同时，在正则中匹配特殊字符时，也需要反斜线（\）对特殊字符进行转义。例如，“\\\\”经过字符串转义后变成“\\”，然后正则表达式再用“\\”去匹配“\”。

14.2.3 字符类

字符类是一个字符集，如果字符集中的任何一个字符有匹配，它就会找到该匹配项。正则表达式中的“[]”可以实现一个字符集合，只要求匹配其中的一项，所有可供选择的字符都放在方括号内。常用的字符范围如表 14-4 所示。

表 14-4 字符范围示例

pattern（模式）	说明
[cat]	匹配字符集合中的任意一个字符 c、a、t
[^cat]	匹配除 c、a、t 以外的字符
[A-Z]	匹配字母 A ~ Z 范围内的字符
[^a-z]	匹配字母 a ~ z 范围外的字符
[a-zA-Z0-9]	匹配大小写字母和 0 ~ 9 范围内的字符
[\u4e00-\u9fa5]	匹配任意一个中文字符

接下来我们使用“[]”演示其常见的用法，示例代码如下。

```
1  var reg = /[abc]/;
2  console.log(reg.test('andy'));          // 结果为：true
3  console.log(reg.test('baby'));          // 结果为：true
4  console.log(reg.test('color'));         // 结果为：true
5  console.log(reg.test('red'));           // 结果为：false
6  var rg = /^[abc]$/;
7  console.log(rg.test('a'));              // 结果为：true
8  console.log(rg.test('aa'));             // 结果为：false
9  console.log(rg.test('b'));              // 结果为：true
10 console.log(rg.test('c'));              // 结果为：true
11 console.log(rg.test('abc'));            // 结果为：false
```

上述代码中，第 1 行的 reg 表达式，表示只要包含有 a、b、c 中的一个，就返回 true。第 6 行的 rg 表达式，表示三选一，只有是 a 或者 b 或者 c 这 3 个字母，才返回 true。

“[]”与连字符“-”一起使用，表示匹配到指定范围内的字符。例如，可以限定用户只能输入小写英文字母。示例代码如下。

```
1  var rg =  /^[a-z]$/;
2  console.log(rg.test('a'));        // 结果为：true
3  console.log(rg.test('z'));        // 结果为：true
```

上述代码中，第 1 行的 rg 表达式，表示匹配 26 个小写英文字母（范围 a 到 z）中的任意一个字母，匹配成功返回 ture，否则返回 false。

多学一招：字符组合

在开发中，如果允许用户输入英文字母（不区分大小写）、数字、连字符“-”、下划线“_”时，则可以使用如下的正则表达式。

```
var rg =  /^[a-zA-Z0-9_-]$/;
```

需要注意的是，连字符“-”在通常情况下只表示一个普通字符，只有在表示字符范围时才作为元字符来使用。“-”表示的范围遵循字符编码的顺序，比如“a-Z”“z-a”“a-9”都是不合法的范围。

14.2.4　取反符

当中括号“[]”与元字符“^”一起使用时，称为取反符，表示匹配不在指定字符范围内的字符。示例代码如下。

```
1  var rg =  /^[^a-z]$/;
2  console.log(rg.test('a'));        // 结果为：false
3  console.log(rg.test('z'));        // 结果为：false
4  console.log(rg.test('1'));        // 结果为：true
5  console.log(rg.test('A'));        // 结果为：true
```

上述代码中，第 1 行的正则表达式，表示匹配小写字母 a ~ z 范围之外的字符，如果匹配成功则返回 true，反之返回 false。需要注意的是，如果 ^ 在 [] 里面，表示取反，而在 [] 外面表示边界符，千万不要混淆。

14.2.5　【案例】用户名验证

Web 项目开发中，表单验证是最常见的功能之一。例如，用户注册、用户登录、个人信息填写等内容，都需要对用户填写的内容进行验证。下面我们来讲解用户名的验证，具体实现步骤如下。

（1）编写 HTML 页面，具体代码如下。

```
1  <style>
2    .success{ color: green; }
3    .wrong{ color: red; }
4  </style>
5  <body>
6    <input type="text" class="uname"><span></span>
7  </body>
```

上述代码中，span 标签用于显示用户填写完成后的信息提示框。

（2）设置验证规则和提示信息。如果用户名输入合法，则提示信息为用户名合法，并且文字改为绿色；如果不合法，则提示信息为用户名不符合规范，并且文字改为红色。

```
1  <script>
2    var reg = /^[a-zA-Z0-9_-]{6,16}$/;
3    var uname = document.querySelector('.uname');
4    var span = document.querySelector('span');
5    uname.onblur = function () {
6      if (reg.test(this.value)) {
7        span.className = 'success';
8        span.innerHTML = '用户名合法！';
9      } else {
10       span.className = 'wrong';
11       span.innerHTML = '用户名不符合规范！';
12     }
13   };
14 </script>
```

上述代码中，第 2 行的 reg 表达式设定用户名只能为英文字母、数字、短横线、下划线组成，并且长度范围为 6 ~ 16 位。第 5 ~ 13 行代码为当表单失去焦点时开始验证，如果符合规范，则给 span 标签添加 success 类，反之则给 span 标签添加 wrong 类。

浏览器预览效果如图 14-1 所示。

图 14-1　通过 name 获取元素

14.3　量词符与括号字符

14.3.1　量词符

量词符用来设定某个模式出现的次数，通过使用量词符（?、+、*、{ }）能够完成某个字符连续出现的匹配。具体如表 14-5 所示。

表 14–5　量词符

字符	说明	示例	结果
?	匹配 ? 前面的字符零次或一次	hi?t	可匹配 ht 和 hit
+	匹配 + 前面的字符一次或多次	bre+ad	可匹配范围从 bread 到 bre…ad
*	匹配 * 前面的字符零次或多次	ro*se	可匹配范围从 rse 到 ro…se
{n}	匹配 {} 前面的字符 *n* 次	hit{2}er	只能匹配 hitter
{n,}	匹配 {} 前面的字符最少 *n* 次	hit{2,}er	可匹配范围从 hitter 到 hitt…er
{n,m}	匹配 {} 前面的字符最少 *n* 次，最多 *m* 次	fe{0,2}l	可匹配 fl、fel 和 feel 三种情况

表 14–5 中，“…”表示多次。为了让读者更好地理解量词符的使用，下面我们以 a 字符为例进行演示，示例代码如下。

```
var reg = /^a*$/;          // * 相当于 >=0，可以出现 0 次或很多次
var reg = /^a+$/;          // + 相当于 >=1，可以出现 1 次或很多次
var reg = /^a?$/;          // ? 相当于 1||0，可以出现 0 次或 1 次
var reg = /^a{3}$/;        // {3} 就是重复 a 字符 3 次
var reg = /^a{3,}$/;       // {3,} 就是重复 a 字符 大于等于 3 次
var reg = /^a{3,16}$/;     // {3,16} 就是重复 a 字符 大于等于 3 次 小于等于 16 次
```

上述代码中，是以字符 a 出现的次数为例使用量词符的，但是在实际开发中，通常使用量词来表示某个模式出现的次数。例如，前面学到的校验用户名的正则表达式如下。

```
var reg = /^[a-zA-Z0-9_-]$/;
```

这个模式只能让用户输入大小写字母、数字、下划线、短横线，因为有边界符“[]”，所以只能多选一。假如允许用户输入 6 ~ 16 位字符，此时就可以通过量词符来使 reg 模式出现 6 ~ 16 位之间的任何一个都是正确的，这就需要定制一个范围。示例代码如下。

```
var reg = /^[a-zA-Z0-9_-]{6,16}$/;
```

从上述代码可知，“[]”部分表示用户名正则模式，“{}”部分设定模式出现的次数。注意 {6,16} 之间不能有空格。灵活运用限定符，可以使正则表达式更加的清晰易懂。

14.3.2　括号字符

在正则表达式中，中括号“[]”表示字符集合，匹配中括号里的任意字符；大括号“{}”表示量词符，能够完成某个字符连续出现的匹配；小括号“()”表示优先级，被括起来的内容称为“子表达式”。

小括号“()”字符在正则表达式中的作用非常强大，下面我们就来进行讲解。

1. 改变限定符的作用范围

下面我们通过代码对比使用小括号与不使用小括号的区别。

① 改变作用范围前	② 改变作用范围后
正则表达式：catch|er	正则表达式：cat(ch|er)
可匹配的结果：catch、er	可匹配的结果：catch、cater

从上述示例可知，小括号实现了匹配 catch 和 cater，而如果不使用小括号，则变成了 catch 和 er。

2. 分组

使用小括号可以进行分组，当小括号后面有量词符时，就表示对整个组进行操作。下面我们通过代码对比演示。

① 分组前	② 分组后
正则表达式：abc{2}	正则表达式： a(bc){2}
可匹配的结果：abcc	可匹配的结果：abcbc

在上述示例中，未分组时，表示匹配 2 个 c 字符；而分组后，表示匹配 2 个“bc”字符串。

3. 捕获与非捕获

正则表达式中，当子表达式匹配到相应的内容时，系统会自动捕获这个匹配的行为，然后将子表达式匹配到的内容存储到系统的缓存区中，这个过程就称为“捕获”。

在利用 match() 进行捕获时，其返回结果中会包含子表达式的匹配结果，示例如下。

```
var res = '1234'.match(/(\d)(\d)(\d)(\d)/);
console.log(res);
```

可在浏览器的控制台中查看捕获的结果，效果如图 14-2 所示。

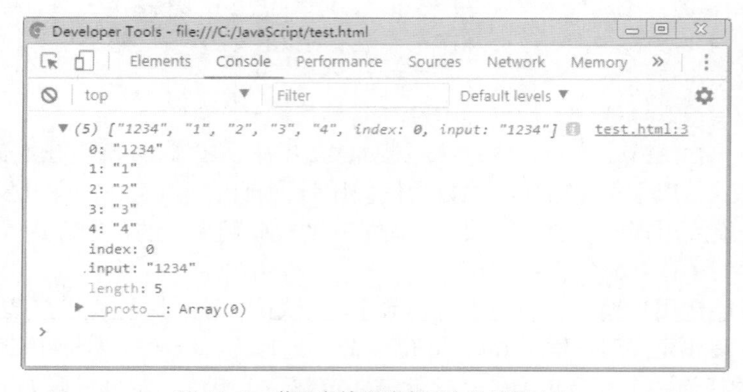

图 14-2 获取存放在缓存区内的捕获内容

如图 14-2 所示，match() 方法返回值中下标为 1 的元素保存第 1 个子表达式的捕获内容，下标为 2 的元素保存第 2 个子表达式的捕获内容，依次类推，即可得到所有的捕获内容。

另外，还可以通过 String 对象的 replace() 方法，直接利用 $\$n$（$n$ 是大于 0 的正整数）的方式获取捕获内容，完成对子表达式捕获的内容进行替换的操作。下面我们以颠倒字符串“Regular Capture”中两个单词的顺序为例进行演示，具体代码如下。

```
var str = 'Regular Capture';
var reg = /(\w+)\s(\w+)/gi;
var newstr = str.replace(reg, '$2 $1');
console.log(newstr); // 输出结果为：Capture Regular
```

在上述代码中，replace() 方法的第 1 个参数为正则表达式，用于与 str 字符串进行匹配，将符合规则的内容利用第 2 个参数设置的内容进行替换。其中，\$2 表示 reg 正则表达式中第 2 个子表达式被捕获的内容“Capture”，\$1 表示第 1 个子表达式被捕获的内容“Regular”。replace() 方法的返回值是替换后的新字符串，因此，并不会修改原字符串的内容。

除此之外，若要在开发中不想将子表达式的匹配内容存放到系统的缓存中，则可以使用“(?:x)”的方式实现非捕获匹配。捕获与非捕获的实现对比如下所示。

```
// ① 非捕获
var reg = /(?:J)(?:S)/;
var res = 'JS'.replace(reg,'$2 $1');
console.log(res); // 输出结果：$2 $1
```

```
// ② 捕获
var reg = /(J)(S)/;
var res = 'JS'.replace(reg,'$2 $1');
console.log(res); // 输出结果：S J
```

从上述代码可以清晰地看出，捕获后可以通过 $*n* 的方式获取到子表达式匹配到的内容；而非捕获后，不能通过其他的方式获取子表达式匹配到的内容。

4. 贪婪与惰性匹配

通过前面的学习可知，当点字符（.）和量词符连用时，可以实现匹配指定数量范围的任意字符。例如，“^hello.*world$”可以匹配从 hello 开始到 world 结束，中间包含零个或多个任意字符的字符串。

正则表达式在实现指定数量范围的任意字符匹配时，支持贪婪匹配和惰性匹配两种方式。所谓贪婪表示匹配尽可能多的字符，而惰性表示匹配尽可能少的字符。

正则匹配默认是贪婪匹配，若想要实现惰性匹配，需在上一个限定符的后面加上“?”符号。具体示例如下。

```
var str = 'webWEBWebwEb';
var reg1 = /w.*b/gi;     // 贪婪匹配
var reg2 = /w.*?b/gi;    // 惰性匹配
// 输出结果为：["webWEBWebwEb", index: 0, input: "webWEBWebwEb"]
console.log(reg1.exec(str));
// 输出结果为：["web", index: 0, input: "webWEBWebwEb"]
console.log(reg2.exec(str));
```

从上述代码可以看出，贪婪匹配时，会获取最先出现的 w 到最后出现的 b，即可获得匹配结果为“webWEBWebwEb”；惰性匹配时，会获取最先出现的 w 到最先出现的 b，即可获取匹配结果“web”。

5. 反向引用

在编写正则表达式时，若要在正则表达式中获取存放在缓存区内的子表达式的捕获内容，则可以使用“*n*”（*n* 是大于 0 的正整数）的方式引用，这个过程就是“反向引用”。其中，“\1”表示第 1 个子表达式的捕获内容，“\2”表示第 2 个子表达式的捕获内容，依次类推。

让读者更好地理解反向引用的应用，下面我们以查找连续的 3 个相同的数字为例进行讲解。

```
var str = '13335 12345 56668';
var reg = /(\d)\1\1/gi;
var match = str.match(reg);
console.log(match); // 输出结果为：(2) ["333", "666"]
```

在上述正则表达式中，“\d”用于匹配 0 ~ 9 之间的任意一个数字，为其添加圆括号“()”后，即可通过反向引用获取捕获的内容。因此，最后的匹配结果为 333 和 666。

6. 零宽断言

零宽断言指的是一种零宽度的子表达式匹配，用于查找子表达式匹配的内容之前或之后是否含有特定的内容。它分为正向预查和反向预查，但是在 JavaScript 中仅支持正向预查，即匹配含有或不含有捕获内容之前的数据，匹配的结果中不含捕获的内容。具体字符与示例如表 14-6 所示。

表 14-6　正向预查

字符	说明	示例
x(?=y)	仅当 x 后面紧跟着 y 时，才匹配 x	Countr(?=ylies) 用于匹配 Country 或 Countries 中的 Countr
x(?!y)	仅当 x 后不紧跟着 y 时才匹配 x	Countr(?!ylies) 用于匹配 Countr 后不是 y 或 ies 的任意字符串中的 Countr

14.3.3 正则表达式优先级

正则表达式中的特殊符号有很多，在实际应用时，各种特殊符号会遵循优先级顺序进行匹配。下面我们通过表 14-7 列举正则表达式各种符号的优先级，由高到低排列。

表 14-7　正则表达式优先级

符号	说明
\	转义符
()、(?:)、(?=)、[]	圆括号和中括号
*、+、?、{n}、{n,}、{n,m}	限定符
^、$、\ 任何元字符、任何字符	定位点和序列
|	“或”操作

要想在开发中能够熟练使用正则表达式完成指定规则的匹配，在掌握正则表达式各种符号的含义与使用的情况下，还要了解各种符号的优先级，才能保证编写的正则表达式按照指定的模式进行匹配。

14.3.4 【案例】身份证号码验证

在 Web 开发中，经常会遇到一些只能输入固定内容的文本框。例如，只能输入字母的文本框、只能输入数字的电话文本框等。接下来我们利用正则表达式限定输入框中只能输入身份证（15 位或 18 位）的合法数字，如果身份证号码是 15 位时为全数字；如果是 18 位时前 17 位是数字，最后一位可能是数字或者字符 X。具体实现步骤如下。

（1）编写 HTML 页面。

```
1  <form id="form">
2    身份证号码：<input type="text" name="card">
3  </form>
4  <div id="result"></div>
```

上述代码中设置了 name 属性，用于在 JavaScript 中根据 name 的值获取不同的限定规则。第 4 行的 <div> 用于显示验证的错误提示信息。效果如图 14-3 所示。

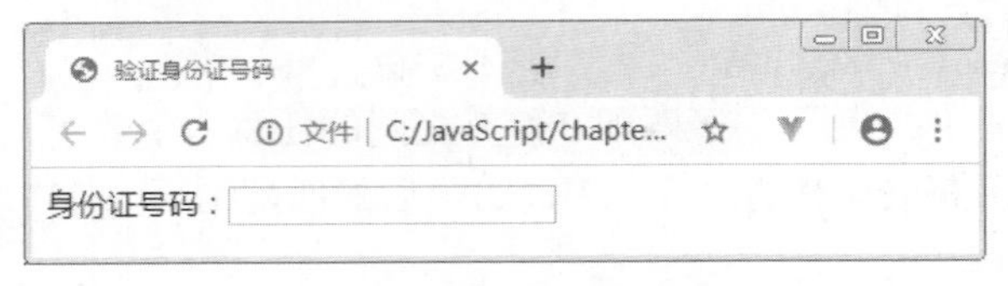

图 14-3　限定输入内容

（2）获取操作的元素对象。

```
1  <script>
2    var form = document.getElementById('form');               // <form>元素对象
3    var result = document.getElementById('result');           // <div>元素对象
4    var inputs = document.getElementsByTagName('input');      // <input>元素集合
5  </script>
```

（3）验证身份证号码。

```
1  inputs.card.onblur = function() {
2    var reg = /(^\d{15}$)|(^\d{17}([0-9]|X)$)/;
```

```
3     if (reg.test(form.card.value)) {
4       result.style.color = 'green';
5       result.innerHTML = '恭喜您，输入正确！ ';
6       return false;
7     } else {
8       result.style.color = 'red';
9       result.innerHTML = '输入错误，您输入的为非法字符！ ';
10      return true;
11    }
12 };
```

上述代码中，第 1 行通过 inputs.card（指定的 name 名）获取到 input 标签，并给标签添加 onblur 事件，处理文本框失去焦点之后的逻辑代码。第 2 行变量 reg 存储表达式验证规则，其中 {} 为限定符，在接下来的内容中会讲解，表达式 (^\d{15}$) 用于匹配一个 15 位数字；(^\d{17}([0–9]|X)$) 用于匹配前 17 位数字，再跟上一个 0 ~ 9 之间的数字或者是 X，其中 | 表示或者（两项中取一项）。第 3 ~ 11 行使用 reg.test() 正则对象方法，检测 input 输入内容是否匹配身份证正则表达式，如果匹配成功执行 4 ~ 6 行代码，改变提示信息的内容和样式；否则执行 8 ~ 10 行代码，修改相应的提示信息和样式。

（4）为了增强用户的体验，实现文本框失去焦点时自动去除输入的身份证号码字符串两端的空白，并验证输入内容是否符合标准。

在第（3）步的第 1 行代码后添加以下代码。

```
  this.value = this.value.trim();
```

上述代码调用字符串对象的 trim() 方法去除所填内容的前后空白。

完成上述操作后，通过浏览器访问测试，效果如图 14–4 所示。

图 14–4　验证输入内容

由于 IE 6 ~ IE 8 浏览器不支持 trim() 方法，可以通过以下代码进行兼容处理。

```
1 if (!String.prototype.trim) {
2   String.prototype.trim = function() {
3     return this.replace(/^[\s\uFEFF\xA0]+|[\s\uFEFF\xA0]+$/g, '');
4   };
5 }
```

上述代码用于判断 String 构造函数的原型中是否有 trim() 方法，如果没有，则利用正则表达式实现一个 trim() 方法。其中，replace() 方法用于将第 1 个参数的正则表达式匹配到的结果替换成第 2 个参数给定的值，第 2 个参数是空字符串，表示将匹配结果删除。

14.4　String 类中的方法

在处理程序或者网页时，我们经常需要根据正则匹配模式完成对指定字符串的搜索、匹配和替换。String 类中的 match()、search()、split() 方法都可以使用正则表达式来进行字符串处理，本节将对这些方法的使用进行讲解。

14.4.1 match() 方法

String 类中的 match() 方法在前面已经用过，该方法除了可在字符串内检索指定的值外，还可以在目标字符串中根据正则匹配出所有符合要求的内容，匹配成功后将其保存到数组中，匹配失败则返回 null。具体示例如下。

```
var str = "It's is the shorthand of it is";
var reg1 = /it/gi;
str.match(reg1);      // 匹配结果：(2) ["It", "it"]
var reg2 = /^it/gi;
str.match(reg2);      // 匹配结果：["It"]
var reg3 = /s/gi;
str.match(reg3);      // 匹配结果：(4) ["s", "s", "s", "s"]
var reg4 = /s$/gi;
str.match(reg4);      // 匹配结果：["s"]
```

在上述代码中，定位符“^”和“$”用于确定字符在字符串中的位置，前者可用于匹配字符串开始的位置，后者可用于匹配字符串结尾的位置。模式修饰符 g 表示全局匹配，用于在找到第一个匹配之后仍然继续查找。

14.4.2 search() 方法

search() 方法可以返回指定模式的子串在字符串首次出现的位置，相对于 indexOf() 方法来说功能更强大。具体示例如下。

```
var str = '123*abc.456';
console.log(str.search('.*'));          // 输出结果：0
console.log(str.search(/[\.\*]/));      // 输出结果：3
```

从上述代码可知，search() 方法的参数是一个正则对象，如果传入一个非正则表达式对象，则会使用“new RegExp(传入的参数)”隐式地将其转换为正则表达式对象。因此，第 2 行代码相当于返回任意字符在字符串 str 中首次出现的位置，也就是字符串 str 中开头字符首次出现的位置 0。另外，search() 方法匹配失败后的返回值为 -1。

14.4.3 split() 方法

split() 方法用于根据指定的分隔符将一个字符串分割成字符串数组，其分割后的字符串数组中不包括分隔符。当分隔符不只一个时，需要定义正则对象才能够完成字符串的分割操作。使用方法如下。

（1）按照规则分割

下面的示例演示了如何按照字符串中的“@”和“.”两种分隔符进行分割。

```
var str = 'test@123.com';
var reg = /[@\.]/;
var split_res = str.split(reg);
console.log(split_res);     // 输出结果：(3) ["test", "123", "com"]
```

从上述代码可知，split() 方法的参数为正则表达式模式设置的分隔符，返回值是以数组形式保存的分割后的结果。需要注意的是，当字符串为空时，split() 方法返回的是一个包含一个空字符串的数组“[“”]”，如果字符串和分隔符都是空字符串，则返回一个空数组“[]”。

（2）指定分割次数

在使用正则匹配方式分割字符串时，还可以指定字符串分割的次数，具体示例如下。

```
var str = 'We are a family';
var reg = /\s/;
var split_res = str.split(reg, 2);
console.log(split_res);    // 输出结果：(2) ["We", "are"]
```

从上述代码可知，当指定字符串分割次数后，若指定的次数小于实际字符串中符合规则分割的次数，则最后的返回结果中会忽略其他的分割结果。

14.4.4　replace() 方法

replace() 方法用于替换字符串，用来操作的参数可以是一个字符串或正则表达式。下面我们以颠倒字符串“Regular Capture”中两个单词的顺序为例进行演示，具体代码如下。

```
var str = 'Regular Capture';
var reg = /(\w+)\s(\w+)/gi;
var newstr = str.replace(reg, '$2 $1');
console.log(newstr); // 输出结果为：Capture Regular
```

在上述代码中，replace() 方法的第 1 个参数为正则表达式，用于与 str 字符串进行匹配，将符合规则的内容利用第 2 个参数设置的内容进行替换。其中，$2 表示 reg 正则表达式中第 2 个子表达式被捕获的内容“Capture”，$1 表示第 1 个子表达式被捕获的内容“Regular”。replace() 方法的返回值是替换后的新字符串，因此，并不会修改原字符串的内容。

14.4.5 【案例】查找并替换敏感词

在 Web 开发中，为了避免用户填写并上传的内容中含有敏感词汇，或保护用户提交的个人信息等情况，可利用 JavaScript 的正则表达式完成查找并替换敏感词相关的操作。

接下来我们以查找文本域中的 bad 和任意中文字符，并将其替换为“*”为例进行演示。

（1）编写 HTML 结构，具体代码如下。

```
1  <div>过滤前内容：<br>
2    <textarea id="pre" rows="10" cols="40"></textarea>
3    <input id="btn" type="button" value="过滤">
4  </div>
5  <div>过滤后内容：<br>
6    <textarea id="res" rows="10" cols="40"></textarea>
7  </div>
```

上述代码中定义了两个文本域，一个用于用户输入，另一个用于显示按照要求替换后的过滤内容。具体 CSS 样式请参考本书源码。效果如图 14-5 所示。

（2）实现内容查找与替换，具体代码如下。

```
1  <script>
2    document.getElementById('btn').onclick = function() {
```

```
3      // 定义查找并需要替换的内容规则，[\u4e00-\u9fa5] 表示匹配任意中文字符
4      var reg = /(bad)|[\u4e00-\u9fa5]/gi;
5      var str = document.getElementById('pre').value;
6      var newstr = str.replace(reg, '*');
7      document.getElementById('res').innerHTML = newstr;
8    };
9  </script>
```

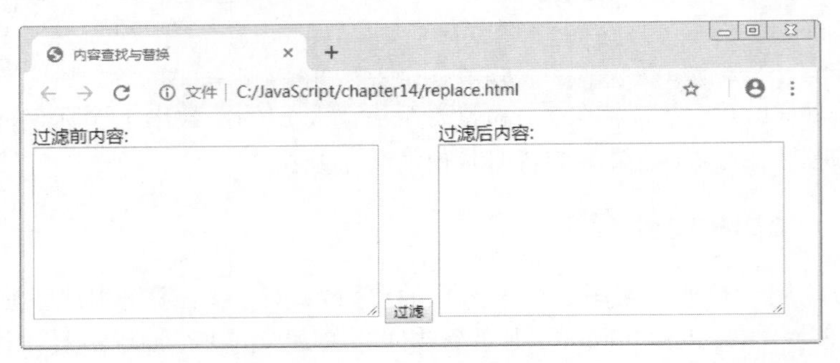

图 14-5　内容查找与替换页面

上述第 2 行代码用于给 HTML 页面中的按钮添加单击事件。第 4 行代码用于定义查找内容的正则对象。第 5 行代码用于获取需要进行替换的内容。第 6 行代码利用 replace() 方法将符合 reg 的内容替换成 *。第 7 行代码将替换后的内容显示到指定区域，效果如图 14-6 所示。

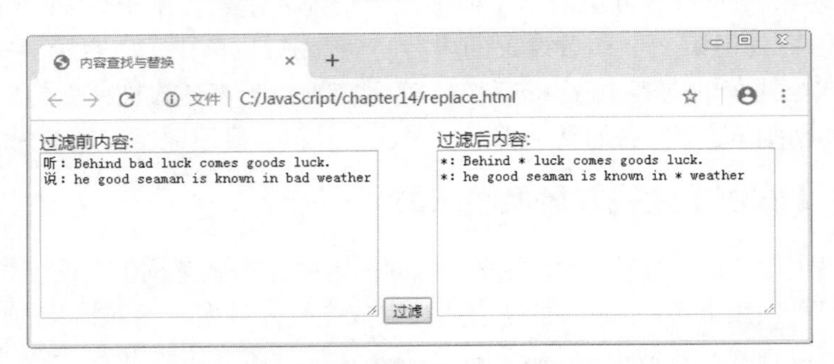

图 14-6　测试内容查找与替换

本章小结

本章讲解的主要内容包括正则表达式的基本概念、正则表达式的语法规则及特点，以及常见的正则应用案例。通过本章的学习，读者应熟练掌握正则表达式的书写方法，可以利用正则表达式完成 Web 开发中的各种字符串格式验证需求。

课后练习

一、填空题

1. 在正则表达式中，________用于匹配行首的文本，________用于匹配行尾的文本。

2. 正则表达式中，“()”既可以用于分组，又可以用于________。

二、判断题

1. 正则表达式中，参数 i 表示忽略大小写。（　　）
2. 正则表达式“[a-z]”和“[z-a]”表达的含义相同。（　　）
3. 正则表达式“[a$]”的含义是匹配以 a 结尾的字符串。（　　）

三、选择题

1. 正则表达式“/[m][e]/gi”匹配字符串“programmer”的结果是（　　）。

   A. m　　B. e　　C. programmer　　D. me

2. 下列正则表达式的字符选项中，与“+”功能相同的是（　　）。

   A. *　　B. ?　　C. {1,}　　D. .

3. 下列选项中，可以完成正则表达式中特殊字符转义的是（　　）。

   A. /　　B. \　　C. $　　D. #

四、编程题

1. 请利用正则表达式查找 4 个连续的数字或字符。
2. 请利用正则表达式实现座机号码的验证。